全国农业植物检疫隔离试种详述

QUANGUO NONGYE ZHIWU JIANYI GELI SHIZHONG XIANGSHU

（2016）

全国农业技术推广服务中心　主编

中国农业出版社

编写编委会

主　　编　刘　慧　秦　萌

副 主 编　赵守歧　郭　敏　朱　莉

编写人员（按姓氏笔画排序）

丁华峰　丁建云　王　琳　王晓亮　王海旺
冯晓东　宁　红　朱　莉　刘　慧　闫　硕
江　冬　许佳君　李　眷　李卫卫　李庆红
李艳敏　李潇楠　杨勤民　吴立峰　余　慧
沈　昆　张　萌　张　煜　陈　军　陈　臻
林　峰　苗　林　罗金燕　金杨秀　赵守歧
祖英治　姚红梅　秦　萌　郭　敏　黄月英
崔建臣　商明清　琚　阳　裴启中

前　　言

隔离检疫是植物检疫措施中的一种，是有效防止检疫性有害生物和危险性有害生物传入、定殖和扩散的有效方法。开展进境植物种苗隔离试种工作，既是《植物检疫条例》和《国外引种检疫审批管理办法》的规定，也是国际植检措施标准的要求，为国际通行做法。农业部于1999年决定在北京、成都、广州等3地投资建设现代化植物检疫隔离场，分别由全国农业技术推广服务中心、四川省农业厅植物检疫站、广东省农业有害生物预警防控中心3家单位负责管理。近年来，随着贸易物流的发展，国外植物新品种的引进更加频繁，口岸检疫机构截获有害生物批次逐年增加，国内农业植物检疫机构新发现有害生物的频率加大，境外有害生物传入我国的风险逐渐增大。据统计，2014—2015年进境植物检疫截获的有害生物来自183个国家或地区，遍布世界六大洲（除南极洲）。在此背景下，隔离检疫任务日益增加，作用日益重要。为此，北京市植物保护站和上海市农业技术推广服务中心分别建立了植物检疫网室和植物检疫隔离场，以更好地对国外引进种苗开展隔离检疫工作。

全国农业技术推广服务中心植物检疫隔离场自2005年运行以来，每年对国外引进种苗开展隔离试种工作，并制定了《境外引进植物隔离检疫规程》以及多项进口种苗疫情监测规程，积累了丰富的隔离检疫经验，也逐渐规范了全国隔离检疫工作。2006—2007年，全国农业技术推广服务中心植物检疫隔离场在对从德国引进的高山杜鹃隔离试种过程中发现了我国进境检疫性有害生物——栎树猝死病菌。该病菌是一种为害观赏植物和林木的毁灭性真菌，寄主广泛，可在短期内造成寄主植物大量死亡，且传播趋势迅猛，在我国没有发生。2007年，全国农业技术推广服务中心发出《关于加强杜鹃等观赏植物种苗引进检疫审批管理的紧急通知》（农技植保〔2007〕9号），要求从严控制从栎树猝死病发生国家引进杜鹃、山茶等植物种苗，并且重点加强对来自栎树猝死病发生国家引进相关寄主种苗的疫情监测。2011年，农业部下发《农业部办公厅关于加强栎树猝死病菌寄主植物种苗引进检疫管理的通知》（农办农〔2011〕50号），要求从疫情发生区引进相关的寄主植物，必须产自经出口国官方检疫机构注册登记且无栎树猝死病发生的苗圃。可以说，通过隔离试种较好地为我国检疫部门决策提供了技术支撑和科学依据。

随着国际贸易的发展，植物疫情随着人类的活动而不断跨境传播蔓延，传入途径多元化，对区域社会经济、环境生态安全、生物安全造成严重威胁。为保障国家粮食安全、农产品质量安全、生态环境安全，使植物检疫更好地为贸易服务、为企业服务，2016年，全国农业技术推广服务中心在组织会商和调研的基础上，首次面向全国组织5家单位开展隔离试种工作，且主要针对从国外引进的甜菜、玉米、向日葵、百合等高风险种苗。一年来，全国各省级植物检疫机构积极配合，对需隔离试种的每个批次引进种苗组织开展取样送样，承担隔离试种任务的5家省级植物检疫机构认真开展隔离检疫工作，通过多点组织开展隔离试种，相互佐证，保证了隔离试种监测检测结果的可靠性。如全国农业技术推广服务中心植物检疫隔离场在对引进向日葵和百合种苗隔离试种期间发现疑似病毒病症状，通过组织专家取样检测，确定带有某类病毒，下一步将继续与有关专家合作，对这两种作物上有害生物的致病性、危害损失、定殖可能性、传播扩散风险等开展研究和分析。

为进一步规范和促进隔离检疫工作，我们对2016年全国农业植物检疫隔离试种工作进行了总结，以充分发挥隔离检疫将风险有效地堵截在国门之外的作用，严防疫情的传入和扩散。

本书在编写过程中参考并引用了国内外有关专家的部分资料，在此表示衷心感谢。

限于时间仓促和编者水平有限，书中出现不足之处在所难免，敬请广大读者和同行批评指正。

编　者

2017年1月

目　录

上篇　全国农业技术推广服务中心植物检疫隔离场隔离种植情况

下篇　地方植物检疫隔离场隔离种植情况

上 篇

全国农业技术推广服务中心植物检疫隔离场隔离种植情况

>>> 第一章　甜菜种子隔离种植情况

一、国内外甜菜生产情况

甜菜（*Beta vulgaris*）属于温带作物，为草本块根生植物，是世界上主要糖料作物之一，也是我国第二大制糖原料。甜菜喜温凉、耐寒、抗低温，主要分布在30°～63°N的区域，目前世界上有40多个国家或地区种植甜菜。根据联合国粮食及农业组织（FAO）2011年统计数据，全球甜菜种植收获面积达5 061 732hm^2，总产量达27 164.5万t。其中种植面积前十位的国家依次为俄罗斯、乌克兰、美国、德国、法国、土耳其、中国、波兰、埃及、英国。

1. 国外甜菜种植与生产情况

欧洲是甜菜最大产区，北美洲是第二个主要甜菜产区。甜菜播种，国外普遍使用遗传单粒种，几乎全部采用精量点播机，株距均匀，行距一致，为田间管理和收获打下了良好基础。播种机主要有机械式、气吸式和带式等3类。欧洲各国采用机械式的较多，这种机器工作可靠、通用性良好、消耗低。气吸式播种机是在机械式基础上发展起来的，具有对种子要求严格、可进行高速作业等特点，各国均有使用。带式播种机靠输种带下种，种子不受损失，还可以调整株距。目前，欧洲一些甜菜生产国和美国甜菜单产都在60t/hm^2以上。

甜菜生产在国外最突出的特点是具有高度组织、高科技含量、规模化集约型产业体系。从甜菜种子的繁殖、加工，到田间播种、管理及收获，全部实现了生产精准化作业，一条龙技术型社会化的服务和企业型的管理、协会式的监督保证，实现了科研、管理、原料生产与加工的一体化。发达国家甜菜整地一般是在翻后的土地上使用旋耕、耙、镇压等单项合一的复式作业，使用联合整地机整地一次达到甜菜播种的要求。

2. 我国甜菜种植与生产情况

20世纪初，我国开始种植糖料甜菜，甜菜糖业从无到有，从小到大，经历了近百年历史。我国甜菜种植主要集中在40°N以北的三北地区，包括西北（新疆、甘肃、宁夏）、东北（黑龙江、吉林、辽宁）和华北（内蒙古、山西）3大主产区。山东、江苏、陕西、河北、广东、广西等省份也有少量种植。我国甜菜糖产量虽仅占食糖总产量的10%左右，但是甜菜产业在推进我国北方农业与制糖业生产发展和农民增收等方面具有不可替代的作用。

新中国成立初期，我国甜菜生产主要集中在东北地区。20世纪50年代中期，甜菜生产才逐步由东北向内蒙古、山西扩展，相继又发展到西北的新疆等地，甜菜种植遍布我国北方十几个省份。20世纪90年代以来，由于全国性的产业结构升级和农业结构调整，我国甜菜生产区域布局发生了较大变化，甜菜生产由原来的新疆、黑龙江、内蒙古、辽宁、河北、甘肃、宁夏和吉林8个省份，逐步向黑龙江、新疆和内蒙古3个生产优势区域集中。目前，这3个地区的甜菜种植面积和总产量已经接近全国总量的90%。

在管理模式上，随着国外丰产类型品种的引进并大面积推广，企业积极推行“公司+基地（中介组织）+农户”、“甜菜银行”、组建甜菜产业协会等产业化经营模式，与农户签订种植收购合同，把甜菜基地视为“第一车间”，实行标准化生产，甜菜单产得到了大幅度提高。随着现代农机具的应用，甜菜生产效率不断提高。目前，我国农场和生产建设兵团，甜菜生产从整地到播种基本上实现了机械化。通过引进大型精量点播设备和甜菜收获机械，不但提高生产效率、降低劳动程度，同时也降低了甜菜生产成本，扩大了生产规模。

3. 我国甜菜种子引种情况

目前，甜菜生产上应用的品种95%以上是国外引进品种（我国2014—2016年引进甜菜种子情况见表1-1），种子来源国家或地区主要有德国、比利时、丹麦、意大利、法国、新西兰等（2014—2016年各个国家出口量分别见图1-1、图1-2、图1-3）。引进品种主要是由KWS公司、安地公司、Beta公司等育成的KWS系列品种、Bata系列品种等。国内主要引进企业有北京奥立沃种业科技有限公司、北京金色谷雨种业科技有限公司、赤峰市丰田科技种业有限责任公司、新疆康地种业科技股份有限公司等企业。

表1-1　我国2014—2016年引进甜菜种子情况

	2014年	2015年	2016年（截至2016年10月）
引进批次（次）	108	117	73
引进量（t）	516.8	705	48

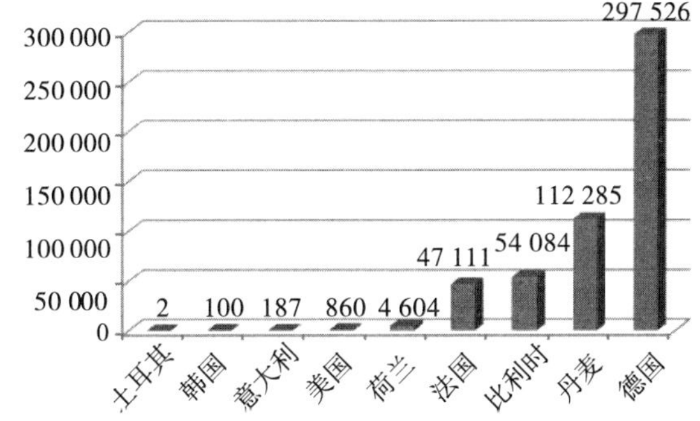

图1-1　2014年主要国家或地区向中国出口甜菜种子量（kg）

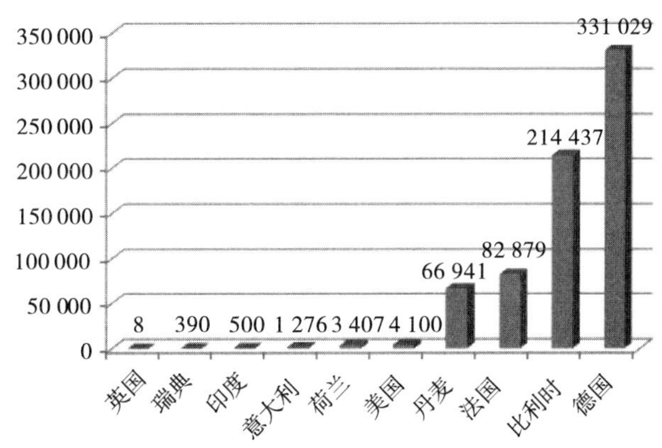

图1-2　2015年主要国家或地区向中国出口甜菜种子量（kg）

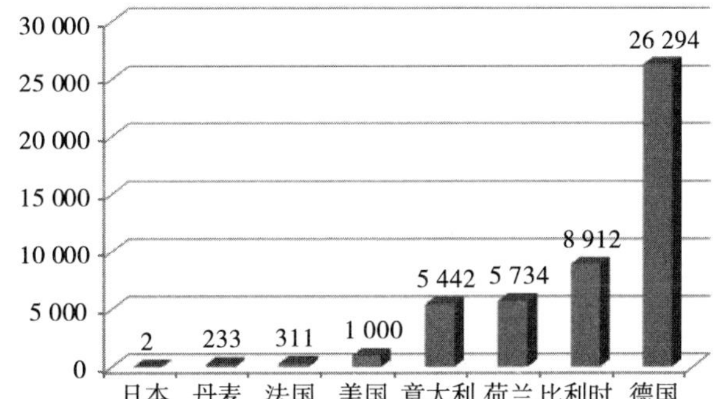

图1-3　2016年主要国家或地区向中国出口甜菜种子量（kg）

4. 我国甜菜产业存在的问题

甜菜是制糖工业的原料，是以收获根并从中榨取蔗糖为主的经济作物，根重和含糖率直接影响着农民和制糖企业的经济效益，追求根重和含糖率的最大化，是甜菜生产的目标。当前影响我国甜菜生产持续发展的主要问题是单产和含糖率较低。目前我国甜菜平均单产 31.75t/hm^2，仅为欧美等国的60%左右；块根含糖率平均15%左右，比欧美等国低2%～3%。

同时，我国甜菜产业存在种植面积起伏不定的问题，除自然灾害造成的田间毁种外，最主要的原因是糖料收购价格不稳定。且我国甜菜生产机械化程度低，在种、管、收环节缺乏适用配套的小型农机具，人工作业劳动强度大、生产效率低、投入成本高，导致甜菜生产用工成本提高，甜菜生产比较效益下降的趋势，也削弱农民种植甜菜的积极性，成为制约我国甜菜生产发展的主要瓶颈。

还有一个重要的原因是病虫害造成的危害。甜菜胞囊线虫对甜菜具有毁灭性危害，在世界范围内给甜菜生产造成了严重的损失。在欧洲，由于甜菜胞囊线虫为害每年造成的经济损失已经超过了9 000万欧元。德国西部种植甜菜每年达 44 万 hm^2，其中每年约有 1/4 面积的甜菜遭受该线虫为害，一般造成每公顷 5～35t 的产量损失，严重威胁着当地甜菜生产和制糖业。根据专家分析，甜菜胞囊线虫可在中国 17 个省份生存，我国甜菜主产区均是甜菜胞囊线虫传入的高风险区域。我国生产用甜菜种子绝大部分从甜菜胞囊线虫疫情发生国家或地区引进，因此，甜菜胞囊线虫是我国引进甜菜种子生产过程中重点关注的有害生物。

5. 甜菜胞囊线虫

甜菜胞囊线虫属于线虫门（Nematoda）色矛纲（Chromadorea）垫刃目（Tylenchida）异皮线虫科（Heteroderidae）异皮属（*Heterodera*）。

甜菜胞囊线虫分布广泛，在北美、南美洲、欧洲和中东地区的至少 50 个国家中有发生，在澳大利亚、新西兰及夏威夷的次大陆中也有报道。甜菜胞囊线虫寄主范围极广，主要发生在十字花科和藜科植物上，甜菜是其典型的代表性寄主，其还可侵染菠菜属、芸薹属（白菜、花椰菜、花茎甘蓝、芜菁等）、萝卜属、石竹科、苋科、豆科、茄科等多种植物和杂草。在没有寄主植物存在的情况下，甜菜胞囊线虫在美国犹他州的环境条件下，胞囊内的卵可以存活 6 年，甜菜休耕 12 年后，有少量的甜菜胞囊线虫群体仍然存活。当土壤中甜菜胞囊线虫幼虫的群体密度达到每克土 18 头时，可使菠菜减产 40%、芜菁甘蓝减产 35%、甘蓝减产 24%、食用甜菜减产 30%。当土壤中群体密度达到最高每克土 68 个卵和幼虫时，使直播甘蓝和食用甜菜显著减产分别达到 51.5%和 53.3%。土壤中线虫群体起始数量达到每百克土壤1 000个卵和幼虫时，加利福尼亚甜菜损失达到 64%，英国矿质土壤甜菜损失达到 37%，意大利甜菜损失达到 19%。

二、引进甜菜种子隔离检疫计划

按照《全国农技中心关于组织开展国外引进甜菜种子隔离试种的通知》（农技植保函〔2015〕381号）的要求，中心于 2016 年度组织对从德国、比利时、法国、荷兰、意大利、丹麦、瑞典、英国、美国、新西兰、澳大利亚、韩国等甜菜胞囊线虫分布区域引进的甜菜种子（含近两年引进后未种植的种子）开展隔离试种工作。根据《境外引进种苗隔离检疫规程》（NY/T 1217—2006）要求，特制订境外引进甜菜种子隔离检疫计划。

1. 隔离种植对象

中文名称：甜菜。

学名：*Beta vulgaris*。

全国农业技术推广服务中心植物检疫隔离场 2016 年度共收到国内 8 家企业送来的 43 批次共计157 个需隔离种植的甜菜品种。每品种拟种植数量为 200g。每个样品甜菜品种名称、来源国家或地区、审批单号、引种单位名称等信息详见表 1-2。

种植时间：2016 年 4～10 月。

种植地点：全国农业技术推广服务中心植物检疫隔离场隔离温室。

表 1-2　2016 年隔离试种甜菜种子信息

序号	种子名称	原产地	进口企业	审批单号
1	甜菜 Belushi	法国	山东金种子农业发展有限公司	37201500844
2	甜菜 Monty/13-204	法国	山东金种子农业发展有限公司	37201500693
3	甜菜 Belushi/13-202	新西兰	山东金种子农业发展有限公司	37201500717
4	甜菜 Flores	原产国意大利，出口国丹麦	中国种子集团有限公司	10201500506
5	甜菜 MA10-6	原产国意大利，出口国丹麦	中国种子集团有限公司	10201500506
6	甜菜 MA11-8	原产国意大利，出口国丹麦	中国种子集团有限公司	10201500506
7	甜菜 ADV0401	比利时	新疆华西种业有限公司（北京绿冠草业股份有限公司）	10201501470
8	甜菜 Hbx02	比利时	新疆华西种业有限公司（北京绿冠草业股份有限公司）	10201501470
9	甜菜 Hx910	比利时	新疆华西种业有限公司（北京绿冠草业股份有限公司）	10201501470
10	甜菜 Beta 218	德国	北京金色谷雨种业科技有限公司	10201501305
11	甜菜 Beta 356	德国	北京金色谷雨种业科技有限公司	10201501305
12	甜菜 Beta 957	德国	北京金色谷雨种业科技有限公司	10201501483
13	甜菜 Beta 356	德国	北京金色谷雨种业科技有限公司	10201600012
14	甜菜 Beta 064	德国	北京金色谷雨种业科技有限公司	10201501305
15	甜菜 Beta 796	德国	北京金色谷雨种业科技有限公司	10201501305
16	甜菜 Beta 866	德国	北京金色谷雨种业科技有限公司	10201501305
17	甜菜 MA2097	原产国意大利，出口国丹麦	赤峰丰田种业有限公司	15201500057
18	甜菜 MA2070	原产国意大利，出口国丹麦	赤峰丰田种业有限公司	15201500057
19	甜菜 MA097	原产国意大利，出口国丹麦	赤峰丰田种业有限公司	15201500057
20	甜菜 FLORES	原产国意大利，出口国丹麦	赤峰丰田种业有限公司	15201500057
21	甜菜 MA097	原产国意大利，出口国丹麦	赤峰丰田种业有限公司	10201501385
22	甜菜 MA3019	原产国意大利，出口国丹麦	赤峰丰田种业有限公司	15201500057
23	甜菜 MA3018	原产国意大利，出口国丹麦	赤峰丰田种业有限公司	15201500057
24	甜菜 MA10-4	原产国意大利，出口国丹麦	赤峰丰田种业有限公司	15201500057
25	甜菜 MA10-4	原产国意大利，出口国丹麦	赤峰丰田种业有限公司	15201500057
26	甜菜 MA3005	原产国意大利，出口国丹麦	赤峰丰田种业有限公司	15201500057
27	甜菜 MA2105	原产国意大利，出口国丹麦	赤峰丰田种业有限公司	15201500057

（续）

序号	种子名称	原产地	进口企业	审批单号
28	甜菜 MA11-3	原产国意大利，出口国丹麦	赤峰丰田种业有限公司	15201500057
29	甜菜 MA3025	原产国意大利，出口国丹麦	赤峰丰田种业有限公司	15201500057
30	甜菜 MA3001	原产国意大利，出口国丹麦	赤峰丰田种业有限公司	15201500057
31	甜菜 MA3016	原产地意大利，出口国丹麦	赤峰丰田种业有限公司	15201500057
32	甜菜 MA3021	原产地意大利，出口国丹麦	赤峰丰田种业有限公司	15201500057
33	甜菜 MA108	原产国意大利，出口国丹麦	赤峰丰田种业有限公司	15201500057
34	甜菜 MA096	原产国意大利，出口国丹麦	赤峰丰田种业有限公司	15201500057
35	甜菜 HI0479	法国	赤峰丰田种业有限公司	10201501253
36	甜菜 HI0474	法国	赤峰丰田种业有限公司	10201501253
37	甜菜 SD21816	德国	北京奥立沃种业科技有限公司	10201501358
38	甜菜 KWS1197	德国	北京奥立沃种业科技有限公司	10201600224
39	甜菜 KWS2314	德国	北京奥立沃种业科技有限公司	10201600224
40	甜菜 KWS2323	德国	北京奥立沃种业科技有限公司	10201600224
41	甜菜 KWS1231	德国	北京奥立沃种业科技有限公司	10201600224
42	甜菜 LSP1608	意大利	北大荒垦丰种业股份有限公司	10201600116
43	甜菜 LS1429	意大利	北大荒垦丰种业股份有限公司	10201600116
44	甜菜 LS1213	意大利	北大荒垦丰种业股份有限公司	10201600116
45	甜菜 LS1322	意大利	北大荒垦丰种业股份有限公司	10201600116
46	甜菜 LS1214	意大利	北大荒垦丰种业股份有限公司	10201600116
47	甜菜 LS1210	意大利	北大荒垦丰种业股份有限公司	10201600116
48	甜菜 LS1216	意大利	北大荒垦丰种业股份有限公司	10201600116
49	甜菜 LN80891	意大利	北大荒垦丰种业股份有限公司	10201600116
50	甜菜 LSP1505	意大利	北大荒垦丰种业股份有限公司	10201600116
51	甜菜 LSP1609	意大利	北大荒垦丰种业股份有限公司	10201600116
52	甜菜 LS1218	意大利	北大荒垦丰种业股份有限公司	10201600116
53	甜菜 LS1318	意大利	北大荒垦丰种业股份有限公司	10201600116
54	甜菜 LSP1610	意大利	北大荒垦丰种业股份有限公司	10201600116
55-1	甜菜 LS1321	意大利	北大荒垦丰种业股份有限公司	10201600116
55-2	甜菜 LS1315	意大利	北大荒垦丰种业股份有限公司	10201600116
56	甜菜 KWS5145（包衣种）	德国	北京奥立沃种业科技有限公司	10201501465
57	甜菜 KWS9147（包衣种）	德国	北京奥立沃种业科技有限公司	10201501465
58	甜菜 KWS5145（丸粒种）	德国	北京奥立沃种业科技有限公司	10201501465
59	甜菜 KWS9147（丸粒种）	德国	北京奥立沃种业科技有限公司	10201501465
60	甜菜 KWS9442（多粒种）	德国	北京奥立沃种业科技有限公司	10201501417

（续）

序号	种子名称	原产地	进口企业	审批单号
61	甜菜 KWS9147（包衣种）	德国	北京奥立沃种业科技有限公司	10201501417
62	甜菜 KWS9147（丸粒种）	德国	北京奥立沃种业科技有限公司	10201501417
63	甜菜 KWS6167（包衣种）	德国	北京奥立沃种业科技有限公司	10201501418
64	甜菜 KWS7156（包衣种）	德国	北京奥立沃种业科技有限公司	10201501418
65	甜菜 KWS6167（丸粒种）	德国	北京奥立沃种业科技有限公司	10201501418
66	甜菜 KWS7156（丸粒种）	德国	北京奥立沃种业科技有限公司	10201501418
67	甜菜 H7IM15	比利时	北京奥立沃种业科技有限公司	10201600147
68	甜菜 H7IM15	比利时	北京奥立沃种业科技有限公司	10201600148
69	甜菜 H7IM15	比利时	北京奥立沃种业科技有限公司	10201501416
70	甜菜 H7IM15	比利时	北京奥立沃种业科技有限公司	10201501415
71	甜菜 COFCO1001	比利时	北京奥立沃种业科技有限公司	10201501405
72	甜菜 KWS0143（丸粒种）	德国	北京奥立沃种业科技有限公司	10201501404
73	甜菜 KWS9147（丸粒种）	德国	北京奥立沃种业科技有限公司	10201501404
74	甜菜 KWS9147（丸粒种）	德国	北京奥立沃种业科技有限公司	10201600325
75	甜菜 KWS6167（丸粒种）	德国	北京奥立沃种业科技有限公司	15201600014
76	甜菜 KWS1231（丸粒种）	德国	北京奥立沃种业科技有限公司	10201600169
77	甜菜 KWS7156（丸粒种）	德国	北京奥立沃种业科技有限公司	10201501418
78	甜菜 KWS1197（丸粒种）	德国	北京奥立沃种业科技有限公司	10201600224
79	甜菜 KWS2314（丸粒种）	德国	北京奥立沃种业科技有限公司	10201600224
80	甜菜 KWS2323（丸粒种）	德国	北京奥立沃种业科技有限公司	10201501416
81	甜菜 KWS9147（包衣种）	德国	北京奥立沃种业科技有限公司	10201600170
82	甜菜 KWS7156（包衣种）	德国	北京奥立沃种业科技有限公司	10201600170
83	甜菜 KWS7156（丸粒种）	德国	北京奥立沃种业科技有限公司	10201600170
84	甜菜 KWS9147（丸粒种）	德国	北京奥立沃种业科技有限公司	10201600170
85	甜菜 KWS1479 等	德国	北京奥立沃种业科技有限公司	15201500049
86	甜菜 KWS1197 等	德国	北京奥立沃种业科技有限公司	15201500050
87-1	甜菜 LS13241	意大利	北京奥立沃种业科技有限公司	23201600003
87-2	甜菜 LS13242	意大利	北京奥立沃种业科技有限公司	23201600003
87-3	甜菜 LS13243	意大利	北京奥立沃种业科技有限公司	23201600003
87-4	甜菜 LS13244	意大利	北京奥立沃种业科技有限公司	23201600003
87-5	甜菜 LS13245	意大利	北京奥立沃种业科技有限公司	23201600003
87-6	甜菜 LS13246	意大利	北京奥立沃种业科技有限公司	23201600003
87-7	甜菜 LS13247	意大利	北京奥立沃种业科技有限公司	23201600003
87-8	甜菜 LS13248	意大利	北京奥立沃种业科技有限公司	23201600003
87-9	甜菜 LS13249	意大利	北京奥立沃种业科技有限公司	23201600003
87-10	甜菜 LS1324	意大利	北京奥立沃种业科技有限公司	23201600003
88-1	甜菜 LN17101	意大利	北京奥立沃种业科技有限公司	23201600004
88-2	甜菜 LN17102	意大利	北京奥立沃种业科技有限公司	23201600004
88-3	甜菜 LN17103	意大利	北京奥立沃种业科技有限公司	23201600004
88-4	甜菜 LN17104	意大利	北京奥立沃种业科技有限公司	23201600004
88-5	甜菜 LN17105	意大利	北京奥立沃种业科技有限公司	23201600004
88-6	甜菜 LN17106	意大利	北京奥立沃种业科技有限公司	23201600004

（续）

序号	种子名称	原产地	进口企业	审批单号
88-7	甜菜 LN17107	意大利	北京奥立沃种业科技有限公司	23201600004
88-8	甜菜 LN17108	意大利	北京奥立沃种业科技有限公司	23201600004
88-9	甜菜 LS1215	意大利	北京奥立沃种业科技有限公司	23201600004
88-10	甜菜 LN90905	意大利	北京奥立沃种业科技有限公司	23201600004
89-1	甜菜 LS132436	意大利	北京奥立沃种业科技有限公司	23201600005
89-2	甜菜 LS132437	意大利	北京奥立沃种业科技有限公司	23201600005
89-3	甜菜 LS132438	意大利	北京奥立沃种业科技有限公司	23201600005
89-4	甜菜 LS132439	意大利	北京奥立沃种业科技有限公司	23201600005
89-5	甜菜 LSP1435	意大利	北京奥立沃种业科技有限公司	23201600005
89-6	甜菜 LSP1436	意大利	北京奥立沃种业科技有限公司	23201600005
89-7	甜菜 LSP1603	意大利	北京奥立沃种业科技有限公司	23201600005
89-8	甜菜 LSP1604	意大利	北京奥立沃种业科技有限公司	23201600005
89-9	甜菜 LSP1605	意大利	北京奥立沃种业科技有限公司	23201600005
89-10	甜菜 LSP1606	意大利	北京奥立沃种业科技有限公司	23201600005
90	甜菜 SD12830（丸粒种）	德国	北京奥立沃种业科技有限公司	10201501401
91	甜菜 ST14991（丸粒种）	德国	北京奥立沃种业科技有限公司	10201501401
92	甜菜 SD21816（多粒种）	德国	北京奥立沃种业科技有限公司	10201501401
93	甜菜 ST14091（丸粒种）	德国	北京奥立沃种业科技有限公司	10201501402
94	甜菜 SD13829（丸粒种）	德国	北京奥立沃种业科技有限公司	10201501402
95	甜菜 ST14091（丸粒种）	德国	北京奥立沃种业科技有限公司	10201501315
96	甜菜 SD13829（丸粒种）	德国	北京奥立沃种业科技有限公司	10201501315
97	甜菜 SD21816（多粒种）	德国	北京奥立沃种业科技有限公司	10201501358
98	甜菜 SD13829（丸粒种）	德国	北京奥立沃种业科技有限公司	10201501350
99	甜菜 SD21816（多粒种）	德国	北京奥立沃种业科技有限公司	10201501350
100	甜菜 SV1589	比利时	北大荒垦丰种业股份有限公司	10201600360
101	甜菜 SV1563	比利时	北大荒垦丰种业股份有限公司	10201600360
102	甜菜 SV1586	比利时	北大荒垦丰种业股份有限公司	10201600360
103	甜菜 SV1748	比利时	北大荒垦丰种业股份有限公司	10201600360
104	甜菜 MK4093	比利时	北大荒垦丰种业股份有限公司	10201600360
105	甜菜 SV1739	比利时	北大荒垦丰种业股份有限公司	10201600360
106	甜菜 SV1588	比利时	北大荒垦丰种业股份有限公司	10201600360
107	甜菜 SV1590	比利时	北大荒垦丰种业股份有限公司	10201600360
108	甜菜 SV1755	比利时	北大荒垦丰种业股份有限公司	10201600360
109	甜菜 SV1760	比利时	北大荒垦丰种业股份有限公司	10201600360
110	甜菜 SV1762	比利时	北大荒垦丰种业股份有限公司	10201600360
111	甜菜 SV1764	比利时	北大荒垦丰种业股份有限公司	10201600360
112	甜菜 SV1759	比利时	北大荒垦丰种业股份有限公司	10201600360
113	甜菜 HX910	比利时	北大荒垦丰种业股份有限公司	10201600360
114	甜菜 SR411	比利时	北大荒垦丰种业股份有限公司	10201600360
115	甜菜 MK4120	比利时	北大荒垦丰种业股份有限公司	10201600360
116	甜菜 IM1162	比利时	北大荒垦丰种业股份有限公司	10201600360
117	甜菜 COFCO1001	比利时	北大荒垦丰种业股份有限公司	10201600360

（续）

序号	种子名称	原产地	进口企业	审批单号
118	甜菜 SV1752	比利时	北大荒垦丰种业股份有限公司	10201600360
119	甜菜 SV1767	比利时	北大荒垦丰种业股份有限公司	10201600360
120	甜菜 H003	比利时	北大荒垦丰种业股份有限公司	10201600360
121	甜菜 MK4088	比利时	北大荒垦丰种业股份有限公司	10201600360
122	甜菜 H809	比利时	北大荒垦丰种业股份有限公司	10201600360
123	甜菜 KWS7156（丸粒种）	德国	北京奥立沃种业科技有限公司	10201501418
124	甜菜 KWS0143	德国	新疆康地种子公司	10201501357
125	甜菜 KWS0469	德国	新疆康地种子公司	10201501357
126	甜菜 KWS2409	德国	新疆康地种子公司	10201501357
127	甜菜 KWS9147	德国	新疆康地种子公司	10201501357
128	甜菜 KWS7125	德国	新疆康地种子公司	10201501357
129	甜菜 MA3016	原产国意大利，出口国丹麦	中国种子集团有限公司	10201600211

2. 植物特点

糖用甜菜是我国北方地区的主要糖料作物，以收获块根并从中榨取糖分的经济作物，具有耐寒、耐旱、耐盐碱等适应性广的特点。菜用甜菜栽种第一年即生成粗厚可供食用的肉质直根。甜菜根系庞大，叶丛繁茂，吸收能力强，甜菜从土壤中吸收营养物质的能力比禾谷类作物高 2～3 倍，对土壤养分消耗较大。

3. 栽培与管理方法

同一批次的隔离种植物按照此计划集中种植，不同批次的隔离种植物必须相互隔离，以防止互相污染。

栽培前，隔离设施、介质、盆钵及专用器械应预先进行灭菌处理。如在室外集中隔离种植，需提前对土壤进行是否有甜菜胞囊线虫的检测。且需记录隔离检疫环境的气候条件数据、田间管理情况等，有特殊要求的作物同时记录其他数据。

根据栽培种类的特点以及货主提供的植物栽培管理资料，采用适当的栽培管理措施。

具体栽培管理措施如下：甜菜在深而富含有机质的松软土壤中生长良好。一般要求耕地深度为 25～30cm，开沟灌水，蓄好底墒，一般采用沟灌，灌匀灌透。合墒后耙耱整地保墒，达到待播状态。待播状态的标准为地整齐，地头地角要整到，地面平整。土壤疏松，上松下紧。土壤细碎，无鸡蛋大的土块。土壤干净，无残根残茬及杂草。要求既具有表墒又具有底墒。要重施底肥，一般以农家肥为主，配施氮、磷复合肥，基肥一般占到整个施肥量的 70%；种肥以磷肥为主，搭配少量氮肥，种肥和种子要分开，相隔 5cm。

4. 主要监测有害生物及监测方法

(1) 生长管理与记录。甜菜隔离试种生长期间，每周观察生长情况 2 次，定时记录生长状况，填写《隔离检疫情况记录表》，发现植株异常现象应在 24h 内报告专职检疫员。

(2) 有害生物监测与记录。发现可疑植株应立即挂牌，并进行详细准确的描述，将有害生物发生、发展过程记载于《隔离检疫情况记录表》中；发现可疑的检疫性有害生物，应立即取样送室内检验。

(3) 主要监测有害生物。

①线虫类：

甜菜胞囊线虫（*Heterodera schachtii* Schmidt）

甜菜胞囊线虫属于线虫门（Nematoda）色矛纲（Chromadorea）垫刃目（Tylenchida）异皮线虫科（Heteroderidae）异皮属（*Heterodera*）。主要分布在奥地利、比利时、法国、捷克、斯洛伐克、丹麦、德国、意大利、爱沙尼亚、芬兰、英国、荷兰、卢森堡、葡萄牙、西班牙、爱尔兰、希腊、拉脱维亚、摩尔达维亚、波兰、罗马尼亚、瑞典、瑞士、乌克兰、保加利亚、加拿大、美国（亚利桑那、加利福尼亚、科罗拉多、佛罗里达、艾奥瓦、堪萨斯、密歇根、蒙大拿、纽约、内布拉斯加、北达科他、俄亥俄、俄勒冈、南达科他、犹他、华盛顿、威斯康星、怀俄明）、墨西哥、智利、乌拉圭、澳大利亚、新西兰、赞比亚、塞内加尔、南非、加那利群岛、佛得角共和国、阿塞拜疆、伊朗、伊拉克、约旦、哈萨克斯坦、吉尔吉斯斯坦、韩国、巴基斯坦、乌兹别克斯坦等国家或地区。

甜菜胞囊线虫的寄主范围极广，Steele 于 1965 年试验，发现它能侵染 23 个科 95 个属的 218 种植物，主要发生在十字花科和藜科植物上，甜菜是其典型的代表性寄主，还可侵染菠菜属、芸薹属（白菜、花椰菜、芜菁）等、萝卜属及石竹科、苋科、豆科、茄科等多种植物和杂草。

形态特征：

雌虫：体长 626～890μm，体宽 361～494μm，口针长 27μm，食道长 28～30μm，角质层厚度9～12μm。虫体白色，呈瓶状。具短颈插入寄主植物根内，膨大的部分留在根外面。

雄虫：体长1 119～1 438μm，体宽 28～42μm，a=32～48，口针长 29μm，交合刺长 34～38μm，引带长 10～11μm。虫体通常为直线形，固定后虫体后 1/4 部分呈螺旋形旋绕 90°～180°；前部渐尖直到颈部，此处宽度仅为体宽的 1/2。尾部钝圆，尾长仅为体宽的 1/2。

二龄幼虫：体长 435～492μm，体宽 21～22μm，口针长 25μm。头部缢缩，呈半球形，具有 4 个环纹，头架骨粗壮，对称。小的侧器孔位于侧区部近口的开口处。体表环纹间距在口针处为 1.4μm，而在虫体中部为 1.7μm。

胞囊：表面粗糙，且有微小的皱褶。胞囊阴门锥末端阴门裂几乎等长于阴门桥，阴门裂位于胞囊表皮肾形薄区的两侧，此区域在较老的胞囊中就只剩下两个孔或者被阴门桥分成两个半膜孔。在阴门锥内，有阴道连接的阴门下桥，下方有许多规则排列的、黑褐色臼齿型泡状突。成熟雌虫和新生胞囊的表面覆盖一层白色蜡状物，俗称“亚水晶层”。

为害症状：

受害甜菜地上部：表现为生长缓慢，苗稀，瘦弱矮小，发育不良，黄化，病株叶片萎蔫，后期叶边缘变黄白干枯死亡，严重受害地块甚至不能出苗，或出苗推迟，或出苗后死亡。严重受害的植株过早萎蔫，枯萎，出现凋落现象，在田块中常常呈斑块状分布。

受侵染的地下根部：甜菜胞囊线虫严重感染的根部表现出特征性的胡须状表型。侧根增多，根系呈簇须状，表现为白色、浅褐色或者深褐色的须根，须根表面有白色雌虫，随后白色雌虫死亡变成褐色胞囊，遗落土壤中。须根有时可能表现轻微的根肿，并在线虫侵入位点表现局部的坏死。早期的侵染常会导致储藏根的严重分枝和开裂。

腐烂茎线虫（*Ditylenchus destructor* Thorne）

腐烂茎线虫属垫刃目（Tylenchida）粒线虫科（Anguinidae）茎线虫属（*Ditylenchus*）。在国外主要分布于加拿大、美国、澳大利亚、墨西哥、新西兰、埃及、摩洛哥、南非、巴西、厄瓜多尔、秘鲁、阿尔巴尼亚、爱尔兰、爱沙尼亚、奥地利、白俄罗斯、保加利亚、比利时、波兰、丹麦、德国、俄罗斯、法国、芬兰、荷兰、捷克、拉脱维亚、立陶宛、卢森堡、罗马尼亚、摩尔多瓦、挪威、瑞典、瑞士、斯洛伐克、苏格兰、土耳其、乌克兰、西班牙、希腊、匈牙利、意大利、英国、阿塞拜疆、巴基斯坦、朝鲜、哈萨克斯坦、韩国、吉尔吉斯斯坦、马来西亚、孟加拉国、日本、沙特阿拉伯、塔吉克斯坦、乌兹别克斯坦、伊朗、印度、海地等国家或地区。

形态特征：雌、雄虫呈线形（或蠕虫形），热杀死后虫体略向腹面弯，侧线 6 条；头部低平、略缢缩；背食道腺开口位于口针基部球后附近；中食道球纺锤形，有瓣，后食道腺短，覆盖肠的背面；尾圆锥形，通常腹弯，端圆。雌虫体长 0.69～1.89mm，体长与体宽的比值为 18～49；口针长 10～14μm；单卵巢，前伸，阴门位于体后部（头端到阴门的长度/体长：V=77～84），后阴子宫囊长度是肛门距阴门长度的 40%～98%；尾长是肛门处体宽的 3～5 倍。雄虫体长 0.63～1.35mm，体长与体宽的比值为 24～50；口针长 10～12μm，交合刺长 24～27μm，交合伞向尾部伸展长度是尾长的

50%～90%。

腐烂茎线虫寄主作物种类多，除了为害甘薯和马铃薯外，还为害洋葱、大蒜、胡萝卜、欧芹、芹菜、番茄和黄瓜等蔬菜以及甜菜和花生等经济作物。目前在我国主要为害甘薯。

腐烂茎线虫严重为害寄主植物地下部分，是迁移植物内寄生线虫，主要侵染植物的各种地下组织或器官，如块茎、球茎、匍匐茎、根状茎和根等，以各种虫态在植物病组织内越冬，或以成虫和卵在土壤内越冬。在田间缺少栽培作物寄主时，该线虫可以在田间的杂草和土壤中的真菌寄主上存活。根据漆永红等通过在自然环境条件下对腐烂茎线虫采用人工接种的方式对侵入甘薯部位以及在甘薯植株内的种群动态的研究，表明腐烂茎线虫自甘薯秧苗的基部侵入，逐步向上迁移为害。在移栽后 4 周，线虫仅在地下茎下部 3cm 处为害；移栽后 8 周，线虫扩展到地下茎接近地面部位；移栽后 10 周，线虫扩展到地上茎部分；移栽后 12 周，线虫已转移到新结的甘薯块根上为害，但未发现线虫侵入甘薯须根。

鳞球茎茎线虫［*Ditylenchus dipsaci*（Kühn）Filipjev］

鳞球茎茎线虫属于线虫门（Nematoda）侧尾腺纲（Secernentea）垫刃目（Tylenchida）粒线虫科（Anguinidae）茎线虫属（*Ditylenchus*）。主要分布在多米尼加共和国、哥斯达黎加、海地、加拿大（艾伯塔省、爱德华王子岛、安大略省、不列颠哥伦比亚省、萨斯喀彻温省等）、美国（艾奥瓦州、北卡罗来纳州、俄亥俄州、俄勒冈州、弗吉尼亚州、华盛顿州、怀俄明州、加利福尼亚州、堪萨斯州、科罗拉多州、蒙大拿州、密歇根州、明尼苏达州、内布拉斯加州、南达科他州、纽约州、新墨西哥州、亚拉巴马州、亚利桑那州、犹他州等）、墨西哥、亚速尔群岛、澳大利亚（南澳大利亚州、塔斯马尼亚州、维多利亚州、西澳大利亚州、新南威尔士州等）、夏威夷群岛、新西兰、阿尔及利亚、肯尼亚、留尼旺、摩洛哥、南非、尼日利亚、突尼斯、阿根廷、巴拉圭、巴西（巴拉那州、米纳斯吉拉斯州、南里奥格兰德州、帕拉伊巴州、帕拉州、圣保罗州、圣卡塔琳娜等）、玻利维亚、厄瓜多尔、哥伦比亚、秘鲁、委内瑞拉、乌拉圭、智利、阿尔巴尼亚、爱尔兰、爱沙尼亚、奥地利、白俄罗斯、保加利亚、比利时、冰岛、波兰、波斯尼亚和黑塞哥维那、丹麦、德国、俄罗斯、法国、芬兰、荷兰、捷克、克罗地亚、拉脱维亚、立陶宛、罗马尼亚、马其他、马其顿、摩尔多瓦、挪威、葡萄牙、瑞典、瑞士、塞尔维亚和黑山、斯洛伐克、斯洛文尼亚、苏格兰、土耳其、乌克兰、西班牙、希腊、匈牙利、意大利、英国、阿曼、阿塞拜疆、巴基斯坦、格鲁吉亚、哈萨克斯坦、韩国、吉尔吉斯斯坦、孟加拉国、日本、塞浦路斯、塔吉克斯坦、乌兹别克斯坦、叙利亚、亚美尼亚、也门、伊拉克、伊朗、以色列、印度、约旦等国家或地区。

近年来，我国多次在多地截获鳞球茎茎线虫，在船舶、旅客携带的植物材料、食品以及进口种球、幼苗中多有存在，极易随寄主侵入我国。鳞球茎茎线虫在全世界广泛分布，对寄主植物有极大的危害性，拥有 500 多种寄主。鳞球茎茎线虫在高温杀死后，呈直线型，它的形态特征为角质层有明显环纹，在 1 000 倍显微镜下观察，侧部会观察到 4 条侧线。

该线虫主要是在植物茎薄壁细胞内取食，对每种寄主的为害特点各不相同，症状特点也不同。有些寄主被鳞球茎茎线虫为害后会产生膨大现象，有些形成畸形，有些形成矮化扭曲，有些在受害茎基部引起坏死等。鳞球茎茎线虫严重为害甜菜，通过进入寄主胚轴进行取食，并在寄主内大量繁殖，线虫和其分泌物会侵蚀植株组织，使植物产生化学和组织学上的变化，短时间而高效的繁殖速率使得虫量迅速增多，继续侵染，继而茎梗和叶柄弯曲，植株叶片肿大，逐渐形成腐烂病，导致储藏根系腐坏。鳞球茎茎线虫生物阶段有三段，即卵、幼虫和成虫，每个生物阶段都能侵染植物。鳞球茎茎线虫的生活史为 19～23d，雌虫可成活 45～73d。鳞球茎茎线虫的四龄幼虫经完成蜕皮发育，形成成虫后，即可在约 4d 之后进行雌雄虫之间的交配，产卵期可达 25～30d。鳞球茎茎线虫的繁殖能力很强，每条雌虫产卵数量可达 200～500 粒，产卵起始温度为 1～5℃，最高产卵温度为 36℃，13～18℃是最适合鳞球茎茎线虫繁殖的温度。

长针线虫属（传毒种类）［*Longidorus*（Filipjev）Micoletzky］

长针线虫属隶属于长针线虫科（Longidoridae），已知长针线虫属有 133 个种类，有 13 个种类为传毒线虫，分别是阿普尔长针线虫（*L. apulus*）、阿瑟长针线虫（*L. arthensis*）、浙狭长针线虫

(*L. attenuatus*)、短环长针线虫(*L. brevianulatus*)、草皮长针线虫(*L. caespiticola*)、折环长针线虫(*L. diadecturus*)、移去长针线虫(*L. elongatus*)、卫矛长针线虫(*L. euonymus*)、横带长针线虫(*L. fasciatus*)、瘦头长针线虫(*L. leptocephalus*)、*L. profundorum*、大体长针线虫(*L. macrosoma*)、马丁长针线虫(*L. martini*)。其中有 6 个种类只传播一种病毒，另 7 个种类传播多种病毒。移去长针线虫可传播 8 种病毒，是重要的植物寄生线虫，广泛分布于世界各温带地区，为害植物的根部，造成典型的根部膨大或形成根结，导致根系发育迟缓甚至坏死，是樱桃和番茄等多种植物的寄生线虫。

根结线虫属（非中国种）(*Meloidogyne* Goeldi)

根结线虫属种类繁多，是一类世界性分布的在经济上极为重要的植物专性寄生线虫，其分布广、为害严重，引起世界各国的广泛关注，同时也是我国最重要的病原线虫之一。1885 年，英国科学家 Berkeley 在温室黄瓜上发现作物根系产生的根结是由病原线虫引起的。随后在其他作物上相继发现该线虫。直到 1887 年，Goeldi 在巴西咖啡树上发现了同样的线虫，定名为 *Meloidogyne exigua*，即根结线虫。

在热带和亚热带雨量充沛的地区，根结线虫的为害比胞囊线虫更为严重。根结线虫是世界上分布最广、为害最重的植物病原线虫之一。到目前为止已报道的根结线虫有多种，其中为害最重的是南方根结线虫。根结线虫分为以下四类：南方根结线虫(*Meloidogyne incognita*)、花生根结线虫(*M. arenaria*)、北方根结线虫(*M. hapla*)和爪哇根结线虫(*M. javanica*)。

异常珍珠线虫(*Nacobbus abberrans*)

异常珍珠线虫属于线虫门(Nematoda)侧尾腺纲(Secernentea)垫刃目(Tylenchida)垫刃亚目(Tylenchina)垫刃总科(Tylenchoidea)短体线虫科(Pratylenchidae)珍珠线虫亚科(Nacobbinae)珍珠线虫属(*Nacobbus*)。最初是从美国密叶滨藜(*Atriplex confertifolia*)上分离到的。此线虫主要分布在北美洲和南美洲的温带和热带地区，具体分布地区有美国、墨西哥、阿根廷、巴西、玻利维亚、厄瓜多尔、秘鲁、智利、俄罗斯、荷兰、英国、印度等，我国目前尚无分布。异常珍珠线虫曾导致拉丁美洲安第斯地区的马铃薯减产 65%，造成墨西哥的番茄减产 55%，致使美国内布拉斯加州和怀俄明州的甜菜减产 10%～20%。

该线虫的寄主范围很广，包括仙人掌科(Cactaceae)、藜科(Chenopodiaceae)、十字花科(Cruciferae)、葫芦科(Cucurbitaceae)、茄科(Solanaceae)、豆科(Leguminosae)和伞形花科(Apiaceae)植物。其中重要的寄主包括马铃薯(*Solanum tuberosum*)、甜菜(*Beta vulgaris*)、芥菜(*Brassica juncea*)、甘薯(*Ipomoea batatas*)、甘蓝(*Brassica oleracea*)、莴苣(*Lactuca sativa*)、球根金莲花(*Tropaeolum tuberosum*)、西葫芦(*Cucurbita pepo*)、辣椒(*Capsicum annuum*)、笋瓜(*Cucurbi tamaxima*)、菠菜(*Spinacia oleracea*)、烟草(*Nicotiana tabacum*)、芜菁(*Brassica rapa*)、黄瓜(*Cucumis sativus*)、番茄(*Lycopersicon esculentum*)、茄子(*Solanum melongena*)、豌豆(*Pisum sativum*)、胡萝卜(*Daucus carota*)。

鉴于异常珍珠线虫对多种农作物造成的巨大经济损失，许多国家和地区如阿根廷、巴西、保加利亚、哥伦比亚、欧盟、冰岛、印度尼西亚、日本、摩洛哥、挪威、巴拉圭、韩国、泰国、突尼斯和乌拉圭都将其列为检疫性对象。异常珍珠线虫主要以幼虫在土壤中或成虫和卵在病根的根瘤内越冬，通过带病土壤、根、块茎、苗木等作远距离传播。该线虫一旦传入我国，势必对我国的农业生产造成重大危害。

形态特征：

成熟雌虫：虫体乳白色，膨大呈椭圆形，头部和尾部通常渐细。头架发育好，唇环 3～4 个。口针细长，口针基部球小，球状。中食道球和食道腺发育良好，食道腺覆盖肠的前端。卷曲的单个卵巢充满大部分体腔，仅在卵巢后部可见到卵，卵被胶质的基质包裹。阴门和肛门开口于亚尾端。

未成熟雌虫：蠕虫形，尾钝圆，长有 10～17 个体环。侧区有 4 条刻线。头部缢缩，3～4 个唇环。口针强壮，基部球球状。食道腺覆盖肠的前端。阴门开口于尾前部 35 个体环处。侧尾腺位于肛门后部。

雄虫：蠕虫形，尾短弓形，长同肛门处体宽。交合伞从交合刺前端开始包裹整个尾部。侧区有 4 条刻线。头部缢缩，有 4 个唇环，头架圆形，高度骨化。口针基部球强壮，中食道球显著，食道腺覆盖肠的前端。半月体靠近排泄孔位置。交合刺属典型的垫刃类型，引带简单。

二龄幼虫：蠕虫形，角质膜有规则的环化，侧区有 4 条刻线。头部缢缩，有 3 个唇环。口针强壮，基部球球状。半月体位于排泄孔前部。侧尾腺开口小，位于肛门后部，尾钝圆。

植物被异常珍珠线虫为害后，其地上部分在受害较轻时通常无症状表现，受害较严重时，症状表现为矮化或者黄化。地下部分症状较为典型，根部形成单个的球形根结或根瘤，像串在线上的珍珠。剖开根结可见椭圆形的雌虫。异常珍珠线虫主要以幼虫在土壤中或成虫和卵在病根的根瘤内越冬，翌年气温升到 13℃左右时，越冬卵开始孵化为幼虫。线虫的传播途径主要是病土和灌溉水，还有人、畜、农具等作近距离传播，带病土壤、根、块茎、苗木等作远距离传播。

拟毛刺线虫属（传毒种类）（*Paratrichodorus* Siddiqi）

拟毛刺线虫属隶属于毛刺线虫科（Trichodoridae），在已知的 49 个拟毛刺线虫种类中，有 9 个为传毒种类，分别为葱拟毛刺线虫（*P. allius*）、银莲花拟毛刺线虫（*P. anemones*）、多变拟毛刺线虫（*P. divergens*）、西班牙拟毛刺线虫（*P. hispanus*）、较小拟毛刺线虫（*P. minor*）、短小拟毛刺线虫（*P. nanus*）、厚皮拟毛刺线虫（*P. pachydermus*）、光滑拟毛刺线虫（*P. teres*）、突尼斯拟毛刺线虫（*P. tunisiensis*）。其中有 6 个种类只传播一种病毒，另 3 个种类传播多种病毒。拟毛刺线虫属传毒种类食性杂，为多年生植物的根部外寄生线虫，不但直接取食为害寄主植物，还因其具有传毒能力而造成更大的危害。

香蕉穿孔线虫（*Radopholus imiles*）

香蕉穿孔线虫属于垫刃目（Tylenchida）短体科（Pratylenchidae）短体线虫亚科（Pratylenchinae）穿孔线虫属（*Radopholus*）。首次发现于斐济的香蕉根部。香蕉穿孔线虫的寄主范围广泛，主要为害的栽培植物有香蕉、芭蕉、胡椒、柑橘、柠檬、柚子、椰子树、槟榔树、可可、芒果、菠萝、咖啡、茶树、美洲柿、鳄梨、油柿、生姜、姜黄、花生、胡萝卜、大豆、高粱、甘蔗、烟草、茄子、番茄、马铃薯、甘薯、西瓜、薯蓣、酸豆、小豆蔻、蚕豆、油棕、山葵、王棕以及天南星科、芭蕉科、竹芋科、棕榈科和凤梨科的观赏植物等。

香蕉穿孔线虫是对全球作物为害最重的 10 种植物病原线虫之一，是导致全球香蕉产量损失的主要因素，其为害香蕉通常可造成香蕉减产 30%～60%；对胡椒的为害也是毁灭性的，在印度尼西亚的邦加岛，曾造成 90%的胡椒树死亡，20 年内毁掉2 200万株胡椒树。

形态特征：雌、雄虫呈线形（或蠕虫形），热杀死后虫体直或略向腹面弯。雌虫体侧区有 4 条侧线；头部低，前端圆，偶尔平，头架骨化强；口针强壮，基部球发达，口针长 12～20μm；食道发育正常，中食道球瓣明显，后食道腺从背面覆盖肠；阴门位于虫体中后部（头端到阴门的长度/体长：V=55～61），双生殖腺，对伸，受精囊圆形，有杆状的精子；尾通常呈长圆锥形，偶尔呈近圆柱形，尾的平均长度通常超过 52μm，尾的透明区平均长度一般超过 9μm，尾端部多数呈规则或不规则圆锥形，末端钝，少数有一指状突。雄虫头部高圆，呈球形，显著缢缩，头架骨化不明显；口针弱，长 12～17μm，基部球不明显；食道显著退化；单精巢，前伸，交合刺长 19～22μm，引带长 8～12μm，交合伞伸到尾部约 2/3 处至近尾端；尾形似雌虫。

香蕉穿孔线虫可以在被侵染的寄主植物根、球茎和块茎等组织内长期存活，在无任何植物的土壤中也可存活数月，所以带虫的种植材料以及所黏附的土壤是新病区的主要初侵染源，也是病区再次蔓延的重要途径。在田间，该线虫还可以通过植物根系伸长和相互交织接触传染，水流、农事操作和线虫自身的活动也可以传播。

短体线虫属（非中国种）（*Pratylenchus* Filipjev）

短体线虫隶属于线虫门（Nematoda）色矛纲（Chromadorea）色矛亚纲（Chromadoria）小杆目（Rhabditida）垫刃亚目（Tylenchina）垫刃次目（Tylenchomorpha）垫刃总科（Tylenchoidea）。短体线虫属可对多种作物造成危害，能引起根系表皮破损和内部组织腐烂，且能诱发真菌或细菌的二次侵染。据报道，目前短体线虫属中有效种为 75 种。一般认为，除咖啡短体线虫（*P. coffeae*）、穿刺短体线虫（*P. penetrans*）、伤残短体线虫（*P. vulnus*）、玉米短体线虫（*P. zeae*）、艾短体线虫（*P. artemisiae*）和山药短体线虫（*P. dioscoreae*）等6个种在我国有较多报道，可作为中国种外，属内其他线虫都被列入检疫对象。

2012—2013年，我国宁波、北京、深圳和浙江口岸检疫员在进境的树木、种球、介质及航班旅客携带物中，检疫分离到9个短体属线虫群体，鉴定为8种短体线虫。其中，宁波口岸截获的日本短体线虫（*P. japonicus*）和伤残短体线虫（*P. vulnus*）分离自进境的日本鸡爪槭树木根际介质，卢斯短体线虫（*P. loosi*）分离自日本茶梅，穿刺短体线虫（*P. penetrans*）分离自荷兰百合；北京口岸截获的玻利维亚短体线虫（*P. bolivianus*）分离自新西兰麻，假草地短体线虫（*P. pseudopratensis*）分离自俄罗斯航班旅客携带的带土植物；深圳口岸从香港航班旅客携带的芋头中分离到咖啡短体线虫（*P. coffeae*）；浙江口岸和宁波口岸分别从日本邮寄的鸡爪槭和进境的以色列孤挺花种球中截获朱顶红短体线虫（*P. hippeastri*）。其中玻利维亚短体线虫、朱顶红短体线虫、日本短体线虫和假草地短体线虫这4个种属于国内口岸首次截获。

形态特征：虫体粗短（L＜1mm，a＝20～30，偶尔a＝40），侧区4～6条侧线，侧尾腺孔在尾中部；唇区低，前端平，偶尔圆，头架骨化显著；口针粗短，基部球发达，呈圆形，前端平或凹陷；中食道球卵圆形至圆形；食道腺腹面覆盖肠；阴口位置靠后（V＝70～90）；雌虫单生殖管，前伸，有后阴子宫囊；授精囊大而圆；雌虫尾近圆柱形至圆锥形，通常是肛口处体宽的2～3倍，尾末端光滑或有环纹；雄虫交合伞延伸至尾末端，引带简单，不伸出泄殖腹。

毛刺线虫属（传毒种类）（*Trichodorus* spp.）

毛刺线虫属传毒种类隶属于毛刺线虫科（Trichodoridae），毛刺线虫属至今已发现有56种为多年生草本或木本植物的根部迁移性外寄生线虫，不但直接取食植物根系造成根系粗短、肿大、侧根增多，还引起植物营养不良和生长失调等。更严重的是已知4种毛刺线虫种类能传播病毒，分别是圆筒毛刺线虫（*T. cylindricus*）、原始毛刺线虫（*T. primitivus*）、相似毛刺线虫（*T. similis*）、具毒毛刺线虫（*T. viruliferus*）。圆筒毛刺线虫（*T. cylindricus*）和相似毛刺线虫（*T. similis*）只传播一种病毒，原始毛刺线虫（*T. primitivus*）和具毒毛刺线虫（*T. viruliferus*）传播多种病毒。

②病害类：

南芥菜花叶病毒（*Arabis mosaic virus*，ArMV）

南芥菜花叶病毒属豇豆花叶病毒科（*Comoviridae*）线虫传多面体病毒属（*Neporirus*）。该病毒寄主范围广泛，可以侵染约174个属215种植物，其中包括许多经济作物，如瓜类、马铃薯、烟草、豆类、番茄、芹菜、胡萝卜、甜菜、樱桃、桃、葡萄、草莓、郁金香、唐菖蒲、水仙、月季、矮牵牛等，可引起花叶、黄化褪绿、矮化、皱缩甚至坏死等症状，严重影响作物的产量和品质。

南芥菜花叶病毒可通过种子、鳞球茎、块根及苗木等无性繁殖材料进行远距离传播。在田间，该病毒还可通过汁液、嫁接进行传播，也可以通过异尾剑线虫（*Xiphenema diversicaudatum*）和麦考岁剑线虫（*Xiphenema coxi*）等进行传播。

藜草花叶病毒（*Sowbane mosaic virus*，SoMV）

藜草花叶病毒属于南方菜豆花叶病毒属（*Sobemovirus*），目前在我国没有发生和为害，是我国进出境植物检疫性有害生物。主要分布在澳大利亚、欧洲、北美洲、南美洲、南非和亚洲的日本。

藜草花叶病毒的自然寄主范围较广，可以侵染5个属24种植物，包括菠菜（*Spinaciaoleracea*）、苹果（*Malus pumila*）、葡萄（*Vitis vinifera*）、李（*Prunus salicina*）、酸樱桃（*Cerasus vulgaris*）、无花果（*Ficus carica*）、覆盆子（*Rubus chingii*）、黑莓（*Rubus fruticosus*）、甜菜（*Beta vulgaris*）、菊（*Dendranthema morifolium*）、泽泻（*Alisma plantago-aquatica*）、香石竹（*Dianthus caryophyllus*）和青蒿（*Mercurialis annua*）等。

藜草花叶病毒在不同寄主上的为害症状不同，有些寄主表现为无症状或潜隐症状；有些寄主则具有明显的典型症状，如昆诺藜叶片褪绿斑驳、畸形和矮化，甜菜系统花叶，覆盆子品种Gaia叶尖向下卷曲，黑莓叶片斑点状褪绿。SoMV常导致菠菜植株矮化、卷叶和斑驳，在菠菜品种Spinaker上的典型为害症状为叶片变形，并沿叶脉黄化，导致感病叶片形成绿岛。目前 SoMV 为害造成经济损失最大的作物就是菠菜，2012 年在希腊的 Marathon 菠菜种植区，SoMV 导致菠菜的经济收入减少了 50%。

种子传播是藜草花叶病毒远距离传播的主要方式，还可以通过汁液、昆虫、花粉和机械等方式进行传播，并具有高度的传染性。也可通过昆虫介体以非持久性方式传播，主要的传毒介体有豌豆潜叶蝇（*Liriomyza langei*）、甜菜叶蝉（*Circulifer tenellus*）、柑橘跳盲蝽（*Halticus citri*）、桃蚜（*Myzus persicae*）、烟蓟马（*Thrips tabaci*）等，烟蓟马成虫在感病苋色藜（*C. amaranticolor*）花粉上饲喂 5h 后便能有效传播 SoMV。

番茄黑环病毒（*Tomato black ring virus*，TBRV）

番茄黑环病毒属于豇豆花叶病毒科（*Comoviridae*）线虫传多面体病毒属（*Nepovirus*）。番茄黑环病毒在欧洲发生很普遍，具体主要分布在捷克、丹麦、芬兰、法国、德国、希腊、匈牙利、爱尔兰、意大利、摩尔多瓦、荷兰、挪威、波兰、葡萄牙、罗马尼亚、俄罗斯、西班牙、瑞典、英国、苏格兰、芬兰、印度、日本、土耳其、肯尼亚、摩洛哥以及巴西、加拿大、圣马丁岛、美国等国家或地区。

番茄黑环病毒的寄主范围很广，能够广泛侵染单子叶和双子叶植物，最主要的寄主是悬钩子属、茶属、草莓属和李属植物中的一些种（特别是桃），如番茄、韭菜、芹菜、甜菜、莴苣、菜豆、大豆、蚕豆、马铃薯、黄瓜、朝鲜蓟、剑百合花、黑莓、覆盆子、茄子、辣椒、葡萄、黑醋栗、桃、芜菁甘蓝、芜菁、水仙、洋葱、胡椒、草莓、烟草等植物。能使番茄上产生黑色环斑，在菜豆、甜菜、莴苣、悬钩子上引起环斑，还引起芹菜黄脉，马铃薯“花束和假珊瑚状”，桃新枝矮缩等症状。

甜菜霜霉病菌（*Peronospora farinosa* f. sp. *betae* Byford）

甜菜霜霉病菌属霜霉目（Peronosporales）霜霉科（Peronosporaceae）霜霉属（*Peronospora*）。主要分布在加拿大（艾伯塔省、爱德华王子岛、不列颠哥伦比亚省、魁北克省、曼尼托巴省、萨斯喀彻温省、新布伦瑞克省等）、美国、墨西哥、危地马拉、澳大利亚（昆士兰州、南澳大利亚州、塔斯马尼亚州、维多利亚州、新南威尔士州等）、新西兰、埃塞俄比亚、津巴布韦、肯尼亚、利比亚、摩洛哥、南非、坦桑尼亚、阿根廷、巴西、玻利维亚、厄瓜多尔、秘鲁、乌拉圭、智利、爱尔兰、奥地利、比利时、冰岛、波兰、丹麦、德国、俄罗斯、法国、荷兰、捷克、斯洛伐克、罗马尼亚、马耳他、挪威、葡萄牙、瑞典、瑞士、土耳其、西班牙、希腊、匈牙利、意大利、英国、阿富汗、巴基斯坦、朝鲜、韩国、黎巴嫩、蒙古、缅甸、尼泊尔、日本、塞浦路斯、泰国、也门、伊拉克、伊朗、以色列、印度等国家或地区。

该病菌主要为害叶片，幼叶最易感病。发病初期组织褪绿，病斑逐渐扩大，叶片增厚变脆，叶缘朝下反卷。叶背长有紫灰色霉层，条件适宜时，正反叶面均可产生。罕见为害老叶，但在感病品种中，在老叶上可形成局部黄化病斑，叶背披淡色霉层，叶片不反卷。发病后期罹病叶片变黑坏死，条件适宜时，部分叶柄亦遭为害。一年生甜菜染病后，病叶停止生长，卷曲畸形，最终心叶全部变黑坏死，苗期发病可引起死秧。二年生甜菜感病后，花薹不能抽出或抽出很短，整个花薹呈淡黄绿色，节间短缩，最终很少结实或不结实枯死。绿色幼嫩种子也感病。据田间测定，原料田感病植株含糖量平均降低 2.5°，根重量降低 25%，采种田发病后，种子产量下降 20%～50%，病情严重田块种子至少减产 50%，有些田块甚至绝产。病菌通过种子外调远距离传播，造成更大损失。夏播母根田因播期晚、密度大，受害重于原料田，病株生长量小，不易越冬，影响第二年种子产量，更为严重的是病菌以菌丝或卵孢子在母根根冠部越冬，翌年随母根生长而为害，成为采种株霜霉病的初侵染源。

甜菜霜霉病菌的远距离传播主要靠带菌种子或母根的调运，近距离主要是病残体或植株上的孢子囊随气流传播为害。病菌以卵孢子在病种子和病残体中越冬，也可以卵孢子或菌丝在窖藏母根上越冬，翌年卵孢子萌发或母根中菌丝生长产生孢子囊作为初侵染源，侵入后产生孢囊梗和孢子囊引起再侵染。原料田的初侵染源可以是种子、病残体中的卵孢子及采种株上的孢子囊；采种田最主要的初侵源是母根上的卵孢子和潜伏菌丝，其次是病残体中的卵孢子；夏播母根田的初侵染源可以是带菌种子、病残体中的卵孢子或发病原料田和采种田产生的孢子囊。

豌豆脚腐病菌［*Phoma pinodella*（L. K. Jones）Morgan-Jones et K. B. Burch］

豌豆角腐病菌属球壳孢目（Sphaeropsidales）球壳孢科（Sphaeropsidaceae）茎点霉属（*Phoma*）。主要分布在捷克、丹麦、法国、德国、希腊、匈牙利、爱尔兰、意大利、荷兰、波兰、罗马尼亚、俄罗斯、斯洛伐克、西班牙、瑞典、瑞士、英国、印度、伊朗、日本、叙利亚、埃及、尼日利亚、坦桑尼亚、加拿大（安大略省、萨斯喀彻温省等）、美国（艾奥瓦州、俄亥俄州、俄勒冈州、佛罗里达州、华盛顿州、加利福尼亚州、科罗拉多州、蒙大拿州、密西西比州、明尼苏达州、南卡罗来纳州、纽约州、威斯康星州、西弗吉尼亚州、新罕布什尔州、亚拉巴马州、犹他州、佐治亚州等）、巴西、智利、秘鲁、澳大利亚、新西兰等国家或地区。

该病菌主要为害寄主有甜菜（*Beta vulgaris*）、小扁豆（*Lens culinaris* ssp. *culinaris*）、紫花苜蓿（*Medicago sativa*）、豌豆（*Pisum sativum*）、杂三叶草（*Trifolium hybridum*）、绛三叶草（*Trifolium incarnatum*）、红三叶草（*Trifolium pratense*）、白三叶草（*Trifolium repens*）、木麻黄属（*Casuarina*）、阿拉比卡咖啡（*Coffea arabica*）、雪花属（*Galanthus*）、棉属（*Gossypium*）、稻属（*Oryza*）、香芹（*Petroselinum crispum*）、蚕豆（*Vicia faba*）、绿豆（*Vigna radiata*）、豇豆（*Vigna unguiculata*）。

该病菌可为害根、茎、叶、豆荚，在叶和豆荚上形成病斑，并不断扩展，形成棕色和褐色的圆环。茎上的病斑一般是蓝黑色或黑紫色。为害豆科植物，造成黑茎坏死和叶斑症状，坏死斑很少扩展至土表以下。病斑上生小黑点（分生孢子器）。该病会造成豆科植物产量和质量的下降，同时能增加食用染病的豆科植物牲畜的雌激素含量，对牲畜产生潜在毒性。病害对草料豆科植物的影响虽然不是很重要，但该菌存活于土壤中会造成长期的危害。

该病菌可以菌丝、分生孢子或分生孢子器在种子或植株残体上越冬，也可以厚垣孢子存活于土壤中。遇雨潮湿时，分生孢子由分生孢子器孔口大量溢出，并借风雨传播。

棉根腐病菌［*Phymatotrichopsis omnivora*（Duggar）Hennebert］

棉根腐病菌又名多主瘤梗单胞霉菌，属丛梗孢目（Moniliales）丛梗孢科（Moniliaceae）*Phymatotrichopsis* 属。主要分布在美国（阿肯色州、得克萨斯州、俄克拉荷马州、加利福尼亚州、路易斯安那州、内华达州、新墨西哥州、亚利桑那州、犹他州等）、巴西、墨西哥、利比亚、委内瑞拉等国家或地区。

该病菌寄主范围广，可以为害 2 000 多种双子叶植物。主要为害棉花、葡萄、苹果、花生、大豆、蚕豆等，以棉花最重。一旦棉花植株根系受到该病菌的侵染，植株突然枯萎，为棉花的毁灭性病害。被该菌污染的土壤，多年不能再种植棉花和其他寄主植物，否则损失惨重。病菌可以在土壤中长期存活，生存能力很强。病菌可以随土壤和多种寄主带菌的根、块根、球茎、苗木等远距离传播。

甜菜叶斑病菌（*Ramularia beticola* Fautr. et Lambotte）

甜菜叶斑病菌又名甜菜生柱隔孢，属丛梗孢目（Moniliales）暗梗孢科（Dematiaceae）长隔霉菌属（*Ramularia*）。主要分布在加拿大、美国、爱尔兰、奥地利、白俄罗斯、保加利亚、比利时、冰岛、波兰、丹麦、德国、俄罗斯、法国、捷克、拉脱维亚、立陶宛、罗马尼亚、瑞典、斯堪的纳维亚半岛、乌克兰、匈牙利、英国等国家或地区。

该病菌主要寄主有甜菜（*Beta vulgaris*）、厚皮菜（*Beta vulgaris* var. *cicla*）、根甜菜（*Beta vulgaris* var. *rapacea*）、糖萝卜（*Beta vulgaris* var. *saccharifera*）等。该菌寄生于甜菜叶，表现为叶斑，有时常能与甜菜褐斑病菌（*Cercospora beticola*）所引起的叶斑症状混淆不清。但若仔细观察仍可细微区分，由甜菜生柱隔孢侵染生成的病斑通常比褐斑病的病斑略大，且在叶上的病斑也较少，周围及其边缘的界限也不甚清晰。病菌主要侵染中晚期的叶片，被侵染的叶片会变黄然后坏死。叶斑两面生，圆形、椭圆形至近于角状不规则形，长 1～10mm，宽 1～6mm，初期浅绿色或浅黄赭色，后期浅绿白色或淡黄色。子实体两面生，垫状，浅绿白色。可导致产量降低 10%～15%，含糖量降低 1%。若感染留种用的甜菜可导致其不结实。

病菌借带菌种子和病残体越冬，翌年遇适宜的湿度条件，易于产生分生孢子，随即萌发侵染甜菜植株。在冷凉气候条件下，本病适于发展。病菌最适生长温度为 18～20℃，温度升至 28℃时，不适合病菌生存。在田间借风雨传播，远距离通过种子、土壤、病株残体传播。以假菌核（菌丝团）形态在土壤和植物残体中越冬，可存活两年以上。病原菌分生孢子萌发后通过甜菜叶片正面的气孔侵染。环境适宜时，病斑上病原菌分生孢子梗聚成垫状，上面着生白色、透明串生的多细胞无色分生孢子。当相对湿度超过70%，温度在5～25℃时，开始形成分生孢子串。形成孢子的最适温度为16～17℃。当相对湿度超过95%时，分生孢子在2～3d可侵入叶片，15d内表现症状。

③杂草类：

蒺藜草属（非中国种）（*Cenchrus* spp.）

蒺藜草属属于禾本科黍族蒺藜草亚族，约有23种，分布于全世界热带和温带地区，主要在美洲和非洲温带的干旱地区，印度、亚洲南部和西部到澳大利亚有分布。蒺藜草属（非中国种）是谷物、甘蔗、棉花、大豆、紫花苜蓿、咖啡、可可和果园、葡萄园的有害杂草，刺苞还直接伤害人、畜，是很难防治的一类杂草。

据统计，2009—2011年在全国进境货物中共截获蒺藜草属8种，主要有印度蒺藜草（*Cenchrus biflorus*）、美洲蒺藜草（*Cenchrus ciliaris*）、刺蒺藜草（*Cenchrus echinatus*）、疏花蒺藜草（*Cenchrus pauciflorus*）等。2013年，我国口岸机构首次截获鼠尾蒺藜草（*Cenchrus myosuroides*）。鼠尾蒺藜草为多年生杂草，在我国没有发生分布，主要分布于美国南部、墨西哥、加勒比海地区和阿根廷，整个南美洲更常见。该杂草是进口阿根廷大麦双边议定书上重点关注的检疫对象。

鼠尾蒺藜草识别特征：小穗一枚生于刺状总苞内，刺状总苞近圆筒形，长约5.5mm，具多枚硬刺状刚毛，基部具短而粗的总梗；刚毛圆形，仅基部合生，表面具小倒刺，边缘无毛，直立或斜向上分散；结实小花外稃革质，背面平坦，先端尖，长约4.5mm，宽约1.7mm，5脉；内稃革质，具2脉。颖果卵形，两侧扁，长2.34mm，宽1.37mm，胚大，占颖果总长度的2/3。

匍匐矢车菊（*Centaurea repens* L.）

匍匐矢车菊属菊目（Asterales）菊科（Asteraceae）矢车菊属（*Centaurea*），是多年生杂草，具有发达的匍匐状根系，主根能深入土壤（超过10m）并以根系快速定植、繁殖和扩散。根系分泌的化感物质严重影响其他作物生长，化学防治和土壤处理也非常困难，是一种能造成田园荒芜的恶性杂草。主要分布在加拿大、特立尼达和多巴哥、澳大利亚、美国、南非、阿根廷、土耳其、阿富汗、伊朗、印度等国家。

果实及种子形态特征：瘦果倒卵形，长3～4mm，宽2～3mm，顶端较宽而截平，中央具1短喙，喙长约0.3mm，果皮表面乳白色，约有10条不清楚的纵肋条，有蜡光泽。果内含1粒种子，呈棕红色，胚体大，直生，无胚乳。

匍匐矢车菊主要随粮食和牧草等的携带远距离传播。我国口岸曾在进口小麦、大豆、玉米中均有截获，广西口岸在2013年首次从进口的澳大利亚燕麦中截获匍匐矢车菊。

菟丝子属（*Cuscuta* spp.）

菟丝子属属于茄目（Solanales）菟丝子科（Cuscutaceae），全世界有170多种，主要分布在热带亚热带及温带地区。

菟丝子是一年生寄生缠绕草本植物。无根，茎线形，光滑，无毛。幼苗时淡绿色，寄生后茎黄色、褐色或紫红色。在缠绕寄生时，能长出吸器，进行寄生生长，叶退化消失或为很小的鳞片状。花小，白色或粉红色，无梗或有极短的梗，花梗上常有腺体。花序为穗状花序、紧缩的总状花序或簇生成团伞花序。花萼基部连合成杯状、壶状或钟状，包围在花冠的周围。花冠筒状或钟状，有时裂片向外反折。鳞片5，着生在花冠筒内面，基部分离或连合，边缘分裂或呈流苏状。雄蕊5，着生在花冠筒喉部或在花冠裂片相邻处。花丝短，常成钻形或无。花药卵圆形，向内。子房近球形，2室。花柱2，分离或连合成1个。柱头2，球形或伸长。蒴果近球形，周裂，附有宿存的花冠。种子1～4粒不等。

菟丝子属植物种子发芽后，靠自身养分长出丝状幼芽，一旦遇到寄主即左旋缠绕其上，与寄主接触处长出吸器。接着吸器以下的茎枯萎，植株脱离土壤，自养生长结束，通过吸器吸取寄主体内的水分和养分，开始寄生生活。菟丝子初始寄生时喜阴，在寄主的庇荫下生长迅速；侵占寄主后喜欢温湿、阳光充足的环境。菟丝子属各个种均具有相似的特性。种子有休眠特性，在冬季气温低的地区，以种子在土壤中过冬。菟丝子种子在土中寿命很长，在4～6年后仍可达到最大萌发率，休眠甚至可达10年以上。

菟丝子主要以种子传播，可以随水流、农业机械、农具、鸟兽、人为因素等广泛传播，也可以混杂于收获的农作物、商品粮食、种子或者饲料中远距离传播扩散。

假高粱（及其杂交种）［*Sorghum halepense*（L.）Pers.］

假高粱属莎草目（Cyperales）禾本科（Gramineae）高粱属（*Sorghum*），是著名的恶性杂草之一，原产地中海地区，现主要分布在多米尼加共和国、古巴、洪都拉斯、加拿大、美国（阿肯色州、北卡罗来纳州、宾夕法尼亚州、得克萨斯州、俄亥俄州、俄克拉荷马州、俄勒冈州、佛罗里达州、弗吉尼亚州、加利福尼亚州、堪萨斯州、康涅狄格州、科罗拉多州、肯塔基州、路易斯安那州、罗德岛、马里兰州、马萨诸塞州、密苏里州、密西西比州、密歇根州、内布拉斯加州、内华达州、南卡罗来纳州、纽约州、特拉华州、田纳西州、西弗吉尼亚州、新墨西哥州、新泽西州、亚拉巴马州、亚利桑那州、伊利诺伊州、艾奥瓦州、印第安纳州、犹他州、佐治亚州等）、墨西哥、尼加拉瓜、萨尔瓦多、危地马拉、牙买加、亚速尔群岛、澳大利亚、巴布亚新几内亚、斐济、夏威夷群岛、新西兰、埃及、贝宁、几内亚、马拉维、摩洛哥、莫桑比克、纳米比亚、南非、尼日利亚、塞内加尔、斯威士兰、坦桑尼亚、阿根廷、巴拉圭、巴西、波多黎各、玻利维亚、哥伦比亚、秘鲁、委内瑞拉、乌拉圭、智利、阿尔巴尼亚、奥地利、白俄罗斯、保加利亚、波兰、俄罗斯、法国、捷克、斯洛伐克、克罗地亚、罗马尼亚、葡萄牙、瑞士、塞尔维亚和黑山、土耳其、西班牙、希腊、匈牙利、意大利、阿富汗、阿曼、巴基斯坦、巴林、菲律宾、韩国、黎巴嫩、孟加拉国、缅甸、沙特阿拉伯、斯里兰卡、泰国、伊拉克、伊朗、以色列、印度、印度尼西亚、约旦等国家或地区。高粱属全世界约30种，对各国的农业生产构成严重危害。

假高粱为多年生草本，秆直立，高1～3m，直径约0.5cm。叶片阔线状披针形，长25～80cm，宽1～4cm；基部有白色绢状疏柔毛；叶舌长约1.8mm，具缘毛。圆锥花序长20～50cm，淡紫色至紫黑色；小穗成对，一具柄，一无柄；只有顶端为三生小穗，一无柄，两个有柄。果实带颖片，椭圆形，长约1.4mm，暗紫色，被柔毛；第二颖基部带有一枝小穗轴节段和一枚有柄小穗的小穗柄，二者均具纤毛；去颖的颖果倒卵形至椭圆形，长2.6～3.2mm，宽1.5～2.0mm，棕褐色，顶端圆，具2枚宿存花柱。王建书和李扬汉的研究表明，假高粱根状茎4月上旬萌发出土，6月以前营养生长，6～9月抽穗开花，初花为黄色，后变橙色；10月果实成熟；11月上旬地上部分枯死。

异株苋亚属（Subegen *Acnida* L.）

异株苋亚属植物是原产北美洲的特有苋种，共有10个种，其中代表性种类有长芒苋（*Amaranthus palmeri* S. Wats.）、西部苋（*Amaranthus rudis* J. D. Sauer）、糙果苋［*Amaranthus tuberculatus*（Moq.）Sauer］。长芒苋分布于美国南部地区的棉花、玉米和大豆产区。糙果苋和西部苋及两者杂交种的多态性类群（Waterhemp复合群）则是美国中西部棉田和豆田的主要有害杂草。

长芒苋隶属于苋科（Amaranthaceae）苋属（*Amaranthus* L.）异株苋亚属（Subgen *Acnida* L.）。原产美国西南部至墨西哥北部，目前主要分布在瑞典、奥地利、德国、法国、丹麦、挪威、芬兰、英国、日本、美国、墨西哥、澳大利亚。一年生草本。高0.8～2m（原产地可高达3m）。茎直立，粗壮，具棱角，黄绿色，具绿色条纹，有时变淡红褐色，无毛或上部被稀疏柔毛，分枝斜生。叶无毛，叶片卵形至菱状卵形，茎上部叶呈披针形，长2～8cm，宽0.5～4cm，先端钝、急尖或微凹，常具小突尖；基部楔形，略下延，边缘全缘。穗状花序生于茎顶和侧枝顶部，直立或俯垂，长7～25cm，宽1～1.2cm，下部花序也见团簇状。苞片长4～6cm，雄花中脉伸出呈芒刺状，雄花花被片5，内侧花被片长2.5～3mm，钝状至微凹，外侧花被片长3.5～4mm，渐尖，具显著伸出的中脉；雄蕊5；雌花苞片更坚硬，雌花花被片5，略外展，不等长，最外一片具宽阔中脉，倒披针形，长3～4mm，先端急尖，其余花被片匙形，长2～2.5mm，先端截形至微凹，有时呈啮齿状；花柱2（3）。胞果近球形，长1.5～2mm，果皮膜质，周裂。种子近圆形或宽椭圆形，直径1～1.2mm，深红褐色，具光泽。

长芒苋为害热带、亚热带地区种植的几乎所有重要作物，与作物争夺生长空间和资源，导致作物严重减产。同时因其抗多种常用除草剂，目前已成为美国农业生产中（棉花和大豆）的主要问题，经济损失难以评估。长芒苋通过种子扩散传播，一旦传入并定植，每株雌株可产生高达几万粒种子，通过风力或人类活动、粮谷调运扩散传播的风险大。

糙果苋隶属于苋科（Amaranthaceae）苋属（*Amaranthus* L.）异株苋亚属（Subgen *Acnida* L.）。原产美国密西西比河流域东部地区，印第安纳州东部至俄亥俄州，现分布区域还有加拿大魁北克和英国。一年生草本。茎直立，稀斜生或平卧，高 0.4～1.5m，叶深绿色；叶柄长为叶片的1/4～1/2；叶片形态多变，较小的叶片通常长圆形或匙形，较大的宽卵形至披针形，长 1.5～4cm，宽 0.5～1.5cm，基部楔形，边缘全缘，先端钝至急尖，具小短尖。圆锥花序顶生，上部弯曲或俯垂，雄花花序长约 5cm，排列稀疏，常不具叶；雌花花序长 1～2cm，顶生花序常具叶。雄花苞片长 1～1.5mm，具极细的中脉；雌花苞片具不明显龙骨突，长 1～2mm，先端渐尖。雄花花被片 5，花被等长或不等长，长 2～3mm，先端钝至急尖或渐尖或具不明显短尖；雄蕊 5；雌花花被片缺失；柱头分枝近直立。胞果深褐色至红褐色，不具纵棱，倒卵状至近球状，长 1.5～2mm，壁薄，近平滑或不规则皱缩，不开裂、不规则开裂或周裂。种子直径 0.7～1mm，深红褐色至深褐色，具光泽。

糙果苋为害热带、亚热带地区栽培的重要作物，与作物争夺生长空间和资源，导致作物严重减产。在美国，Waterhemp 复合群可导致玉米减产 13%～74%，与大豆同期生长时可致大豆减产 56%，在豆田晚期时可致大豆减产 10%。其他为害状况与长芒苋相似。此外糙果苋还是花粉致敏病中重要的过敏原。糙果苋属风媒传粉植物，雄株产生花粉，风携带花粉从雄株传到雌株，由雌株结出果实。雌株可产生种子近一百万个（在全光照条件下）。生长速度快，有效地与作物争夺阳光、水、营养和空间。与长芒苋一样，糙果苋在作物收获过程中，也易同作物一起收割，混入农产品通过调运扩散，或通过国际贸易跨境传播。还可通过河流与风力扩散传播，或通过鸟粪扩散。在作物生长季 Waterhemp 复合群种子萌发和种苗生长还有延迟现象，与作物错开生长旺期，规避了除草剂的风险。

西部苋隶属于苋科（Amaranthaceae）苋属（*Amaranthus* L.）异株苋亚属（Subgen *Acnida* L.）。原产美国密西西比河西部流域，分布于内布拉斯加州、得克萨斯州、艾奥瓦州、伊利诺伊州和密苏里州，现还分布于英国。一年生草本。茎直立，常分枝，分枝直立或斜生，高 1～2m，淡绿色，常变绿色。叶柄为叶片的 1/4～1/2；叶片长圆形、卵状披针形至披针形，长 5～15.5cm，基部狭楔形，先端长，渐尖，有时顶端钝，具短尖头。圆锥花序挺直，长 10～23cm，无叶段较松散，有时花簇间断，下部常具叶。雄花苞片长 1.5～2mm，先端具雌花苞片，长约 2mm，中脉外延成小尖头。雄花花被片 5，内侧花被片约 2.5mm，先端钝或微凹，外侧花被片长约 3mm，先端渐尖，具显著伸出的尖头；雄蕊 5；雌花花被片 1～2，最短的一个常不完全发育，最长的约 2mm，狭披针形，先端渐尖，具伸出的尖头。胞果卵球形，长约 1.5mm，膜质，无棱，中部周裂，微皱缩，常带红色。种子圆形，双凸透镜状，直径 0.7～1mm，深红褐色。

与长芒苋类似，西部苋的生长较作物和其他杂草强势，并具抗杂草剂特性，已进化出对五种除草剂具抗性的生物型。有报道表明，对除草剂具抗性的西部苋与除草剂敏感型的同株苋亚属（Subgen *Amaranthus* L.）植物杂交，产生具除草剂抗性的杂种。这些杂种具有的除草剂抗性基因可通过花粉和种子传播，使除草剂敏感型苋属杂草演变成具除草剂抗性的种类，增加了有害杂草的扩散风险和经济危害。危害情况与糙果苋类似。有报道发现，每一米栽培垄间西部苋发生株数为 8 株时，大豆减产 56%，而反枝苋减产 38%。

5. 实验室鉴定

对监测中发现的可疑样本进行虫害形态观察、病原菌分离培养等，根据相应方法做出鉴定；如检疫机构所属实验室无法检测确定，应立即送相应专家进行鉴定。

6. 记录与档案管理

详细记录种植时间、栽培管理及有害生物监测数据，各项原始记录连同其他材料妥善保存于植物检疫机构。采集到的样品经鉴定为疫情的并有保存价值的，可制作成标本，保存于植物检疫机构。

三、甜菜种子隔离检疫情况记录表

<table>
<tr><td colspan="2">植物中文名称：甜菜（1号品种）</td><td colspan="1">来源国：法国</td><td colspan="1">种植数量：约150g</td></tr>
<tr><td colspan="4">隔离种植物类别：□苗木 ☑种子 □试管苗 □其他（明确类别）：</td></tr>
<tr><td colspan="4">检疫审批单号：37201500844</td></tr>
<tr><td colspan="3">种植地点：室外</td><td colspan="1">种植时间：2016年5月12日至2016年9月12日</td></tr>
<tr><td colspan="4">种植基础条件：
种植方法：一畦双行覆膜种植，四周种植大豆作为隔离带
株行距：株距20cm，行距40cm
隔离种植作物：大豆</td></tr>
<tr><td>时间（月/日）</td><td>生育期</td><td>栽培管理要点或有害生物发生情况记录</td><td>记录人</td></tr>
<tr><td>5/12</td><td>播种</td><td>播种</td><td></td></tr>
<tr><td>5/17</td><td>苗期</td><td>浇水</td><td></td></tr>
<tr><td>5/23</td><td>苗期</td><td>出苗，相对较均</td><td></td></tr>
<tr><td>5/27</td><td>苗期</td><td>部分畦块缺苗较多</td><td></td></tr>
<tr><td>5/29</td><td>苗期</td><td>间苗，锄草</td><td></td></tr>
<tr><td>5/31</td><td>苗期</td><td>植株长势正常</td><td></td></tr>
<tr><td>6/4</td><td>苗期</td><td>锄草</td><td></td></tr>
<tr><td>6/7</td><td>苗期</td><td>间苗，有缺苗现象，不补苗</td><td></td></tr>
<tr><td>6/12</td><td>叶丛形成期</td><td>有地老虎为害症状</td><td></td></tr>
<tr><td>6/15</td><td>叶丛形成期</td><td>植株长势正常</td><td></td></tr>
<tr><td>6/19</td><td>叶丛形成期</td><td>植株长势正常，低层叶有烂的现象</td><td></td></tr>
<tr><td>6/22</td><td>叶丛形成期</td><td>植株长势正常</td><td></td></tr>
<tr><td>6/24</td><td>叶丛形成期</td><td>发现部分植株有疑似病毒病症状，表现多为花叶</td><td></td></tr>
<tr><td>6/30</td><td>叶丛形成期</td><td>有较多植株有地老虎为害症状，部分植株还有疑似病毒病症状，表现多为花叶</td><td></td></tr>
<tr><td>7/5</td><td>叶丛形成期</td><td>邀请中国农业科学院植物保护研究所病毒专家和线虫专家进行实地调查，并抽样进行实验室检测</td><td></td></tr>
<tr><td>7/13</td><td>叶丛形成期</td><td>采样检测病毒和线虫</td><td></td></tr>
<tr><td>7/18</td><td>叶丛形成期</td><td>部分植株疑似病毒病症状较严重</td><td></td></tr>
<tr><td>7/22</td><td>叶丛形成期</td><td>部分植株有地老虎为害症状</td><td></td></tr>
<tr><td>7/26</td><td>块根增长期</td><td>大豆长势旺盛，已盖住甜菜植株，虫害、病害对甜菜长势影响不大，大部分甜菜生长良好</td><td></td></tr>
<tr><td>8/4</td><td>块根增长期</td><td>较多植株有疑似病毒病症状</td><td></td></tr>
<tr><td>8/8</td><td>块根增长期</td><td>大豆植株过高，已经盖过甜菜植株，影响甜菜的部分透光率</td><td></td></tr>
<tr><td>8/18</td><td>块根增长期</td><td>甜菜待收获</td><td></td></tr>
<tr><td>8/26</td><td>块根增长期</td><td>甜菜主要只剩中心叶片，低层叶片多腐烂，其他正常</td><td></td></tr>
<tr><td>8/30</td><td>糖分积累期</td><td>后期疑似病毒病症状依旧较多</td><td></td></tr>
<tr><td>9/2</td><td>糖分积累期</td><td>切开断面，未发现病菌为害</td><td></td></tr>
<tr><td>9/8</td><td>糖分积累期</td><td>挖出甜菜根块，切开断面，断面没有病菌为害</td><td></td></tr>
<tr><td>9/12</td><td>糖分积累期</td><td>甜菜收获</td><td></td></tr>
<tr><td colspan="3">甜菜前期出苗较少，长势较好；中期有较多植株有疑似病毒病症状，有类似地老虎的为害；后期植株长势较弱。未发现甜菜检疫性病害，未发现甜菜胞囊线虫</td><td></td></tr>
</table>

<table>
<tr><td colspan="2">植物中文名称：甜菜（2号品种）</td><td>来源国：法国</td><td>种植数量：约150g</td></tr>
<tr><td colspan="4">隔离种植物类别：□苗木　☑种子　□试管苗　□其他（明确类别）：</td></tr>
<tr><td colspan="4">检疫审批单号：37201500693</td></tr>
<tr><td colspan="3">种植地点：室外</td><td>种植时间：2016年5月12日至2016年9月12日</td></tr>
<tr><td colspan="4">种植基础条件：
种植方法：一畦双行覆膜种植，四周种植大豆作为隔离带
株行距：株距20cm，行距40cm
隔离种植作物：大豆</td></tr>
<tr><td>时间（月/日）</td><td>生育期</td><td>栽培管理要点或有害生物发生情况记录</td><td>记录人</td></tr>
<tr><td>5/12</td><td>播种</td><td>播种</td><td></td></tr>
<tr><td>5/17</td><td>苗期</td><td>浇水</td><td></td></tr>
<tr><td>5/23</td><td>苗期</td><td>出苗，相对较均</td><td></td></tr>
<tr><td>5/27</td><td>苗期</td><td>部分缺苗较多</td><td></td></tr>
<tr><td>5/29</td><td>苗期</td><td>间苗，锄草</td><td></td></tr>
<tr><td>5/31</td><td>苗期</td><td>植株长势正常</td><td></td></tr>
<tr><td>6/4</td><td>苗期</td><td>锄草</td><td></td></tr>
<tr><td>6/7</td><td>苗期</td><td>间苗，有缺苗现象</td><td></td></tr>
<tr><td>6/12</td><td>叶丛形成期</td><td>有疑似地老虎为害症状</td><td></td></tr>
<tr><td>6/15</td><td>叶丛形成期</td><td>植株长势正常</td><td></td></tr>
<tr><td>6/19</td><td>叶丛形成期</td><td>植株长势正常，低层叶有烂的现象</td><td></td></tr>
<tr><td>6/22</td><td>叶丛形成期</td><td>植株长势正常</td><td></td></tr>
<tr><td>6/24</td><td>叶丛形成期</td><td>发现部分植株叶片有疑似病毒病症状，多为花叶</td><td></td></tr>
<tr><td>6/30</td><td>叶丛形成期</td><td>地老虎较多。有疑似病毒病症状，多为花叶</td><td></td></tr>
<tr><td>7/5</td><td>叶丛形成期</td><td>邀请中国农业科学院植物保护研究所病毒专家和线虫专家进行实地调查，并抽样进行实验室检测</td><td></td></tr>
<tr><td>7/13</td><td>叶丛形成期</td><td>采样检测病毒</td><td></td></tr>
<tr><td>7/18</td><td>叶丛形成期</td><td>疑似病毒病症状较严重</td><td></td></tr>
<tr><td>7/22</td><td>叶丛形成期</td><td>有地老虎为害</td><td></td></tr>
<tr><td>7/26</td><td>块根增长期</td><td>大豆长势旺盛，已盖住甜菜，虫害、地老虎、根腐病影响不大，大部分甜菜生长良好</td><td></td></tr>
<tr><td>8/4</td><td>块根增长期</td><td>病毒较多</td><td></td></tr>
<tr><td>8/8</td><td>块根增长期</td><td>隔离用的大豆已经盖过甜菜，影响甜菜的部分透光率</td><td></td></tr>
<tr><td>8/18</td><td>块根增长期</td><td>甜菜待收获</td><td></td></tr>
<tr><td>8/26</td><td>块根增长期</td><td>甜菜只有中心叶片，低层叶片多腐烂，其他正常</td><td></td></tr>
<tr><td>8/30</td><td>糖分积累期</td><td>后期疑似病毒症状依旧明显</td><td></td></tr>
<tr><td>9/2</td><td>糖分积累期</td><td>切开断面，未发现病害</td><td></td></tr>
<tr><td>9/8</td><td>糖分积累期</td><td>挖出甜菜根块，断面没有病害</td><td></td></tr>
<tr><td>9/12</td><td>糖分积累期</td><td>甜菜待收获</td><td></td></tr>
<tr><td colspan="3">甜菜前期出苗较少，长势较好，中期有较多植株出现疑似病毒症状，有类似地老虎的为害，后期株苗长势较弱。未发现甜菜检疫性病害，未发现甜菜胞囊线虫</td><td></td></tr>
</table>

<table>
<tr><td colspan="2">植物中文名称：甜菜（3号品种）</td><td>来源国：新西兰</td><td>种植数量：约150g</td></tr>
<tr><td colspan="4">隔离种植物类别：□苗木 ☑种子 □试管苗 □其他（明确类别）：</td></tr>
<tr><td colspan="4">检疫审批单号：372015008717</td></tr>
<tr><td colspan="2">种植地点：室外</td><td colspan="2">种植时间：2016年5月12日至2016年9月12日</td></tr>
<tr><td colspan="4">种植基础条件：
种植方法：一畦双行覆膜种植，四周种植大豆作为隔离带
株行距：株距20cm，行距40cm
隔离种植作物：大豆</td></tr>
<tr><td>时间（月/日）</td><td>生育期</td><td>栽培管理要点或有害生物发生情况记录</td><td>记录人</td></tr>
<tr><td>5/12</td><td>播种</td><td>播种</td><td></td></tr>
<tr><td>5/17</td><td>苗期</td><td>浇水</td><td></td></tr>
<tr><td>5/23</td><td>苗期</td><td>已出苗，长势相对较均匀</td><td></td></tr>
<tr><td>5/27</td><td>苗期</td><td>部分缺苗较多</td><td></td></tr>
<tr><td>5/29</td><td>苗期</td><td>间苗，锄草</td><td></td></tr>
<tr><td>5/31</td><td>苗期</td><td>植株长势正常</td><td></td></tr>
<tr><td>6/4</td><td>苗期</td><td>锄草</td><td></td></tr>
<tr><td>6/7</td><td>苗期</td><td>间苗，有缺苗现象，没有补苗</td><td></td></tr>
<tr><td>6/12</td><td>叶丛形成期</td><td>有地老虎为害症状</td><td></td></tr>
<tr><td>6/15</td><td>叶丛形成期</td><td>植株长势正常</td><td></td></tr>
<tr><td>6/19</td><td>叶丛形成期</td><td>植株长势正常，低层叶有烂的现象</td><td></td></tr>
<tr><td>6/22</td><td>叶丛形成期</td><td>植株长势正常</td><td></td></tr>
<tr><td>6/24</td><td>叶丛形成期</td><td>发现疑似病毒病症状，多为花叶</td><td></td></tr>
<tr><td>6/30</td><td>叶丛形成期</td><td>地老虎为害症状明显，并有疑似病毒病症状，一般为花叶</td><td></td></tr>
<tr><td>7/5</td><td>叶丛形成期</td><td>邀请中国农业科学院植物保护研究所病毒专家和线虫专家进行实地调查，并抽样进行实验室检测</td><td></td></tr>
<tr><td>7/13</td><td>叶丛形成期</td><td>采样检测病毒</td><td></td></tr>
<tr><td>7/18</td><td>叶丛形成期</td><td>疑似病毒病症状较严重</td><td></td></tr>
<tr><td>7/22</td><td>叶丛形成期</td><td>地老虎为害症状明显</td><td></td></tr>
<tr><td>7/26</td><td>块根增长期</td><td>大豆和甜菜长势旺盛，但是大豆植株高，已盖住甜菜植株。此时期大部分甜菜生长良好，未发现明显虫害和病害</td><td></td></tr>
<tr><td>8/4</td><td>块根增长期</td><td>疑似病毒病症状较多</td><td></td></tr>
<tr><td>8/8</td><td>块根增长期</td><td>隔离用的大豆植株株高已经超过甜菜，影响甜菜的部分透光率</td><td></td></tr>
<tr><td>8/18</td><td>块根增长期</td><td>甜菜待收获</td><td></td></tr>
<tr><td>8/26</td><td>块根增长期</td><td>甜菜只有中心叶片，低层叶片多腐烂，其他正常</td><td></td></tr>
<tr><td>8/30</td><td>糖分积累期</td><td>后期疑似病毒病症状依旧较多</td><td></td></tr>
<tr><td>9/2</td><td>糖分积累期</td><td>切开断面，未发现病菌为害</td><td></td></tr>
<tr><td>9/8</td><td>糖分积累期</td><td>挖出甜菜根块，断面没有病菌为害</td><td></td></tr>
<tr><td>9/12</td><td>糖分积累期</td><td>甜菜待收获</td><td></td></tr>
<tr><td colspan="3">甜菜前期出苗较少，但整体长势较好。中期疑似病毒病症状较多，有类似地老虎的为害症状。后期株苗长势较弱。未发现甜菜检疫性病害，未发现甜菜胞囊线虫</td><td></td></tr>
</table>

植物中文名称：甜菜（4～6 号品种）	来源国：意大利	种植数量：各品种约 150g	
隔离种植物类别：□苗木　☑种子　□试管苗　□其他（明确类别）：			
检疫审批单号：10201500506			
种植地点：室外	种植时间：2016 年 5 月 12 日至 2016 年 9 月 12 日		
种植基础条件： 种植方法：一畦双行覆膜种植，四周种植大豆作为隔离带 株行距：株距 20cm，行距 40cm 隔离种植作物：大豆			

时间（月/日）	生育期	栽培管理要点或有害生物发生情况记录	记录人
5/12	播种	播种	
5/17	苗期	浇水	
5/23	苗期	开始出苗，相对较均	
5/27	苗期	出苗，部分畦块缺苗较多	
5/29	苗期	间苗，锄草	
5/31	苗期	植株长势正常	
6/4	苗期	锄草	
6/7	苗期	间苗，有缺苗现象，不补苗	
6/12	叶丛形成期	部分植株有地老虎为害症状	
6/15	叶丛形成期	植株长势正常	
6/19	叶丛形成期	植株长势正常，低层叶有烂的现象	
6/22	叶丛形成期	植株长势正常	
6/24	叶丛形成期	部分植株发现疑似病毒病症状，主要表现为花叶	
6/30	叶丛形成期	较多植株有疑似地老虎为害症状，部分植株有疑似病毒病症状，主要表现为花叶	
7/5	叶丛形成期	邀请中国农业科学院植物保护研究所病毒专家和线虫专家进行实地调查，并抽样进行实验室检测	
7/13	叶丛形成期	采样检测病毒	
7/18	叶丛形成期	部分植株疑似病毒病症状，表现严重	
7/22	叶丛形成期	部分植株有地老虎为害症状	
7/26	块根增长期	大豆长势旺盛，植株较高，已盖住甜菜，病虫害影响不大，大部分甜菜生长良好	
8/4	块根增长期	较多植株有疑似病毒病症状	
8/8	块根增长期	大豆植株已经盖过甜菜植株，影响甜菜的部分透光率	
8/18	块根增长期	甜菜待收获	
8/26	块根增长期	甜菜主要剩中心叶片，低层叶片多腐烂，其他正常	
9/2	糖分积累期	挖出甜菜根块，切开甜菜块根断面，未发现病害	
9/8	糖分积累期	挖出甜菜根块，切开断面，没有发现病菌为害	
9/12	糖分积累期	甜菜收获	
甜菜前期出苗较少、长势较好；中期较多植株有疑似病毒病症状，并有类似地老虎为害症状；后期植株长势较弱。未发现甜菜检疫性病害，未发现甜菜胞囊线虫			

<table>
<tr><td colspan="2">植物中文名称：甜菜（7～9 号样品）</td><td>来源国：比利时</td><td>种植数量：各品种约 150g</td></tr>
<tr><td colspan="4">隔离种植物类别：□苗木 ☑种子 □试管苗 □其他（明确类别）：</td></tr>
<tr><td colspan="4">检疫审批单号：10201501470</td></tr>
<tr><td colspan="2">种植地点：室外</td><td colspan="2">种植时间：2016 年 5 月 7 日至 2016 年 9 月 18 日</td></tr>
<tr><td colspan="4">种植基础条件：
种植方法：一畦双行覆膜种植，四周种植大豆作为隔离带
株行距：株距 20cm，行距 40cm
隔离种植作物：大豆</td></tr>
</table>

时间（月/日）	生育期	栽培管理要点或有害生物发生情况记录	记录人
5/7	播种	播种	
5/9	苗期	浇水，尚未有出苗	
5/12	苗期	开始出苗	
5/17	苗期	大部分已出苗，但出苗不均，只有约 30%出苗率	
5/23	苗期	浇水，植株长势正常	
5/27	苗期	植株长势正常	
5/29	苗期	间苗，锄草	
5/31	苗期	植株长势正常	
6/4	叶丛形成期	田间锄草	
6/7	叶丛形成期	间苗，有缺苗现象，不补苗	
6/12	叶丛形成期	部分植株有地老虎、飞甲类昆虫为害症状	
6/15	叶丛形成期	植株长势正常	
6/19	叶丛形成期	植株长势正常，低层叶有烂的现象	
6/22	叶丛形成期	植株长势正常	
6/24	叶丛形成期	部分植株有疑似病毒病症状	
6/30	叶丛形成期	部分植株有疑似病毒病症状，症状主要表现为花叶	
7/5	叶丛形成期	邀请中国农业科学院植物保护研究所病毒专家和线虫专家进行实地调查，并抽样进行实验室检测	
7/10	叶丛形成期	几乎所有植株均有疑似病毒病症状	
7/18	块根增长期	部分植株有地老虎为害症状，主要表现在叶片上	
7/22	块根增长期	雨水较多，田间待锄草。叶片基部发黑，有类似根腐的现象	
7/26	块根增长期	锄草，植株上疑似病毒病症状未见严重，也未见好转，表现仍以花叶为主	
8/5	块根增长期	除有疑似病毒病症状外，其他正常	
8/14	块根增长期	块根形成较好，切开断面未发现有病害	
8/20	糖分积累期	大豆长势旺盛，植株较高，已盖住甜菜，病虫害影响不大，大部分甜菜生长良好	
9/1	糖分积累期	正常，近日天旱	
9/5	糖分积累期	切开甜菜块茎断面，未发现有病害	
9/13	糖分积累期	植株长势正常，甜菜待收获	
9/18	糖分积累期	植株长势正常，甜菜待收获	
甜菜前期出苗、长势较好；中期较多植株有疑似病毒病症状，并表现严重；后期植株长势较弱。未发现甜菜检疫性病害，未发现甜菜胞囊线虫			

<table>
<tr><td colspan="2">植物中文名称：甜菜（10、11、14、15、16 号品种）</td><td colspan="2">来源国：德国</td><td>种植数量：各品种约 150g</td></tr>
<tr><td colspan="5">隔离种植物类别：□苗木　☑种子　□试管苗　□其他（明确类别）：</td></tr>
<tr><td colspan="5">检疫审批单号：10201501305</td></tr>
<tr><td colspan="3">种植地点：室外</td><td colspan="2">种植时间：2016 年 5 月 3 日至 2016 年 9 月 18 日</td></tr>
<tr><td colspan="5">种植基础条件：
种植方法：一畦双行覆膜种植，四周种植大豆作为隔离带
株行距：株距 20cm，行距 40cm
隔离种植作物：大豆</td></tr>
<tr><td>时间（月/日）</td><td>生育期</td><td colspan="2">栽培管理要点或有害生物发生情况记录</td><td>记录人</td></tr>
<tr><td>5/3</td><td>播种</td><td colspan="2">播种 10、11 号甜菜</td><td></td></tr>
<tr><td>5/6</td><td>播种</td><td colspan="2">播种 14～16 号甜菜</td><td></td></tr>
<tr><td>5/9</td><td>苗期</td><td colspan="2">浇水，尚未有出苗</td><td></td></tr>
<tr><td>5/12</td><td>苗期</td><td colspan="2">开始出苗</td><td></td></tr>
<tr><td>5/17</td><td>苗期</td><td colspan="2">大部分已出苗，但出苗不均，只有约 30%出苗率</td><td></td></tr>
<tr><td>5/23</td><td>苗期</td><td colspan="2">浇水，植株长势正常</td><td></td></tr>
<tr><td>5/27</td><td>苗期</td><td colspan="2">植株长势正常</td><td></td></tr>
<tr><td>5/29</td><td>苗期</td><td colspan="2">间苗，锄草</td><td></td></tr>
<tr><td>5/31</td><td>苗期</td><td colspan="2">植株长势正常</td><td></td></tr>
<tr><td>6/4</td><td>叶丛形成期</td><td colspan="2">田间锄草</td><td></td></tr>
<tr><td>6/7</td><td>叶丛形成期</td><td colspan="2">间苗，有缺苗现象，不补苗</td><td></td></tr>
<tr><td>6/12</td><td>叶丛形成期</td><td colspan="2">部分植株有地老虎、飞甲类害虫为害症状</td><td></td></tr>
<tr><td>6/15</td><td>叶丛形成期</td><td colspan="2">植株长势正常</td><td></td></tr>
<tr><td>6/19</td><td>叶丛形成期</td><td colspan="2">植株长势正常，低层叶有烂的现象</td><td></td></tr>
<tr><td>6/22</td><td>叶丛形成期</td><td colspan="2">植株长势正常</td><td></td></tr>
<tr><td>6/24</td><td>叶丛形成期</td><td colspan="2">发现部分植株有疑似病毒病症状</td><td></td></tr>
<tr><td>6/30</td><td>叶丛形成期</td><td colspan="2">发现部分植株有疑似病毒病症状，多为花叶症状</td><td></td></tr>
<tr><td>7/5</td><td>叶丛形成期</td><td colspan="2">邀请中国农业科学院植物保护研究所病毒专家和线虫专家进行实地调查，并抽样进行实验室检测</td><td></td></tr>
<tr><td>7/10</td><td>叶丛形成期</td><td colspan="2">10、15 号品种甜菜有较多植株有疑似病毒病症状</td><td></td></tr>
<tr><td>7/18</td><td>块根增长期</td><td colspan="2">部分植株有地老虎为害症状，主要表现在叶片上</td><td></td></tr>
<tr><td>7/22</td><td>块根增长期</td><td colspan="2">雨水较多，田间待锄草</td><td></td></tr>
<tr><td>7/26</td><td>块根增长期</td><td colspan="2">锄草，田间疑似病毒病症状未见严重，也未见好转，主要表现为花叶</td><td></td></tr>
<tr><td>8/5</td><td>块根增长期</td><td colspan="2">除疑似病毒病症状外，其他正常</td><td></td></tr>
<tr><td>8/14</td><td>块根增长期</td><td colspan="2">块根形成较好，切开断面后未发现有病菌为害</td><td></td></tr>
<tr><td>9/1</td><td>糖分积累期</td><td colspan="2">正常，近日天旱</td><td></td></tr>
<tr><td>9/5</td><td>糖分积累期</td><td colspan="2">挖成甜菜块根，切开断面后未发现有病菌为害</td><td></td></tr>
<tr><td>9/13</td><td>糖分积累期</td><td colspan="2">植株长势正常，甜菜待收获</td><td></td></tr>
<tr><td>9/18</td><td>糖分积累期</td><td colspan="2">植株长势正常，甜菜待收获</td><td></td></tr>
<tr><td colspan="4">甜菜前期出苗较少，长势较好；中期较多植株有疑似病毒病症状，并有类似地老虎为害症状；后期植株长势较弱。未发现甜菜检疫性病害，未发现甜菜胞囊线虫</td><td></td></tr>
</table>

植物中文名称：甜菜（12号品种） 来源国：德国 种植数量：约150g

隔离种植物类别：□苗木 ☑种子 □试管苗 □其他（明确类别）：

检疫审批单号：10201501483

种植地点：室外 种植时间：2016年5月3日至2016年9月18日

种植基础条件：
种植方法：一畦双行覆膜种植，四周种植大豆作为隔离带
株行距：株距20cm，行距40cm
隔离种植作物：大豆

时间（月/日）	生育期	栽培管理要点或有害生物发生情况记录	记录人
5/3	播种	播种	
5/9	苗期	浇水，尚未有出苗	
5/12	苗期	开始出苗	
5/17	苗期	大部分出苗，但出苗不均，只有约30%出苗率	
5/23	苗期	浇水，植株长势正常	
5/27	苗期	植株长势正常	
5/29	苗期	间苗，锄草	
5/31	苗期	植株长势正常	
6/4	叶丛形成期	田间锄草	
6/7	叶丛形成期	间苗，有缺苗，不补苗	
6/12	叶丛形成期	部分植株有地老虎、飞甲类昆虫为害症状	
6/15	叶丛形成期	植株长势正常	
6/19	叶丛形成期	植株长势正常，低层叶有烂的现象	
6/22	叶丛形成期	植株长势正常	
6/24	叶丛形成期	发现部分植株有疑似病毒病症状	
6/30	叶丛形成期	部分植株有疑似病毒病症状，多为花叶	
7/5	叶丛形成期	邀请中国农业科学院植物保护研究所病毒专家和线虫专家进行实地调查，并抽样进行实验室检测	
7/10	叶丛形成期	部分植株有疑似病毒病症状，但株数不多，症状为花叶	
7/18	块根增长期	部分植株有地老虎为害，症状主要表现在叶片上	
7/22	块根增长期	雨水较多，田间待锄草	
7/26	块根增长期	锄草，疑似病毒病症状未见严重，也未见转轻，以花叶为主	
8/5	块根增长期	除疑似病毒病症状外，其他正常	
8/14	块根增长期	块根形成较好，切开断面未发现有病菌为害	
8/20	糖分积累期	大豆长势旺盛，已盖住甜菜，虫害、地老虎、根腐病影响不大，大部分甜菜生长良好	
9/1	糖分积累期	近日天旱，杂草较多	
9/5	糖分积累期	挖出甜菜块根，切开断面正常，未发现有病菌为害	
9/13	糖分积累期	植株长势正常，甜菜待收获	
9/18	糖分积累期	植株长势正常，甜菜待收获	

甜菜前期出苗较少，长势较好；中期有较多植株有疑似病毒病症状，并有类似地老虎的为害；后期植株长势较弱。未发现甜菜检疫性病害，未发现线虫

<table>
<tr><td colspan="2">植物中文名称：甜菜（13 号品种）</td><td>来源国：德国</td><td>种植数量：约 150g</td></tr>
<tr><td colspan="4">隔离种植物类别：□苗木　☑种子　□试管苗　□其他（明确类别）：</td></tr>
<tr><td colspan="4">检疫审批单号：10201600012</td></tr>
<tr><td colspan="2">种植地点：室外</td><td colspan="2">种植时间：2016 年 5 月 3 日至 2016 年 9 月 18 日</td></tr>
<tr><td colspan="4">种植基础条件：
种植方法：一畦双行覆膜种植，四周种植大豆作为隔离带
株行距：株距 20cm，行距 40cm
隔离种植作物：大豆</td></tr>
<tr><td>时间（月/日）</td><td>生育期</td><td>栽培管理要点或有害生物发生情况记录</td><td>记录人</td></tr>
<tr><td>5/3</td><td>播种</td><td>播种</td><td></td></tr>
<tr><td>5/9</td><td>苗期</td><td>浇水，尚未有出苗</td><td></td></tr>
<tr><td>5/12</td><td>苗期</td><td>开始出苗</td><td></td></tr>
<tr><td>5/17</td><td>苗期</td><td>大部分出苗，但出苗不均，约 30%出苗率</td><td></td></tr>
<tr><td>5/23</td><td>苗期</td><td>浇水，植株长势正常</td><td></td></tr>
<tr><td>5/27</td><td>苗期</td><td>植株长势正常</td><td></td></tr>
<tr><td>5/29</td><td>苗期</td><td>间苗，锄草</td><td></td></tr>
<tr><td>5/31</td><td>苗期</td><td>植株长势正常</td><td></td></tr>
<tr><td>6/4</td><td>叶丛形成期</td><td>田间锄草</td><td></td></tr>
<tr><td>6/7</td><td>叶丛形成期</td><td>间苗，有缺苗现象，不补苗</td><td></td></tr>
<tr><td>6/12</td><td>叶丛形成期</td><td>部分植株有地老虎、飞甲类昆虫为害症状</td><td></td></tr>
<tr><td>6/15</td><td>叶丛形成期</td><td>植株长势正常</td><td></td></tr>
<tr><td>6/19</td><td>叶丛形成期</td><td>植株长势正常，低层叶有烂的现象</td><td></td></tr>
<tr><td>6/22</td><td>叶丛形成期</td><td>植株长势正常</td><td></td></tr>
<tr><td>6/24</td><td>叶丛形成期</td><td>部分植株有疑似病毒病症状</td><td></td></tr>
<tr><td>6/30</td><td>叶丛形成期</td><td>部分植株有疑似病毒病症状，多为花叶现象</td><td></td></tr>
<tr><td>7/5</td><td>叶丛形成期</td><td>邀请中国农业科学院植物保护研究所病毒专家和线虫专家进行实地调查，并抽样进行实验室检测</td><td></td></tr>
<tr><td>7/13</td><td>块根增长期</td><td>植株长势健壮，有个别植株有疑似病毒病症状，主要为花叶症状，长势较弱</td><td></td></tr>
<tr><td>7/18</td><td>块根增长期</td><td>部分植株有地老虎为害症状，主要表现在叶片上</td><td></td></tr>
<tr><td>7/22</td><td>块根增长期</td><td>雨水较多，田间待锄草</td><td></td></tr>
<tr><td>7/26</td><td>块根增长期</td><td>锄草，疑似病毒病症状未见严重，也未见转好，以花叶症状为主</td><td></td></tr>
<tr><td>8/5</td><td>块根增长期</td><td>除有部分植株有疑似病毒病症状外，其他正常</td><td></td></tr>
<tr><td>8/14</td><td>块根增长期</td><td>块根形成较好，切开断面未发现有病菌为害</td><td></td></tr>
<tr><td>8/20</td><td>糖分积累期</td><td>大豆长势旺盛，植株盖住甜菜植株，虫害、病害等影响不大，大部分甜菜植株生长良好</td><td></td></tr>
<tr><td>9/1</td><td>糖分积累期</td><td>正常，近日天旱</td><td></td></tr>
<tr><td>9/5</td><td>糖分积累期</td><td>挖出甜菜块根，切开断面后，断面正常，没有病害</td><td></td></tr>
<tr><td>9/13</td><td>糖分积累期</td><td>植株长势正常，甜菜待收获</td><td></td></tr>
<tr><td>9/18</td><td>糖分积累期</td><td>植株长势正常，甜菜待收获</td><td></td></tr>
<tr><td colspan="3">甜菜前期出苗较好，长势较好；中期有较多植株有疑似病毒病症状，有类似地老虎的为害；后期植株长势中等。未发现甜菜检疫性病害，未发现甜菜胞囊线虫</td><td></td></tr>
</table>

<table>
<tr><td colspan="2">植物中文名称：甜菜（17～20 号品种、22～33 号品种）</td><td>来源国：意大利</td><td>种植数量：各品种约 150g</td></tr>
<tr><td colspan="4">隔离种植物类别：□苗木　☑种子　□试管苗　□其他（明确类别）：</td></tr>
<tr><td colspan="4">检疫审批单号：15201500057</td></tr>
<tr><td colspan="2">种植地点：室外</td><td colspan="2">种植时间：2016 年 5 月 12 日至 2016 年 9 月 12 日</td></tr>
<tr><td colspan="4">种植基础条件：
种植方法：一畦双行覆膜种植，四周种植大豆作为隔离带
株行距：株距 20cm，行距 40cm
隔离种植作物：大豆</td></tr>
<tr><td>时间（月/日）</td><td>生育期</td><td>栽培管理要点或有害生物发生情况记录</td><td>记录人</td></tr>
<tr><td>5/12</td><td>播种</td><td>种植 17～20、22～33 号甜菜样品种子</td><td></td></tr>
<tr><td>5/17</td><td>苗期</td><td>浇水</td><td></td></tr>
<tr><td>5/23</td><td>苗期</td><td>出苗，相对较均。其中，17～20 号出苗较少</td><td></td></tr>
<tr><td>5/27</td><td>苗期</td><td>部分缺苗较多，17、18、19、20、27、29 号等 6 个样品缺苗较多。植株长势正常</td><td></td></tr>
<tr><td>5/29</td><td>苗期</td><td>间苗，锄草，不补苗</td><td></td></tr>
<tr><td>5/31</td><td>苗期</td><td>植株长势正常</td><td></td></tr>
<tr><td>6/4</td><td>苗期</td><td>锄草</td><td></td></tr>
<tr><td>6/7</td><td>苗期</td><td>间苗，有缺苗现象，不补苗</td><td></td></tr>
<tr><td>6/12</td><td>叶丛形成期</td><td>部分植株有疑似地老虎为害症状</td><td></td></tr>
<tr><td>6/15</td><td>叶丛形成期</td><td>植株长势正常</td><td></td></tr>
<tr><td>6/19</td><td>叶丛形成期</td><td>植株长势正常，低层叶有烂的现象</td><td></td></tr>
<tr><td>6/22</td><td>叶丛形成期</td><td>植株长势正常</td><td></td></tr>
<tr><td>6/24</td><td>叶丛形成期</td><td>部分植株发现疑似病毒病症状，主要表现为花叶</td><td></td></tr>
<tr><td>6/30</td><td>叶丛形成期</td><td>较多植株有疑似地老虎为害症状，部分植株有疑似病毒病症状，主要表现为花叶</td><td></td></tr>
<tr><td>7/5</td><td>叶丛形成期</td><td>邀请中国农业科学院植物保护研究所病毒专家和线虫专家进行实地调查，并抽样进行实验室检测</td><td></td></tr>
<tr><td>7/13</td><td>叶丛形成期</td><td>采样检测病毒</td><td></td></tr>
<tr><td>7/18</td><td>叶丛形成期</td><td>17～20 号出苗率低</td><td></td></tr>
<tr><td>7/22</td><td>叶丛形成期</td><td>17 号样品地块有疑似地老虎为害症状</td><td></td></tr>
<tr><td>7/26</td><td>块根增长期</td><td>大豆长势旺盛，已高于甜菜植株，虫害、病害等对甜菜影响不大，大部分甜菜生长良好</td><td></td></tr>
<tr><td>8/4</td><td>块根增长期</td><td>较多植株有疑似病毒病症状</td><td></td></tr>
<tr><td>8/8</td><td>块根增长期</td><td>大豆植株已经盖过甜菜植株，影响甜菜的部分透光率</td><td></td></tr>
<tr><td>8/18</td><td>块根增长期</td><td>甜菜待收获</td><td></td></tr>
<tr><td>8/26</td><td>块根增长期</td><td>甜菜主要只剩中心叶片，低层叶片多腐烂。其他正常</td><td></td></tr>
<tr><td>9/2</td><td>糖分积累期</td><td>挖出甜菜根块，切开断面，未发现病菌为害</td><td></td></tr>
<tr><td>9/8</td><td>糖分积累期</td><td>挖出甜菜根块，切开断面，未发现病菌为害</td><td></td></tr>
<tr><td>9/12</td><td>糖分积累期</td><td>甜菜收获</td><td></td></tr>
<tr><td colspan="3">甜菜前期出苗较少、长势较好；中期较多植株有疑似病毒病症状，并部分植株有类似地老虎为害症状；后期植株长势较弱。未发现甜菜检疫性病害，未发现甜菜胞囊线虫</td><td></td></tr>
</table>

<table>
<tr><td colspan="2">植物中文名称：甜菜（35～36号样品）</td><td>来源国：意大利</td><td>种植数量：各品种约150g</td></tr>
<tr><td colspan="4">隔离种植物类别：□苗木　☑种子　□试管苗　□其他（明确类别）：</td></tr>
<tr><td colspan="4">检疫审批单号：10201501253</td></tr>
<tr><td colspan="3">种植地点：室外</td><td>种植时间：2016年5月12日至2016年9月12日</td></tr>
<tr><td colspan="4">种植基础条件：
种植方法：一畦双行覆膜种植，四周种植大豆作为隔离带
株行距：株距20cm，行距40cm
隔离种植作物：大豆</td></tr>
<tr><td>时间（月/日）</td><td>生育期</td><td>栽培管理要点或有害生物发生情况记录</td><td>记录人</td></tr>
<tr><td>5/12</td><td>播种</td><td>播种</td><td></td></tr>
<tr><td>5/17</td><td>苗期</td><td>浇水</td><td></td></tr>
<tr><td>5/23</td><td>苗期</td><td>出苗，相对较均</td><td></td></tr>
<tr><td>5/27</td><td>苗期</td><td>部分缺苗较多</td><td></td></tr>
<tr><td>5/29</td><td>苗期</td><td>间苗，锄草</td><td></td></tr>
<tr><td>5/31</td><td>苗期</td><td>植株长势正常</td><td></td></tr>
<tr><td>6/4</td><td>苗期</td><td>锄草</td><td></td></tr>
<tr><td>6/7</td><td>苗期</td><td>间苗</td><td></td></tr>
<tr><td>6/12</td><td>叶丛形成期</td><td>部分植株有类似地老虎为害症状</td><td></td></tr>
<tr><td>6/15</td><td>叶丛形成期</td><td>植株长势正常</td><td></td></tr>
<tr><td>6/19</td><td>叶丛形成期</td><td>植株长势正常，低层叶有烂的现象</td><td></td></tr>
<tr><td>6/22</td><td>叶丛形成期</td><td>植株长势正常</td><td></td></tr>
<tr><td>6/24</td><td>叶丛形成期</td><td>部分植株有疑似病毒病症状，症状主要表现为花叶</td><td></td></tr>
<tr><td>6/30</td><td>叶丛形成期</td><td>有较多植株有类似地老虎为害症状。部分植株有疑似病毒病症状，症状主要表现为花叶</td><td></td></tr>
<tr><td>7/5</td><td>叶丛形成期</td><td>邀请中国农业科学院植物保护研究所病毒专家和线虫专家进行实地调查，并抽样进行实验室检测</td><td></td></tr>
<tr><td>7/13</td><td>叶丛形成期</td><td>采样检测病毒</td><td></td></tr>
<tr><td>7/18</td><td>叶丛形成期</td><td>部分植株上疑似病毒病症状表现很严重</td><td></td></tr>
<tr><td>7/22</td><td>叶丛形成期</td><td>部分植株有类似地老虎为害症状</td><td></td></tr>
<tr><td>7/26</td><td>块根增长期</td><td>大豆长势旺盛，植株较高，已盖住甜菜，病虫害影响不大，大部分甜菜生长良好</td><td></td></tr>
<tr><td>8/4</td><td>块根增长期</td><td>较多植株有疑似病毒病症状</td><td></td></tr>
<tr><td>8/8</td><td>块根增长期</td><td>大豆长势旺盛，植株较高，已盖住甜菜，影响甜菜的部分透光率</td><td></td></tr>
<tr><td>8/18</td><td>块根增长期</td><td>甜菜待收获</td><td></td></tr>
<tr><td>8/26</td><td>块根增长期</td><td>甜菜主要只剩中心叶片，低层叶片多腐烂。其他正常</td><td></td></tr>
<tr><td>9/2</td><td>糖分积累期</td><td>挖出甜菜根块，切开断面，未发现病害</td><td></td></tr>
<tr><td>9/8</td><td>糖分积累期</td><td>挖出甜菜根块，切开断面，未发现病害</td><td></td></tr>
<tr><td>9/12</td><td>糖分积累期</td><td>甜菜待收获</td><td></td></tr>
<tr><td colspan="3">甜菜前期出苗较少，长势较好；中期较多植株有疑似病毒病症状，并表现严重；后期植株长势较弱。未发现甜菜检疫性病害，未发现甜菜胞囊线虫</td><td></td></tr>
</table>

<table>
<tr><td colspan="2">植物中文名称：甜菜（37号甜菜样品）</td><td>来源国：德国</td><td>种植数量：约150g</td></tr>
<tr><td colspan="4">隔离种植物类别：□苗木　☑种子　□试管苗　□其他（明确类别）：</td></tr>
<tr><td colspan="4">检疫审批单号：10201501358</td></tr>
<tr><td colspan="2">种植地点：室外</td><td colspan="2">种植时间：2016年5月6日至2016年9月18日</td></tr>
<tr><td colspan="4">种植基础条件：
种植方法：一畦双行覆膜种植，四周种植大豆作为隔离带
株行距：株距20cm，行距40cm
隔离种植作物：大豆</td></tr>
<tr><td>时间（月/日）</td><td>生育期</td><td>栽培管理要点或有害生物发生情况记录</td><td>记录人</td></tr>
<tr><td>5/6</td><td>播种</td><td>播种</td><td></td></tr>
<tr><td>5/9</td><td>苗期</td><td>浇水，尚未有出苗</td><td></td></tr>
<tr><td>5/12</td><td>苗期</td><td>开始出苗</td><td></td></tr>
<tr><td>5/17</td><td>苗期</td><td>出苗不均，约30%出苗率</td><td></td></tr>
<tr><td>5/23</td><td>苗期</td><td>浇水，继续出苗，约50%出苗率，植株长势正常</td><td></td></tr>
<tr><td>5/27</td><td>苗期</td><td>植株长势正常</td><td></td></tr>
<tr><td>5/29</td><td>苗期</td><td>间苗，锄草</td><td></td></tr>
<tr><td>5/31</td><td>苗期</td><td>植株长势正常</td><td></td></tr>
<tr><td>6/4</td><td>叶丛形成期</td><td>田间锄草</td><td></td></tr>
<tr><td>6/7</td><td>叶丛形成期</td><td>间苗，缺苗不补作为对照</td><td></td></tr>
<tr><td>6/12</td><td>叶丛形成期</td><td>部分有蚂蚁、地老虎、毛毛虫、飞甲类为害症状</td><td></td></tr>
<tr><td>6/15</td><td>叶丛形成期</td><td>植株长势正常</td><td></td></tr>
<tr><td>6/19</td><td>叶丛形成期</td><td>植株长势正常，低层叶有烂的现象</td><td></td></tr>
<tr><td>6/22</td><td>叶丛形成期</td><td>植株长势正常</td><td></td></tr>
<tr><td>6/24</td><td>叶丛形成期</td><td>部分植株有疑似病毒病症状</td><td></td></tr>
<tr><td>6/30</td><td>叶丛形成期</td><td>部分植株有疑似病毒病症状，主要表现为花叶</td><td></td></tr>
<tr><td>7/5</td><td>叶丛形成期</td><td>邀请中国农业科学院植物保护研究所病毒专家和线虫专家进行实地调查，并抽样进行实验室检测</td><td></td></tr>
<tr><td>7/18</td><td>块根增长期</td><td>部分植株有地老虎为害症状，主要表现在叶片上</td><td></td></tr>
<tr><td>7/22</td><td>块根增长期</td><td>雨水较多，田间待锄草</td><td></td></tr>
<tr><td>7/26</td><td>块根增长期</td><td>锄草，部分植株疑似病毒病症状未见严重，也未见好转，症状表现仍以花叶为主</td><td></td></tr>
<tr><td>8/5</td><td>块根增长期</td><td>除部分植株有疑似病毒病症状外，其他正常</td><td></td></tr>
<tr><td>8/14</td><td>块根增长期</td><td>块根形成较好，切开断面，未发现有病害</td><td></td></tr>
<tr><td>8/20</td><td>糖分积累期</td><td>大豆长势旺盛，植株较高，已盖住甜菜，病虫害影响不大，大部分甜菜生长良好</td><td></td></tr>
<tr><td>9/1</td><td>糖分积累期</td><td>正常，近日天旱</td><td></td></tr>
<tr><td>9/5</td><td>糖分积累期</td><td>切开甜菜块根断面，表现正常，没有病害</td><td></td></tr>
<tr><td>9/13</td><td>糖分积累期</td><td>植株长势正常，甜菜待收获</td><td></td></tr>
<tr><td>9/18</td><td>糖分积累期</td><td>植株长势正常，甜菜待收获</td><td></td></tr>
<tr><td colspan="3">甜菜前期出苗较少，约50%；中期较多植株有疑似病毒病症状，并有类似地老虎为害症状；后期植株长势较弱。未发现甜菜检疫性病害，未发现甜菜胞囊线虫</td><td></td></tr>
</table>

植物中文名称：甜菜(38～41号甜菜样品)　　来源国：德国　　种植数量：各品种约 150g

隔离种植物类别：□苗木　☑种子　□试管苗　□其他（明确类别）：

检疫审批单号：10201600224

种植地点：室外　　种植时间：2016 年 5 月 6 日至 2016 年 9 月 18 日

种植基础条件：
种植方法：一畦双行覆膜种植，四周种植大豆作为隔离带
株行距：株距 20cm，行距 40cm
隔离种植作物：大豆

时间（月/日）	生育期	栽培管理要点或有害生物发生情况记录	记录人
5/6	播种	播种	
5/9	苗期	浇水，尚未有出苗	
5/12	苗期	开始出苗	
5/17	苗期	大部分出苗，但出苗不均	
5/23	苗期	浇水，植株长势正常	
5/27	苗期	植株长势正常	
5/29	苗期	间苗，锄草	
5/31	苗期	植株长势正常	
6/4	叶丛形成期	田间锄草	
6/7	叶丛形成期	间苗，有缺苗现象，不补苗	
6/12	叶丛形成期	部分植株有地老虎、飞甲类昆虫为害症状	
6/15	叶丛形成期	植株长势正常	
6/19	叶丛形成期	植株长势正常，低层叶有烂的现象	
6/22	叶丛形成期	植株长势正常	
6/24	叶丛形成期	部分植株有疑似病毒病症状	
6/30	叶丛形成期	部分植株有疑似病毒病症状，症状主要表现为花叶	
7/5	叶丛形成期	邀请中国农业科学院植物保护研究所病毒专家和线虫专家进行实地调查，并抽样进行实验室检测	
7/10	叶丛形成期	较多植株有疑似病毒病症状	
7/18	块根增长期	部分植株有地老虎为害症状，主要表现在叶片上	
7/22	块根增长期	雨水较多，田间待锄草	
7/26	块根增长期	锄草，植株上疑似病毒病症状未见严重，也未见好转，表现仍以花叶为主	
8/5	块根增长期	除有疑似病毒病症状外，其他正常	
8/14	块根增长期	块根形成较好，切开断面未发现有病菌为害	
8/20	糖分积累期	大豆长势旺盛，植株较高，已盖住甜菜，病虫害影响不大，大部分甜菜生长良好	
9/1	糖分积累期	近日天旱，杂草较多	
9/9	糖分积累期	挖出甜菜块根，切开断面，表现正常，没有病害	
9/13	糖分积累期	植株长势正常，甜菜待收获	
9/18	糖分积累期	植株长势正常，甜菜待收获	
甜菜前期长势较好；中期较多植株有疑似病毒病症状，并有类似地老虎为害症状；后期株苗长势较弱。未发现甜菜检疫性病害，未发现甜菜胞囊线虫			

<table>
<tr><td>植物中文名称：甜菜（42～54、55-1、55-2 号甜菜样品）</td><td colspan="2">来源国：意大利</td><td>种植数量：各品种约 150g</td></tr>
<tr><td colspan="4">隔离种植物类别：□苗木 ☑种子 □试管苗 □其他（明确类别）：</td></tr>
<tr><td colspan="4">检疫审批单号：10201600116</td></tr>
<tr><td colspan="2">种植地点：室外</td><td colspan="2">种植时间：2016 年 5 月 12 日至 2016 年 9 月 12 日</td></tr>
<tr><td colspan="4">种植基础条件：
种植方法：一畦双行覆膜种植，四周种植大豆作为隔离带
株行距：株距 20cm，行距 40cm
隔离种植作物：大豆</td></tr>
<tr><td>时间（月/日）</td><td>生育期</td><td>栽培管理要点或有害生物发生情况记录</td><td>记录人</td></tr>
<tr><td>5/12</td><td>播种</td><td>播种</td><td></td></tr>
<tr><td>5/17</td><td>苗期</td><td>浇水</td><td></td></tr>
<tr><td>5/23</td><td>苗期</td><td>开始出苗，相对较均</td><td></td></tr>
<tr><td>5/27</td><td>苗期</td><td>部分缺苗较多</td><td></td></tr>
<tr><td>5/29</td><td>苗期</td><td>间苗，锄草</td><td></td></tr>
<tr><td>5/31</td><td>苗期</td><td>植株长势正常</td><td></td></tr>
<tr><td>6/4</td><td>苗期</td><td>锄草</td><td></td></tr>
<tr><td>6/7</td><td>苗期</td><td>间苗，有缺苗现象，不补苗</td><td></td></tr>
<tr><td>6/12</td><td>叶丛形成期</td><td>部分植株有地老虎为害症状</td><td></td></tr>
<tr><td>6/15</td><td>叶丛形成期</td><td>植株长势正常</td><td></td></tr>
<tr><td>6/19</td><td>叶丛形成期</td><td>植株长势正常，低层叶有烂的现象</td><td></td></tr>
<tr><td>6/22</td><td>叶丛形成期</td><td>植株长势正常</td><td></td></tr>
<tr><td>6/24</td><td>叶丛形成期</td><td>部分植株发现疑似病毒病症状，主要表现为花叶</td><td></td></tr>
<tr><td>6/30</td><td>叶丛形成期</td><td>较多植株有疑似地老虎为害症状，部分植株有疑似病毒病症状，主要表现为花叶</td><td></td></tr>
<tr><td>7/5</td><td>叶丛形成期</td><td>邀请中国农业科学院植物保护研究所病毒专家和线虫专家进行实地调查，并抽样进行实验室检测</td><td></td></tr>
<tr><td>7/13</td><td>叶丛形成期</td><td>采样检测病毒</td><td></td></tr>
<tr><td>7/18</td><td>叶丛形成期</td><td>部分植株疑似病毒病症状表现严重</td><td></td></tr>
<tr><td>7/22</td><td>叶丛形成期</td><td>部分植株有地老虎为害症状</td><td></td></tr>
<tr><td>7/26</td><td>块根增长期</td><td>大豆长势旺盛，植株较高，已盖住甜菜，病虫害影响不大，大部分甜菜生长良好</td><td></td></tr>
<tr><td>8/4</td><td>块根增长期</td><td>较多植株有疑似病毒病症状</td><td></td></tr>
<tr><td>8/8</td><td>块根增长期</td><td>大豆植株已经盖过甜菜植株，影响甜菜的部分透光率</td><td></td></tr>
<tr><td>8/18</td><td>块根增长期</td><td>甜菜待收获</td><td></td></tr>
<tr><td>8/26</td><td>块根增长期</td><td>甜菜主要剩中心叶片，低层叶片多腐烂。其他正常</td><td></td></tr>
<tr><td>8/30</td><td>糖分积累期</td><td>后期病毒病症状依旧较多</td><td></td></tr>
<tr><td>9/2</td><td>糖分积累期</td><td>挖出甜菜根块，切开断面，未发现病害</td><td></td></tr>
<tr><td>9/8</td><td>糖分积累期</td><td>挖出甜菜根块，切开断面，未发现病害</td><td></td></tr>
<tr><td>9/12</td><td>糖分积累期</td><td>甜菜收获</td><td></td></tr>
<tr><td colspan="3">甜菜前期出苗较少，长势较好；中期较多植株有疑似病毒病症状，并有类似地老虎为害症状；后期植株长势较弱。未发现甜菜检疫性病害，未发现甜菜胞囊线虫</td><td></td></tr>
</table>

<table>
<tr><td colspan="2">植物中文名称：甜菜(56～59号甜菜样品)</td><td>来源国：德国</td><td>种植数量：各品种约150g</td></tr>
<tr><td colspan="4">隔离种植物类别：□苗木　☑种子　□试管苗　□其他（明确类别）：</td></tr>
<tr><td colspan="4">检疫审批单号：10201501465</td></tr>
<tr><td colspan="3">种植地点：室外</td><td>种植时间：2016年5月6日至2016年9月18日</td></tr>
<tr><td colspan="4">种植基础条件：
种植方法：一畦双行覆膜种植，四周种植大豆作为隔离带
株行距：株距20cm，行距40cm
隔离种植作物：大豆</td></tr>
<tr><td>时间（月/日）</td><td>生育期</td><td>栽培管理要点或有害生物发生情况记录</td><td>记录人</td></tr>
<tr><td>5/6</td><td>播种</td><td>播种</td><td></td></tr>
<tr><td>5/9</td><td>苗期</td><td>浇水，尚未有出苗</td><td></td></tr>
<tr><td>5/12</td><td>苗期</td><td>开始出苗</td><td></td></tr>
<tr><td>5/17</td><td>苗期</td><td>大部分已出苗，但出苗不均，只有约30%出苗率</td><td></td></tr>
<tr><td>5/23</td><td>苗期</td><td>浇水，植株长势正常</td><td></td></tr>
<tr><td>5/27</td><td>苗期</td><td>植株长势正常</td><td></td></tr>
<tr><td>5/29</td><td>苗期</td><td>间苗，锄草</td><td></td></tr>
<tr><td>5/31</td><td>苗期</td><td>植株长势正常</td><td></td></tr>
<tr><td>6/4</td><td>叶丛形成期</td><td>田间锄草</td><td></td></tr>
<tr><td>6/7</td><td>叶丛形成期</td><td>间苗，有缺苗现象，不补苗</td><td></td></tr>
<tr><td>6/12</td><td>叶丛形成期</td><td>部分植株有地老虎、飞甲类昆虫为害症状</td><td></td></tr>
<tr><td>6/15</td><td>叶丛形成期</td><td>植株长势正常</td><td></td></tr>
<tr><td>6/19</td><td>叶丛形成期</td><td>植株长势正常，低层叶有烂的现象</td><td></td></tr>
<tr><td>6/22</td><td>叶丛形成期</td><td>植株长势正常</td><td></td></tr>
<tr><td>6/24</td><td>叶丛形成期</td><td>部分植株发现疑似病毒病症状</td><td></td></tr>
<tr><td>6/30</td><td>叶丛形成期</td><td>部分植株发现疑似病毒病症状，主要表现为花叶</td><td></td></tr>
<tr><td>7/5</td><td>叶丛形成期</td><td>邀请中国农业科学院植物保护研究所病毒专家和线虫专家进行实地调查，并抽样进行实验室检测</td><td></td></tr>
<tr><td>7/18</td><td>块根增长期</td><td>部分植株有地老虎为害症状，主要表现在叶片上</td><td></td></tr>
<tr><td>7/22</td><td>块根增长期</td><td>雨水较多，田间待锄草</td><td></td></tr>
<tr><td>7/26</td><td>块根增长期</td><td>锄草，部分植株疑似病毒病症状未见严重，也未见好转，表现症状仍以花叶为主</td><td></td></tr>
<tr><td>8/5</td><td>块根增长期</td><td>除部分植株有疑似病毒病症状外，其他正常</td><td></td></tr>
<tr><td>8/14</td><td>块根增长期</td><td>块根形成较好，切开断面未发现有病害</td><td></td></tr>
<tr><td>8/20</td><td>糖分积累期</td><td>大豆长势旺盛，植株较高，已盖住甜菜，病虫害影响不大，大部分甜菜生长良好</td><td></td></tr>
<tr><td>9/1</td><td>糖分积累期</td><td>正常，近日天旱</td><td></td></tr>
<tr><td>9/5</td><td>糖分积累期</td><td>挖出甜菜块根，切开断面，未见病害</td><td></td></tr>
<tr><td>9/13</td><td>糖分积累期</td><td>植株长势正常，甜菜待收获</td><td></td></tr>
<tr><td>9/18</td><td>糖分积累期</td><td>植株长势正常，甜菜待收获</td><td></td></tr>
<tr><td colspan="3">甜菜前期出苗较少；中期较多植株有疑似病毒病症状，并有类似地老虎为害症状；后期植株长势较弱。未发现甜菜检疫性病害，未发现甜菜胞囊线虫</td><td></td></tr>
</table>

植物中文名称：甜菜（60～62号甜菜样品）		来源国：德国	种植数量：各品种约150g
隔离种植物类别：□苗木 ☑种子 □试管苗 □其他（明确类别）：			
检疫审批单号：10201501417			
种植地点：室外		种植时间：2016年5月6日至2016年9月18日	
种植基础条件： 种植方法：一畦双行覆膜种植，四周种植大豆作为隔离带 株行距：株距20cm，行距40cm 隔离种植作物：大豆			

时间（月/日）	生育期	栽培管理要点或有害生物发生情况记录	记录人
5/6	播种	播种	
5/9	苗期	浇水，尚未有出苗	
5/12	苗期	开始出苗	
5/17	苗期	大部分出苗，但出苗不均	
5/23	苗期	浇水，植株长势正常	
5/27	苗期	植株长势正常	
5/29	苗期	间苗，锄草	
5/31	苗期	植株长势正常	
6/4	叶丛形成期	田间锄草	
6/7	叶丛形成期	间苗，有缺苗现象，不补苗	
6/12	叶丛形成期	部分植株有地老虎、飞甲类昆虫为害症状	
6/15	叶丛形成期	植株长势正常	
6/19	叶丛形成期	植株长势正常，低层叶有烂的现象	
6/22	叶丛形成期	植株长势正常	
6/24	叶丛形成期	部分植株有疑似病毒病症状	
6/30	叶丛形成期	部分植株有疑似病毒病症状，症状主要表现为花叶	
7/5	叶丛形成期	邀请中国农业科学院植物保护研究所病毒专家和线虫专家进行实地调查，并抽样进行实验室检测	
7/18	块根增长期	部分植株有地老虎为害症状，主要表现在叶片上。60号甜菜样品上有较多植株有疑似病毒病症状，发病率约70%	
7/22	块根增长期	雨水较多，田间待锄草	
7/26	块根增长期	锄草，植株上疑似病毒病症状未见严重，也未见好转，表现仍以花叶为主	
8/5	块根增长期	除有疑似病毒病症状外，其他正常	
8/14	块根增长期	块根形成较好，切开断面，未发现有病害	
8/20	糖分积累期	大豆长势旺盛，植株较高，已盖住甜菜，病虫害影响不大，大部分甜菜生长良好	
9/1	糖分积累期	正常，近日天旱	
9/9	糖分积累期	挖出甜菜块根，切开断面，表现正常，没有病害	
9/13	糖分积累期	植株长势正常，甜菜待收获	
9/18	糖分积累期	植株长势正常，甜菜待收获	
甜菜前期长势较好；中期较多植株有疑似病毒病症状，有类似地老虎为害症状；后期植株长势较弱。未发现甜菜检疫性病害，未发现甜菜胞囊线虫			

<table>
<tr><td colspan="2">植物中文名称：甜菜（63～65号甜菜样品）</td><td>来源国：德国</td><td>种植数量：各品种约150g</td></tr>
<tr><td colspan="4">隔离种植物类别：□苗木　☑种子　□试管苗　□其他（明确类别）：</td></tr>
<tr><td colspan="4">检疫审批单号：10201501418</td></tr>
<tr><td colspan="3">种植地点：室外</td><td>种植时间：2016年5月6日至2016年9月18日</td></tr>
<tr><td colspan="4">种植基础条件：
种植方法：一畦双行覆膜种植，四周种植大豆作为隔离带
株行距：株距20cm，行距40cm
隔离种植作物：大豆</td></tr>
<tr><td>时间（月/日）</td><td>生育期</td><td>栽培管理要点或有害生物发生情况记录</td><td>记录人</td></tr>
<tr><td>5/6</td><td>播种</td><td>播种</td><td></td></tr>
<tr><td>5/9</td><td>苗期</td><td>浇水，尚未有出苗</td><td></td></tr>
<tr><td>5/12</td><td>苗期</td><td>开始出苗</td><td></td></tr>
<tr><td>5/17</td><td>苗期</td><td>大部分出苗，但出苗不均</td><td></td></tr>
<tr><td>5/23</td><td>苗期</td><td>浇水，植株长势正常</td><td></td></tr>
<tr><td>5/27</td><td>苗期</td><td>植株长势正常</td><td></td></tr>
<tr><td>5/29</td><td>苗期</td><td>间苗，锄草</td><td></td></tr>
<tr><td>5/31</td><td>苗期</td><td>植株长势正常</td><td></td></tr>
<tr><td>6/4</td><td>叶丛形成期</td><td>田间锄草</td><td></td></tr>
<tr><td>6/7</td><td>叶丛形成期</td><td>间苗，有缺苗现象，不补苗</td><td></td></tr>
<tr><td>6/12</td><td>叶丛形成期</td><td>部分植株有地老虎、飞甲类昆虫为害症状</td><td></td></tr>
<tr><td>6/15</td><td>叶丛形成期</td><td>植株长势正常</td><td></td></tr>
<tr><td>6/19</td><td>叶丛形成期</td><td>植株长势正常，低层叶有烂的现象</td><td></td></tr>
<tr><td>6/22</td><td>叶丛形成期</td><td>植株长势正常</td><td></td></tr>
<tr><td>6/24</td><td>叶丛形成期</td><td>部分植株有疑似病毒病症状</td><td></td></tr>
<tr><td>6/30</td><td>叶丛形成期</td><td>部分植株有疑似病毒病症状，症状主要表现为花叶</td><td></td></tr>
<tr><td>7/5</td><td>叶丛形成期</td><td>邀请中国农业科学院植物保护研究所病毒专家和线虫专家进行实地调查，并抽样进行实验室检测</td><td></td></tr>
<tr><td>7/18</td><td>块根增长期</td><td>部分植株有地老虎为害症状，主要表现在叶片上</td><td></td></tr>
<tr><td>7/22</td><td>块根增长期</td><td>雨水较多，田间待锄草</td><td></td></tr>
<tr><td>7/26</td><td>块根增长期</td><td>锄草，植株上疑似病毒病症状未见严重，也未见好转，表现仍以花叶为主</td><td></td></tr>
<tr><td>8/5</td><td>块根增长期</td><td>除有疑似病毒病症状外，其他正常</td><td></td></tr>
<tr><td>8/14</td><td>块根增长期</td><td>块根形成较好，切开断面，未发现有病害</td><td></td></tr>
<tr><td>8/20</td><td>糖分积累期</td><td>大豆长势旺盛，植株较高，已盖住甜菜，病虫害影响不大，大部分甜菜生长良好</td><td></td></tr>
<tr><td>9/1</td><td>糖分积累期</td><td>正常，近日天旱</td><td></td></tr>
<tr><td>9/9</td><td>糖分积累期</td><td>切开甜菜块茎断面，未发现有病害</td><td></td></tr>
<tr><td>9/13</td><td>糖分积累期</td><td>植株长势正常，甜菜待收获</td><td></td></tr>
<tr><td>9/18</td><td>糖分积累期</td><td>植株长势正常，甜菜待收获</td><td></td></tr>
<tr><td colspan="3">甜菜前期长势较好；中期较多植株有疑似病毒病症状，有类似地老虎为害症状；后期植株长势较弱。未发现甜菜检疫性病害，未发现甜菜胞囊线虫</td><td></td></tr>
</table>

<table>
<tr><td colspan="2">植物中文名称：甜菜（67 号甜菜样品）</td><td>来源国：比利时</td><td>种植数量：150g</td></tr>
<tr><td colspan="4">隔离种植物类别：□苗木 ☑种子 □试管苗 □其他（明确类别）：</td></tr>
<tr><td colspan="4">检疫审批单号：10201600147</td></tr>
<tr><td colspan="2">种植地点：室外</td><td colspan="2">种植时间：2016 年 5 月 6 日至 2016 年 9 月 18 日</td></tr>
<tr><td colspan="4">种植基础条件：
种植方法：一畦双行覆膜种植，四周种植大豆作为隔离带
株行距：株距 20cm，行距 40cm
隔离种植作物：大豆</td></tr>
<tr><td>时间（月/日）</td><td>生育期</td><td>栽培管理要点或有害生物发生情况记录</td><td>记录人</td></tr>
<tr><td>5/6</td><td>播种</td><td>播种</td><td></td></tr>
<tr><td>5/9</td><td>苗期</td><td>浇水，尚未有出苗</td><td></td></tr>
<tr><td>5/12</td><td>苗期</td><td>开始出苗</td><td></td></tr>
<tr><td>5/17</td><td>苗期</td><td>大部分出苗，但出苗不均</td><td></td></tr>
<tr><td>5/23</td><td>苗期</td><td>浇水，植株长势正常</td><td></td></tr>
<tr><td>5/27</td><td>苗期</td><td>植株长势正常</td><td></td></tr>
<tr><td>5/29</td><td>苗期</td><td>间苗，锄草</td><td></td></tr>
<tr><td>5/31</td><td>苗期</td><td>植株长势正常</td><td></td></tr>
<tr><td>6/4</td><td>叶丛形成期</td><td>田间锄草</td><td></td></tr>
<tr><td>6/7</td><td>叶丛形成期</td><td>间苗，有缺苗现象，不补苗</td><td></td></tr>
<tr><td>6/12</td><td>叶丛形成期</td><td>部分植株有地老虎、飞甲类昆虫为害症状</td><td></td></tr>
<tr><td>6/15</td><td>叶丛形成期</td><td>植株长势正常</td><td></td></tr>
<tr><td>6/19</td><td>叶丛形成期</td><td>植株长势正常，低层叶有烂的现象</td><td></td></tr>
<tr><td>6/22</td><td>叶丛形成期</td><td>植株长势正常</td><td></td></tr>
<tr><td>6/24</td><td>叶丛形成期</td><td>部分植株有疑似病毒病症状</td><td></td></tr>
<tr><td>6/30</td><td>叶丛形成期</td><td>部分植株有疑似病毒病症状，症状主要表现为花叶</td><td></td></tr>
<tr><td>7/5</td><td>叶丛形成期</td><td>邀请中国农业科学院植物保护研究所病毒专家和线虫专家进行实地调查，并抽样进行实验室检测</td><td></td></tr>
<tr><td>7/18</td><td>块根增长期</td><td>部分植株有地老虎为害症状，主要表现在叶片上</td><td></td></tr>
<tr><td>7/22</td><td>块根增长期</td><td>雨水较多，田间待锄草</td><td></td></tr>
<tr><td>7/26</td><td>块根增长期</td><td>锄草，植株上疑似病毒病症状未见严重，也未见好转，表现仍以花叶为主</td><td></td></tr>
<tr><td>8/5</td><td>块根增长期</td><td>除有疑似病毒病症状外，其他正常</td><td></td></tr>
<tr><td>8/14</td><td>块根增长期</td><td>块根形成较好，切开断面，未发现有病害</td><td></td></tr>
<tr><td>8/20</td><td>糖分积累期</td><td>大豆长势旺盛，植株较高，已盖住甜菜，病虫害影响不大，大部分甜菜生长良好</td><td></td></tr>
<tr><td>9/1</td><td>糖分积累期</td><td>正常，近日天旱</td><td></td></tr>
<tr><td>9/9</td><td>糖分积累期</td><td>切开甜菜块茎断面，未发现有病害</td><td></td></tr>
<tr><td>9/13</td><td>糖分积累期</td><td>植株长势正常，甜菜待收获</td><td></td></tr>
<tr><td>9/18</td><td>糖分积累期</td><td>植株长势正常，甜菜待收获</td><td></td></tr>
<tr><td colspan="3">甜菜前期长势较好；中期较多植株有疑似病毒病症状，有类似地老虎为害症状；后期植株长势较弱。未发现甜菜检疫性病害，未发现甜菜胞囊线虫</td><td></td></tr>
</table>

<table>
<tr><td colspan="2">植物中文名称：甜菜（68号甜菜样品）</td><td>来源国：比利时</td><td>种植数量：约150g</td></tr>
<tr><td colspan="4">隔离种植物类别：□苗木　☑种子　□试管苗　□其他（明确类别）：</td></tr>
<tr><td colspan="4">检疫审批单号：10201600148</td></tr>
<tr><td colspan="2">种植地点：室外</td><td colspan="2">种植时间：2016年5月6日至2016年9月18日</td></tr>
<tr><td colspan="4">种植基础条件：
种植方法：一畦双行覆膜种植，四周种植大豆作为隔离带
株行距：株距20cm，行距40cm
隔离种植作物：大豆</td></tr>
<tr><td>时间（月/日）</td><td>生育期</td><td>栽培管理要点或有害生物发生情况记录</td><td>记录人</td></tr>
<tr><td>5/6</td><td>播种</td><td>播种</td><td></td></tr>
<tr><td>5/9</td><td>苗期</td><td>浇水，尚未有出苗</td><td></td></tr>
<tr><td>5/12</td><td>苗期</td><td>开始出苗</td><td></td></tr>
<tr><td>5/17</td><td>苗期</td><td>大部分出苗，但出苗不均</td><td></td></tr>
<tr><td>5/23</td><td>苗期</td><td>浇水，植株长势正常</td><td></td></tr>
<tr><td>5/27</td><td>苗期</td><td>植株长势正常</td><td></td></tr>
<tr><td>5/29</td><td>苗期</td><td>间苗，锄草</td><td></td></tr>
<tr><td>5/31</td><td>苗期</td><td>植株长势正常</td><td></td></tr>
<tr><td>6/4</td><td>叶丛形成期</td><td>田间锄草</td><td></td></tr>
<tr><td>6/7</td><td>叶丛形成期</td><td>间苗，有缺苗现象，不补苗</td><td></td></tr>
<tr><td>6/12</td><td>叶丛形成期</td><td>部分植株有地老虎、飞甲类昆虫为害症状</td><td></td></tr>
<tr><td>6/15</td><td>叶丛形成期</td><td>植株长势正常</td><td></td></tr>
<tr><td>6/19</td><td>叶丛形成期</td><td>植株长势正常，低层叶有烂的现象</td><td></td></tr>
<tr><td>6/22</td><td>叶丛形成期</td><td>植株长势正常</td><td></td></tr>
<tr><td>6/24</td><td>叶丛形成期</td><td>部分植株有疑似病毒病症状</td><td></td></tr>
<tr><td>6/30</td><td>叶丛形成期</td><td>部分植株有疑似病毒病症状，症状主要表现为花叶</td><td></td></tr>
<tr><td>7/5</td><td>叶丛形成期</td><td>邀请中国农业科学院植物保护研究所病毒专家和线虫专家进行实地调查，并抽样进行实验室检测</td><td></td></tr>
<tr><td>7/18</td><td>块根增长期</td><td>部分植株有地老虎为害症状，主要表现在叶片上</td><td></td></tr>
<tr><td>7/22</td><td>块根增长期</td><td>雨水较多，田间待锄草</td><td></td></tr>
<tr><td>7/26</td><td>块根增长期</td><td>锄草，植株上疑似病毒病症状未见严重，也未见好转，表现仍以花叶为主</td><td></td></tr>
<tr><td>8/5</td><td>块根增长期</td><td>除有疑似病毒病症状外，其他正常</td><td></td></tr>
<tr><td>8/14</td><td>块根增长期</td><td>块根形成较好，切开断面，未发现有病害</td><td></td></tr>
<tr><td>8/20</td><td>糖分积累期</td><td>大豆长势旺盛，植株较高，已盖住甜菜，病虫害影响不大，大部分甜菜生长良好</td><td></td></tr>
<tr><td>9/1</td><td>糖分积累期</td><td>正常，近日天旱</td><td></td></tr>
<tr><td>9/9</td><td>糖分积累期</td><td>切开甜菜块茎断面，未发现有病害</td><td></td></tr>
<tr><td>9/13</td><td>糖分积累期</td><td>植株长势正常，甜菜待收获</td><td></td></tr>
<tr><td>9/18</td><td>糖分积累期</td><td>植株长势正常，甜菜待收获</td><td></td></tr>
<tr><td colspan="3">甜菜前期长势较好；中期较多植株有疑似病毒病症状，有类似地老虎为害症状；后期植株长势较弱。未发现甜菜检疫性病害，未发现甜菜胞囊线虫</td><td></td></tr>
</table>

<table>
<tr><td colspan="2">植物中文名称：甜菜（69号甜菜样品）</td><td>来源国：比利时</td><td>种植数量：约150g</td></tr>
<tr><td colspan="4">隔离种植物类别：□苗木 ☑种子 □试管苗 □其他（明确类别）：</td></tr>
<tr><td colspan="4">检疫审批单号：10201501416</td></tr>
<tr><td colspan="3">种植地点：室外</td><td>种植时间：2016年5月6日至2016年9月18日</td></tr>
<tr><td colspan="4">种植基础条件：
种植方法：一畦双行覆膜种植，四周种植大豆作为隔离带
株行距：株距20cm，行距40cm
隔离种植作物：大豆</td></tr>
</table>

时间（月/日）	生育期	栽培管理要点或有害生物发生情况记录	记录人
5/6	播种	播种	
5/9	苗期	浇水，尚未有出苗	
5/12	苗期	开始出苗	
5/17	苗期	大部分出苗，但出苗不均	
5/23	苗期	浇水，植株长势正常	
5/27	苗期	植株长势正常	
5/29	苗期	间苗，锄草	
5/31	苗期	植株长势正常	
6/4	叶丛形成期	田间锄草	
6/7	叶丛形成期	间苗，有缺苗现象，不补苗	
6/12	叶丛形成期	部分植株有地老虎、飞甲类昆虫为害症状	
6/15	叶丛形成期	植株长势正常	
6/19	叶丛形成期	植株长势正常，低层叶有烂的现象	
6/22	叶丛形成期	植株长势正常	
6/24	叶丛形成期	部分植株有疑似病毒病症状	
6/30	叶丛形成期	部分植株有疑似病毒病症状，症状主要表现为花叶	
7/5	叶丛形成期	邀请中国农业科学院植物保护研究所病毒专家和线虫专家进行实地调查，并抽样进行实验室检测	
7/18	块根增长期	部分植株有地老虎为害症状，主要表现在叶片上	
7/22	块根增长期	雨水较多，田间待锄草	
7/26	块根增长期	锄草，植株上疑似病毒病症状未见严重，也未见好转，表现仍以花叶为主	
8/5	块根增长期	除有疑似病毒病症状外，其他正常	
8/14	块根增长期	块根形成较好，切开断面，未发现有病害	
8/20	糖分积累期	大豆长势旺盛，植株较高，已盖住甜菜，病虫害影响不大，大部分甜菜生长良好	
9/1	糖分积累期	正常，近日天旱	
9/9	糖分积累期	切开甜菜块茎断面，未发现有病害	
9/13	糖分积累期	植株长势正常，甜菜待收获	
9/18	糖分积累期	植株长势正常，甜菜待收获	
甜菜前期长势较好；中期较多植株有疑似病毒病症状，有类似地老虎为害症状；后期植株长势较弱。未发现甜菜检疫性病害，未发现甜菜胞囊线虫			

<table>
<tr><td colspan="2">植物中文名称：甜菜（70 号甜菜样品）</td><td colspan="1">来源国：比利时</td><td colspan="1">种植数量：约 150g</td></tr>
<tr><td colspan="4">隔离种植物类别：□苗木　☑种子　□试管苗　□其他（明确类别）：</td></tr>
<tr><td colspan="4">检疫审批单号：10201501415</td></tr>
<tr><td colspan="2">种植地点：室外</td><td colspan="2">种植时间：2016 年 5 月 6 日至 2016 年 9 月 18 日</td></tr>
<tr><td colspan="4">种植基础条件：
种植方法：一畦双行覆膜种植，四周种植大豆作为隔离带
株行距：株距 20cm，行距 40cm
隔离种植作物：大豆</td></tr>
<tr><td>时间（月/日）</td><td>生育期</td><td>栽培管理要点或有害生物发生情况记录</td><td>记录人</td></tr>
<tr><td>5/6</td><td>播种</td><td>播种</td><td></td></tr>
<tr><td>5/9</td><td>苗期</td><td>浇水，尚未有出苗</td><td></td></tr>
<tr><td>5/12</td><td>苗期</td><td>开始出苗</td><td></td></tr>
<tr><td>5/17</td><td>苗期</td><td>大部分出苗，但出苗不均</td><td></td></tr>
<tr><td>5/23</td><td>苗期</td><td>浇水，植株长势正常</td><td></td></tr>
<tr><td>5/27</td><td>苗期</td><td>植株长势正常</td><td></td></tr>
<tr><td>5/29</td><td>苗期</td><td>间苗，锄草</td><td></td></tr>
<tr><td>5/31</td><td>苗期</td><td>植株长势正常</td><td></td></tr>
<tr><td>6/4</td><td>叶丛形成期</td><td>田间锄草</td><td></td></tr>
<tr><td>6/7</td><td>叶丛形成期</td><td>间苗，有缺苗现象，不补苗</td><td></td></tr>
<tr><td>6/12</td><td>叶丛形成期</td><td>部分植株有地老虎、飞甲类昆虫为害症状</td><td></td></tr>
<tr><td>6/15</td><td>叶从形成期</td><td>植株长势正常</td><td></td></tr>
<tr><td>6/19</td><td>叶丛形成期</td><td>植株长势正常，低层叶有烂的现象</td><td></td></tr>
<tr><td>6/22</td><td>叶丛形成期</td><td>植株长势正常</td><td></td></tr>
<tr><td>6/24</td><td>叶丛形成期</td><td>部分植株有疑似病毒病症状</td><td></td></tr>
<tr><td>6/30</td><td>叶丛形成期</td><td>部分植株有疑似病毒病症状，症状主要表现为花叶</td><td></td></tr>
<tr><td>7/5</td><td>叶丛形成期</td><td>邀请中国农业科学院植物保护研究所病毒专家和线虫专家进行实地调查，并抽样进行实验室检测</td><td></td></tr>
<tr><td>7/18</td><td>块根增长期</td><td>部分植株有地老虎为害症状，主要表现在叶片上</td><td></td></tr>
<tr><td>7/22</td><td>块根增长期</td><td>雨水较多，田间待锄草</td><td></td></tr>
<tr><td>7/26</td><td>块根增长期</td><td>锄草，植株上疑似病毒病症状未见严重，也未见好转，表现仍以花叶为主</td><td></td></tr>
<tr><td>8/5</td><td>块根增长期</td><td>除有疑似病毒病症状外，其他正常</td><td></td></tr>
<tr><td>8/14</td><td>块根增长期</td><td>块根形成较好，切开断面，未发现有病害</td><td></td></tr>
<tr><td>8/20</td><td>糖分积累期</td><td>大豆长势旺盛，植株较高，已盖住甜菜，病虫害影响不大，大部分甜菜生长良好</td><td></td></tr>
<tr><td>9/1</td><td>糖分积累期</td><td>正常，近日天旱</td><td></td></tr>
<tr><td>9/9</td><td>糖分积累期</td><td>切开甜菜块茎断面，未发现有病害</td><td></td></tr>
<tr><td>9/13</td><td>糖分积累期</td><td>植株长势正常，甜菜待收获</td><td></td></tr>
<tr><td>9/18</td><td>糖分积累期</td><td>植株长势正常，甜菜待收获</td><td></td></tr>
<tr><td colspan="3">甜菜前期长势较好；中期较多植株有疑似病毒病症状，有类似地老虎为害症状；后期植株长势较弱。未发现甜菜检疫性病害，未发现甜菜胞囊线虫</td><td></td></tr>
</table>

<table>
<tr><td colspan="2">植物中文名称：甜菜（71号甜菜样品）</td><td>来源国：比利时</td><td>种植数量：约150g</td></tr>
<tr><td colspan="4">隔离种植物类别：□苗木　☑种子　□试管苗　□其他（明确类别）：</td></tr>
<tr><td colspan="4">检疫审批单号：10201501405</td></tr>
<tr><td colspan="3">种植地点：室外</td><td>种植时间：2016年5月6日至2016年9月18日</td></tr>
<tr><td colspan="4">种植基础条件：
种植方法：一畦双行覆膜种植，四周种植大豆作为隔离带
株行距：株距20cm，行距40cm
隔离种植作物：大豆</td></tr>
<tr><td>时间（月/日）</td><td>生育期</td><td>栽培管理要点或有害生物发生情况记录</td><td>记录人</td></tr>
<tr><td>5/6</td><td>播种</td><td>播种</td><td></td></tr>
<tr><td>5/9</td><td>苗期</td><td>浇水，尚未有出苗</td><td></td></tr>
<tr><td>5/12</td><td>苗期</td><td>开始出苗</td><td></td></tr>
<tr><td>5/17</td><td>苗期</td><td>大部分出苗，但出苗不均</td><td></td></tr>
<tr><td>5/23</td><td>苗期</td><td>浇水，植株长势正常</td><td></td></tr>
<tr><td>5/27</td><td>苗期</td><td>植株长势正常</td><td></td></tr>
<tr><td>5/29</td><td>苗期</td><td>间苗，锄草</td><td></td></tr>
<tr><td>5/31</td><td>苗期</td><td>植株长势正常</td><td></td></tr>
<tr><td>6/4</td><td>叶丛形成期</td><td>田间锄草</td><td></td></tr>
<tr><td>6/7</td><td>叶丛形成期</td><td>间苗，有缺苗现象，不补苗</td><td></td></tr>
<tr><td>6/12</td><td>叶丛形成期</td><td>部分植株有地老虎、飞甲类昆虫为害症状</td><td></td></tr>
<tr><td>6/15</td><td>叶丛形成期</td><td>植株长势正常</td><td></td></tr>
<tr><td>6/19</td><td>叶丛形成期</td><td>植株长势正常，低层叶有烂的现象</td><td></td></tr>
<tr><td>6/22</td><td>叶丛形成期</td><td>植株长势正常</td><td></td></tr>
<tr><td>6/24</td><td>叶丛形成期</td><td>部分植株有疑似病毒病症状</td><td></td></tr>
<tr><td>6/30</td><td>叶丛形成期</td><td>部分植株有疑似病毒病症状，症状主要表现为花叶</td><td></td></tr>
<tr><td>7/5</td><td>叶丛形成期</td><td>邀请中国农业科学院植物保护研究所病毒专家和线虫专家进行实地调查，并抽样进行实验室检测</td><td></td></tr>
<tr><td>7/18</td><td>块根增长期</td><td>部分植株有地老虎为害症状，主要表现在叶片上</td><td></td></tr>
<tr><td>7/22</td><td>块根增长期</td><td>雨水较多，田间待锄草</td><td></td></tr>
<tr><td>7/26</td><td>块根增长期</td><td>锄草，植株上疑似病毒病症状未见严重，也未见好转，表现仍以花叶为主</td><td></td></tr>
<tr><td>8/5</td><td>块根增长期</td><td>除有疑似病毒病症状外，其他正常</td><td></td></tr>
<tr><td>8/14</td><td>块根增长期</td><td>块根形成较好，切开断面，未发现有病害</td><td></td></tr>
<tr><td>8/20</td><td>糖分积累期</td><td>大豆长势旺盛，植株较高，已盖住甜菜，病虫害影响不大，大部分甜菜生长良好</td><td></td></tr>
<tr><td>9/1</td><td>糖分积累期</td><td>正常，近日天旱</td><td></td></tr>
<tr><td>9/9</td><td>糖分积累期</td><td>切开甜菜块茎断面，未发现有病害</td><td></td></tr>
<tr><td>9/13</td><td>糖分积累期</td><td>植株长势正常，甜菜待收获</td><td></td></tr>
<tr><td>9/18</td><td>糖分积累期</td><td>植株长势正常，甜菜待收获</td><td></td></tr>
<tr><td colspan="3">甜菜前期长势较好；中期较多植株有疑似病毒病症状，有类似地老虎为害症状；后期植株长势较弱。未发现甜菜检疫性病害，未发现甜菜胞囊线虫</td><td></td></tr>
</table>

<table>
<tr><td colspan="2">植物中文名称：甜菜（72～73号甜菜样品）</td><td>来源国：德国</td><td colspan="2">种植数量：各品种约 150g</td></tr>
<tr><td colspan="5">隔离种植物类别：□苗木　☑种子　□试管苗　□其他（明确类别）：</td></tr>
<tr><td colspan="5">检疫审批单号：10201501404</td></tr>
<tr><td colspan="3">种植地点：室外</td><td colspan="2">种植时间：2016 年 5 月 6 日至 2016 年 9 月 18 日</td></tr>
<tr><td colspan="5">种植基础条件：
种植方法：一畦双行覆膜种植，四周种植大豆作为隔离带
株行距：株距 20cm，行距 40cm
隔离种植作物：大豆</td></tr>
<tr><td>时间（月/日）</td><td>生育期</td><td colspan="2">栽培管理要点或有害生物发生情况记录</td><td>记录人</td></tr>
<tr><td>5/6</td><td>播种</td><td colspan="2">播种</td><td></td></tr>
<tr><td>5/9</td><td>苗期</td><td colspan="2">浇水，尚未有出苗</td><td></td></tr>
<tr><td>5/12</td><td>苗期</td><td colspan="2">开始出苗</td><td></td></tr>
<tr><td>5/17</td><td>苗期</td><td colspan="2">大部分出苗，但出苗不均</td><td></td></tr>
<tr><td>5/23</td><td>苗期</td><td colspan="2">浇水，植株长势正常</td><td></td></tr>
<tr><td>5/27</td><td>苗期</td><td colspan="2">植株长势正常</td><td></td></tr>
<tr><td>5/29</td><td>苗期</td><td colspan="2">间苗，锄草</td><td></td></tr>
<tr><td>5/31</td><td>苗期</td><td colspan="2">植株长势正常</td><td></td></tr>
<tr><td>6/4</td><td>叶丛形成期</td><td colspan="2">田间锄草</td><td></td></tr>
<tr><td>6/7</td><td>叶丛形成期</td><td colspan="2">间苗，有缺苗现象，不补苗</td><td></td></tr>
<tr><td>6/12</td><td>叶丛形成期</td><td colspan="2">部分植株有地老虎、飞甲类昆虫为害症状</td><td></td></tr>
<tr><td>6/15</td><td>叶丛形成期</td><td colspan="2">植株长势正常</td><td></td></tr>
<tr><td>6/19</td><td>叶丛形成期</td><td colspan="2">植株长势正常，低层叶有烂的现象</td><td></td></tr>
<tr><td>6/22</td><td>叶丛形成期</td><td colspan="2">植株长势正常</td><td></td></tr>
<tr><td>6/24</td><td>叶丛形成期</td><td colspan="2">部分植株有疑似病毒病症状</td><td></td></tr>
<tr><td>6/30</td><td>叶丛形成期</td><td colspan="2">部分植株有疑似病毒病症状，症状主要表现为花叶</td><td></td></tr>
<tr><td>7/5</td><td>叶丛形成期</td><td colspan="2">邀请中国农业科学院植物保护研究所病毒专家和线虫专家进行实地调查，并抽样进行实验室检测</td><td></td></tr>
<tr><td>7/18</td><td>块根增长期</td><td colspan="2">部分植株有地老虎为害症状，主要表现在叶片上</td><td></td></tr>
<tr><td>7/22</td><td>块根增长期</td><td colspan="2">雨水较多，田间待锄草</td><td></td></tr>
<tr><td>7/26</td><td>块根增长期</td><td colspan="2">锄草，植株上疑似病毒病症状未见严重，也未见好转，表现仍以花叶为主</td><td></td></tr>
<tr><td>8/5</td><td>块根增长期</td><td colspan="2">除有疑似病毒病症状外，其他正常</td><td></td></tr>
<tr><td>8/14</td><td>块根增长期</td><td colspan="2">块根形成较好，切开断面，未发现有病害</td><td></td></tr>
<tr><td>8/20</td><td>糖分积累期</td><td colspan="2">大豆长势旺盛，植株较高，已盖住甜菜，病虫害影响不大，大部分甜菜生长良好</td><td></td></tr>
<tr><td>9/1</td><td>糖分积累期</td><td colspan="2">正常，近日天旱</td><td></td></tr>
<tr><td>9/9</td><td>糖分积累期</td><td colspan="2">切开甜菜块茎断面，未发现有病害</td><td></td></tr>
<tr><td>9/13</td><td>糖分积累期</td><td colspan="2">植株长势正常，甜菜待收获</td><td></td></tr>
<tr><td>9/18</td><td>糖分积累期</td><td colspan="2">植株长势正常，甜菜待收获</td><td></td></tr>
<tr><td colspan="4">甜菜前期长势较好；中期较多植株有疑似病毒病症状，有类似地老虎为害症状；后期植株长势较弱。未发现甜菜检疫性病害，未发现甜菜胞囊线虫</td><td></td></tr>
</table>

<table>
<tr><td colspan="2">植物中文名称：甜菜（74 号甜菜样品）</td><td>来源国：德国</td><td>种植数量：约 150g</td></tr>
<tr><td colspan="4">隔离种植物类别：□苗木 ☑种子 □试管苗 □其他（明确类别）：</td></tr>
<tr><td colspan="4">检疫审批单号：10201600325</td></tr>
<tr><td colspan="3">种植地点：室外</td><td>种植时间：2016 年 5 月 6 日至 2016 年 9 月 18 日</td></tr>
<tr><td colspan="4">种植基础条件：
种植方法：一畦双行覆膜种植，四周种植大豆作为隔离带
株行距：株距 20cm，行距 40cm
隔离种植作物：大豆</td></tr>
<tr><td>时间（月/日）</td><td>生育期</td><td>栽培管理要点或有害生物发生情况记录</td><td>记录人</td></tr>
<tr><td>5/6</td><td>播种</td><td>播种</td><td></td></tr>
<tr><td>5/9</td><td>苗期</td><td>浇水，尚未有出苗</td><td></td></tr>
<tr><td>5/12</td><td>苗期</td><td>开始出苗</td><td></td></tr>
<tr><td>5/17</td><td>苗期</td><td>大部分出苗，但出苗不均</td><td></td></tr>
<tr><td>5/23</td><td>苗期</td><td>浇水，植株长势正常</td><td></td></tr>
<tr><td>5/27</td><td>苗期</td><td>植株长势正常</td><td></td></tr>
<tr><td>5/29</td><td>苗期</td><td>间苗，锄草</td><td></td></tr>
<tr><td>5/31</td><td>苗期</td><td>植株长势正常</td><td></td></tr>
<tr><td>6/4</td><td>叶丛形成期</td><td>田间锄草</td><td></td></tr>
<tr><td>6/7</td><td>叶丛形成期</td><td>间苗，有缺苗现象，不补苗</td><td></td></tr>
<tr><td>6/12</td><td>叶丛形成期</td><td>部分植株有地老虎、飞甲类昆虫为害症状</td><td></td></tr>
<tr><td>6/15</td><td>叶丛形成期</td><td>植株长势正常</td><td></td></tr>
<tr><td>6/19</td><td>叶丛形成期</td><td>植株长势正常，低层叶有烂的现象</td><td></td></tr>
<tr><td>6/22</td><td>叶丛形成期</td><td>植株长势正常</td><td></td></tr>
<tr><td>6/24</td><td>叶丛形成期</td><td>部分植株有疑似病毒病症状</td><td></td></tr>
<tr><td>6/30</td><td>叶丛形成期</td><td>部分植株有疑似病毒病症状，症状主要表现为花叶</td><td></td></tr>
<tr><td>7/5</td><td>叶丛形成期</td><td>邀请中国农业科学院植物保护研究所病毒专家和线虫专家进行实地调查，并抽样进行实验室检测</td><td></td></tr>
<tr><td>7/18</td><td>块根增长期</td><td>部分植株有地老虎为害症状，主要表现在叶片上</td><td></td></tr>
<tr><td>7/22</td><td>块根增长期</td><td>雨水较多，田间待锄草</td><td></td></tr>
<tr><td>7/26</td><td>块根增长期</td><td>锄草，植株上疑似病毒病症状未见严重，也未见好转，表现仍以花叶为主</td><td></td></tr>
<tr><td>8/5</td><td>块根增长期</td><td>除有疑似病毒病症状外，其他正常</td><td></td></tr>
<tr><td>8/14</td><td>块根增长期</td><td>锄草，植株上疑似病毒病症状未见严重，也未见好转，表现仍以花叶为主</td><td></td></tr>
<tr><td>8/20</td><td>糖分积累期</td><td>除有疑似病毒病症状外，其他正常</td><td></td></tr>
<tr><td>9/1</td><td>糖分积累期</td><td>锄草，植株上疑似病毒病症状未见严重，也未见好转，表现仍以花叶为主</td><td></td></tr>
<tr><td>9/9</td><td>糖分积累期</td><td>除有疑似病毒病症状外，其他正常</td><td></td></tr>
<tr><td>9/13</td><td>糖分积累期</td><td>锄草，植株上疑似病毒病症状未见严重，也未见好转，表现仍以花叶为主</td><td></td></tr>
<tr><td>9/18</td><td>糖分积累期</td><td>除有疑似病毒病症状外，其他正常</td><td></td></tr>
<tr><td colspan="3">甜菜前期长势较好；中期较多植株有疑似病毒病症状，有类似地老虎为害症状；后期植株长势较弱。未发现甜菜检疫性病害，未发现甜菜胞囊线虫</td><td></td></tr>
</table>

<table>
<tr><td colspan="2">植物中文名称：甜菜（75 号甜菜样品）</td><td>来源国：德国</td><td>种植数量：约 150g</td></tr>
<tr><td colspan="4">隔离种植物类别：□苗木　☑种子　□试管苗　□其他（明确类别）：</td></tr>
<tr><td colspan="4">检疫审批单号：10201600014</td></tr>
<tr><td colspan="2">种植地点：室外</td><td colspan="2">种植时间：2016 年 5 月 6 日至 2016 年 9 月 18 日</td></tr>
<tr><td colspan="4">种植基础条件：
种植方法：一畦双行覆膜种植，四周种植大豆作为隔离带
株行距：株距 20cm，行距 40cm
隔离种植作物：大豆</td></tr>
<tr><td>时间（月/日）</td><td>生育期</td><td>栽培管理要点或有害生物发生情况记录</td><td>记录人</td></tr>
<tr><td>5/6</td><td>播种</td><td>播种</td><td></td></tr>
<tr><td>5/9</td><td>苗期</td><td>浇水，尚未有出苗</td><td></td></tr>
<tr><td>5/12</td><td>苗期</td><td>开始出苗</td><td></td></tr>
<tr><td>5/17</td><td>苗期</td><td>大部分出苗，但出苗不均</td><td></td></tr>
<tr><td>5/23</td><td>苗期</td><td>浇水，植株长势正常</td><td></td></tr>
<tr><td>5/27</td><td>苗期</td><td>植株长势正常</td><td></td></tr>
<tr><td>5/29</td><td>苗期</td><td>间苗，锄草</td><td></td></tr>
<tr><td>5/31</td><td>苗期</td><td>植株长势正常</td><td></td></tr>
<tr><td>6/4</td><td>叶丛形成期</td><td>田间锄草</td><td></td></tr>
<tr><td>6/7</td><td>叶丛形成期</td><td>间苗，有缺苗现象，不补苗</td><td></td></tr>
<tr><td>6/12</td><td>叶丛形成期</td><td>部分植株有地老虎、飞甲类昆虫为害症状</td><td></td></tr>
<tr><td>6/15</td><td>叶丛形成期</td><td>植株长势正常</td><td></td></tr>
<tr><td>6/19</td><td>叶丛形成期</td><td>植株长势正常，低层叶有烂的现象</td><td></td></tr>
<tr><td>6/22</td><td>叶丛形成期</td><td>植株长势正常</td><td></td></tr>
<tr><td>6/24</td><td>叶丛形成期</td><td>部分植株有疑似病毒病症状</td><td></td></tr>
<tr><td>6/30</td><td>叶丛形成期</td><td>部分植株有疑似病毒病症状，症状主要表现为花叶</td><td></td></tr>
<tr><td>7/5</td><td>叶丛形成期</td><td>邀请中国农业科学院植物保护研究所病毒专家和线虫专家进行实地调查，并抽样进行实验室检测</td><td></td></tr>
<tr><td>7/18</td><td>块根增长期</td><td>部分植株有地老虎为害症状，主要表现在叶片上</td><td></td></tr>
<tr><td>7/22</td><td>块根增长期</td><td>雨水较多，田间待锄草</td><td></td></tr>
<tr><td>7/26</td><td>块根增长期</td><td>锄草，植株上疑似病毒病症状未见严重，也未见好转，表现仍以花叶为主</td><td></td></tr>
<tr><td>8/5</td><td>块根增长期</td><td>除有疑似病毒病症状外，其他正常</td><td></td></tr>
<tr><td>8/14</td><td>块根增长期</td><td>块根形成较好，切开断面，未发现有病害</td><td></td></tr>
<tr><td>8/20</td><td>糖分积累期</td><td>大豆长势旺盛，植株较高，已盖住甜菜，病虫害影响不大，大部分甜菜生长良好</td><td></td></tr>
<tr><td>9/1</td><td>糖分积累期</td><td>正常，近日天旱</td><td></td></tr>
<tr><td>9/9</td><td>糖分积累期</td><td>切开甜菜块茎断面，未发现有病害</td><td></td></tr>
<tr><td>9/13</td><td>糖分积累期</td><td>植株长势正常，甜菜待收获</td><td></td></tr>
<tr><td>9/18</td><td>糖分积累期</td><td>植株长势正常，甜菜待收获</td><td></td></tr>
<tr><td colspan="3">甜菜前期长势较好；中期较多植株有疑似病毒病症状，有类似地老虎为害症状；后期植株长势较弱。未发现甜菜检疫性病害，未发现甜菜胞囊线虫</td><td></td></tr>
</table>

<table>
<tr><td colspan="2">植物中文名称：甜菜（76 号甜菜样品）</td><td>来源国：德国</td><td>种植数量：约 150g</td></tr>
<tr><td colspan="4">隔离种植物类别：□苗木　☑种子　□试管苗　□其他（明确类别）：</td></tr>
<tr><td colspan="4">检疫审批单号：10201600169</td></tr>
<tr><td colspan="2">种植地点：室外</td><td colspan="2">种植时间：2016 年 5 月 6 日至 2016 年 9 月 18 日</td></tr>
<tr><td colspan="4">种植基础条件：
种植方法：一畦双行覆膜种植，四周种植大豆作为隔离带
株行距：株距 20cm，行距 40cm
隔离种植作物：大豆</td></tr>
<tr><td>时间（月/日）</td><td>生育期</td><td>栽培管理要点或有害生物发生情况记录</td><td>记录人</td></tr>
<tr><td>5/6</td><td>播种</td><td>播种</td><td></td></tr>
<tr><td>5/9</td><td>苗期</td><td>浇水，尚未有出苗</td><td></td></tr>
<tr><td>5/12</td><td>苗期</td><td>开始出苗</td><td></td></tr>
<tr><td>5/17</td><td>苗期</td><td>大部分出苗，但出苗不均</td><td></td></tr>
<tr><td>5/23</td><td>苗期</td><td>浇水，植株长势正常</td><td></td></tr>
<tr><td>5/27</td><td>苗期</td><td>植株长势正常</td><td></td></tr>
<tr><td>5/29</td><td>苗期</td><td>间苗，锄草</td><td></td></tr>
<tr><td>5/31</td><td>苗期</td><td>植株长势正常</td><td></td></tr>
<tr><td>6/4</td><td>叶丛形成期</td><td>田间锄草</td><td></td></tr>
<tr><td>6/7</td><td>叶丛形成期</td><td>间苗，有缺苗现象，不补苗</td><td></td></tr>
<tr><td>6/12</td><td>叶丛形成期</td><td>部分植株有地老虎、飞甲类昆虫为害症状</td><td></td></tr>
<tr><td>6/15</td><td>叶丛形成期</td><td>植株长势正常</td><td></td></tr>
<tr><td>6/19</td><td>叶丛形成期</td><td>植株长势正常，低层叶有烂的现象</td><td></td></tr>
<tr><td>6/22</td><td>叶丛形成期</td><td>植株长势正常</td><td></td></tr>
<tr><td>6/24</td><td>叶丛形成期</td><td>部分植株有疑似病毒病症状</td><td></td></tr>
<tr><td>6/30</td><td>叶丛形成期</td><td>部分植株有疑似病毒病症状，症状主要表现为花叶</td><td></td></tr>
<tr><td>7/5</td><td>叶丛形成期</td><td>邀请中国农业科学院植物保护研究所病毒专家和线虫专家进行实地调查，并抽样进行实验室检测</td><td></td></tr>
<tr><td>7/13</td><td>块根增长期</td><td>较多植株有疑似病毒病症状</td><td></td></tr>
<tr><td>7/18</td><td>块根增长期</td><td>部分植株有地老虎为害症状，主要表现在叶片上</td><td></td></tr>
<tr><td>7/22</td><td>块根增长期</td><td>雨水较多，田间待锄草</td><td></td></tr>
<tr><td>7/26</td><td>块根增长期</td><td>锄草，植株上疑似病毒病症状未见严重，也未见好转，表现仍以花叶为主</td><td></td></tr>
<tr><td>8/5</td><td>块根增长期</td><td>除有疑似病毒病症状外，其他正常</td><td></td></tr>
<tr><td>8/14</td><td>块根增长期</td><td>块根形成较好，切开断面，未发现有病害</td><td></td></tr>
<tr><td>8/20</td><td>糖分积累期</td><td>大豆长势旺盛，植株较高，已盖住甜菜，病虫害影响不大，大部分甜菜生长良好</td><td></td></tr>
<tr><td>9/1</td><td>糖分积累期</td><td>正常，近日天旱</td><td></td></tr>
<tr><td>9/9</td><td>糖分积累期</td><td>切开甜菜块茎断面，未发现有病害</td><td></td></tr>
<tr><td>9/13</td><td>糖分积累期</td><td>植株长势正常，甜菜待收获</td><td></td></tr>
<tr><td>9/18</td><td>糖分积累期</td><td>植株长势正常，甜菜待收获</td><td></td></tr>
<tr><td colspan="3">甜菜前期长势较好；中期较多植株有疑似病毒病症状，有类似地老虎为害症状；后期植株长势较弱。未发现甜菜检疫性病害，未发现甜菜胞囊线虫</td><td></td></tr>
</table>

<table>
<tr><td colspan="2">植物中文名称：甜菜（77 号甜菜样品）</td><td>来源国：德国</td><td>种植数量：约 150g</td></tr>
<tr><td colspan="4">隔离种植物类别：□苗木　☑种子　□试管苗　□其他（明确类别）：</td></tr>
<tr><td colspan="4">检疫审批单号：10201501418</td></tr>
<tr><td colspan="3">种植地点：室外</td><td>种植时间：2016 年 5 月 6 日至 2016 年 9 月 18 日</td></tr>
<tr><td colspan="4">种植基础条件：
种植方法：一畦双行覆膜种植，四周种植大豆作为隔离带
株行距：株距 20cm，行距 40cm
隔离种植作物：大豆</td></tr>
<tr><td>时间（月/日）</td><td>生育期</td><td>栽培管理要点或有害生物发生情况记录</td><td>记录人</td></tr>
<tr><td>5/6</td><td>播种</td><td>播种</td><td></td></tr>
<tr><td>5/9</td><td>苗期</td><td>浇水，尚未有出苗</td><td></td></tr>
<tr><td>5/12</td><td>苗期</td><td>开始出苗</td><td></td></tr>
<tr><td>5/17</td><td>苗期</td><td>大部分出苗，但出苗不均</td><td></td></tr>
<tr><td>5/23</td><td>苗期</td><td>浇水，植株长势正常</td><td></td></tr>
<tr><td>5/27</td><td>苗期</td><td>植株长势正常</td><td></td></tr>
<tr><td>5/29</td><td>苗期</td><td>间苗，锄草</td><td></td></tr>
<tr><td>5/31</td><td>苗期</td><td>植株长势正常</td><td></td></tr>
<tr><td>6/4</td><td>叶丛形成期</td><td>田间锄草</td><td></td></tr>
<tr><td>6/7</td><td>叶丛形成期</td><td>间苗，有缺苗现象，不补苗</td><td></td></tr>
<tr><td>6/12</td><td>叶丛形成期</td><td>部分植株有地老虎、飞甲类昆虫为害症状</td><td></td></tr>
<tr><td>6/15</td><td>叶丛形成期</td><td>植株长势正常</td><td></td></tr>
<tr><td>6/19</td><td>叶丛形成期</td><td>植株长势正常，低层叶有烂的现象</td><td></td></tr>
<tr><td>6/22</td><td>叶丛形成期</td><td>植株长势正常</td><td></td></tr>
<tr><td>6/24</td><td>叶丛形成期</td><td>部分植株有疑似病毒病症状</td><td></td></tr>
<tr><td>6/30</td><td>叶丛形成期</td><td>部分植株有疑似病毒病症状，症状主要表现为花叶</td><td></td></tr>
<tr><td>7/5</td><td>叶丛形成期</td><td>邀请中国农业科学院植物保护研究所病毒专家和线虫专家进行实地调查，并抽样进行实验室检测</td><td></td></tr>
<tr><td>7/13</td><td>块根增长期</td><td>较多植株有疑似病毒病症状</td><td></td></tr>
<tr><td>7/18</td><td>块根增长期</td><td>部分植株有地老虎为害症状，主要表现在叶片上</td><td></td></tr>
<tr><td>7/22</td><td>块根增长期</td><td>雨水较多，田间待锄草</td><td></td></tr>
<tr><td>7/26</td><td>块根增长期</td><td>锄草，植株上疑似病毒病症状未见严重，也未见好转，表现仍以花叶为主</td><td></td></tr>
<tr><td>8/5</td><td>块根增长期</td><td>除有疑似病毒病症状外，其他正常</td><td></td></tr>
<tr><td>8/14</td><td>块根增长期</td><td>块根形成较好，切开断面，未发现有病害</td><td></td></tr>
<tr><td>8/20</td><td>糖分积累期</td><td>大豆长势旺盛，植株较高，已盖住甜菜，病虫害影响不大，大部分甜菜生长良好</td><td></td></tr>
<tr><td>9/1</td><td>糖分积累期</td><td>正常，近日天旱</td><td></td></tr>
<tr><td>9/9</td><td>糖分积累期</td><td>切开甜菜块茎断面，未发现有病害</td><td></td></tr>
<tr><td>9/13</td><td>糖分积累期</td><td>植株长势正常，甜菜待收获</td><td></td></tr>
<tr><td>9/18</td><td>糖分积累期</td><td>植株长势正常，甜菜待收获</td><td></td></tr>
<tr><td colspan="3">甜菜前期长势较好；中期较多植株有疑似病毒病症状，有类似地老虎为害症状；后期植株长势较弱。未发现甜菜检疫性病害，未发现甜菜胞囊线虫</td><td></td></tr>
</table>

植物中文名称：甜菜（78～79号甜菜样品）		来源国：德国	种植数量：各品种约150g
隔离种植物类别：□苗木 ☑种子 □试管苗 □其他（明确类别）：			
检疫审批单号：10201600224			
种植地点：室外		种植时间：2016年5月6日至2016年9月18日	
种植基础条件： 种植方法：一畦双行覆膜种植，四周种植大豆作为隔离带 株行距：株距20cm，行距40cm 隔离种植作物：大豆			

时间（月/日）	生育期	栽培管理要点或有害生物发生情况记录	记录人
5/6	播种	播种	
5/9	苗期	浇水，尚未有出苗	
5/12	苗期	开始出苗	
5/17	苗期	大部分出苗，但出苗不均	
5/23	苗期	浇水，植株长势正常	
5/27	苗期	植株长势正常	
5/29	苗期	间苗，锄草	
5/31	苗期	植株长势正常	
6/4	叶丛形成期	田间锄草	
6/7	叶丛形成期	间苗，有缺苗现象，不补苗	
6/12	叶丛形成期	部分植株有地老虎、飞甲类昆虫为害症状	
6/15	叶丛形成期	植株长势正常	
6/19	叶丛形成期	植株长势正常，低层叶有烂的现象	
6/22	叶丛形成期	植株长势正常	
6/24	叶丛形成期	部分植株有疑似病毒病症状	
6/30	叶丛形成期	部分植株有疑似病毒病症状，症状主要表现为花叶	
7/5	叶丛形成期	邀请中国农业科学院植物保护研究所病毒专家与线虫专家进行实地调查，并抽样进行实验室检测	
7/13	块根增长期	极少植株有疑似病毒病症状	
7/18	块根增长期	部分植株有地老虎为害症状，主要表现在叶片上	
7/22	块根增长期	雨水较多，田间待锄草	
7/26	块根增长期	锄草，植株上疑似病毒病症状未见严重，也未见好转，表现仍以花叶为主	
8/5	块根增长期	除有疑似病毒病症状外，其他正常	
8/14	块根增长期	块根形成较好，切开断面，未发现有病害	
8/20	糖分积累期	大豆长势旺盛，植株较高，已盖住甜菜，病虫害影响不大，大部分甜菜生长良好	
9/1	糖分积累期	正常，近日天旱	
9/9	糖分积累期	切开甜菜块茎断面，未发现有病害	
9/13	糖分积累期	植株长势正常，甜菜待收获	
9/18	糖分积累期	植株长势正常，甜菜待收获	
甜菜前期长势较好；中期有少部分植株有疑似病毒病症状，有类似地老虎为害症状；后期植株长势较弱。未发现甜菜检疫性病害，未发现甜菜胞囊线虫			

<table>
<tr><td colspan="2">植物中文名称：甜菜（80 号甜菜样品）</td><td>来源国：德国</td><td>种植数量：约 150g</td></tr>
<tr><td colspan="4">隔离种植物类别：□苗木　☑种子　□试管苗　□其他（明确类别）：</td></tr>
<tr><td colspan="4">检疫审批单号：10201501416</td></tr>
<tr><td colspan="3">种植地点：室外</td><td>种植时间：2016 年 5 月 6 日至 2016 年 9 月 18 日</td></tr>
<tr><td colspan="4">种植基础条件：
种植方法：一畦双行覆膜种植，四周种植大豆作为隔离带
株行距：株距 20cm，行距 40cm
隔离种植作物：大豆</td></tr>
<tr><td>时间（月/日）</td><td>生育期</td><td>栽培管理要点或有害生物发生情况记录</td><td>记录人</td></tr>
<tr><td>5/6</td><td>播种</td><td>播种</td><td></td></tr>
<tr><td>5/9</td><td>苗期</td><td>浇水，尚未有出苗</td><td></td></tr>
<tr><td>5/12</td><td>苗期</td><td>开始出苗</td><td></td></tr>
<tr><td>5/17</td><td>苗期</td><td>大部分出苗，但出苗不均</td><td></td></tr>
<tr><td>5/23</td><td>苗期</td><td>浇水，植株长势正常</td><td></td></tr>
<tr><td>5/27</td><td>苗期</td><td>植株长势正常</td><td></td></tr>
<tr><td>5/29</td><td>苗期</td><td>间苗，锄草</td><td></td></tr>
<tr><td>5/31</td><td>苗期</td><td>植株长势正常</td><td></td></tr>
<tr><td>6/4</td><td>叶丛形成期</td><td>田间锄草</td><td></td></tr>
<tr><td>6/7</td><td>叶丛形成期</td><td>间苗，有缺苗现象，不补苗</td><td></td></tr>
<tr><td>6/12</td><td>叶丛形成期</td><td>部分植株有地老虎、飞甲类昆虫为害症状</td><td></td></tr>
<tr><td>6/15</td><td>叶丛形成期</td><td>植株长势正常</td><td></td></tr>
<tr><td>6/19</td><td>叶丛形成期</td><td>植株长势正常，低层叶有烂的现象</td><td></td></tr>
<tr><td>6/22</td><td>叶丛形成期</td><td>植株长势正常</td><td></td></tr>
<tr><td>6/24</td><td>叶丛形成期</td><td>部分植株有疑似病毒病症状</td><td></td></tr>
<tr><td>6/30</td><td>叶丛形成期</td><td>部分植株有疑似病毒病症状，症状主要表现为花叶</td><td></td></tr>
<tr><td>7/5</td><td>叶丛形成期</td><td>邀请中国农业科学院植物保护研究所病毒专家和线虫专家进行实地调查，并抽样进行实验室检测</td><td></td></tr>
<tr><td>7/18</td><td>块根增长期</td><td>部分植株有地老虎为害症状，主要表现在叶片上</td><td></td></tr>
<tr><td>7/22</td><td>块根增长期</td><td>雨水较多，田间待锄草</td><td></td></tr>
<tr><td>7/26</td><td>块根增长期</td><td>锄草，植株上疑似病毒病症状未见严重，也未见好转，表现仍以花叶为主</td><td></td></tr>
<tr><td>8/5</td><td>块根增长期</td><td>除有疑似病毒病症状外，其他正常</td><td></td></tr>
<tr><td>8/14</td><td>块根增长期</td><td>块根形成较好，切开断面，未发现有病害</td><td></td></tr>
<tr><td>8/20</td><td>糖分积累期</td><td>大豆长势旺盛，植株较高，已盖住甜菜，病虫害影响不大，大部分甜菜生长良好</td><td></td></tr>
<tr><td>9/1</td><td>糖分积累期</td><td>正常，近日天旱</td><td></td></tr>
<tr><td>9/9</td><td>糖分积累期</td><td>切开甜菜块茎断面，未发现有病害</td><td></td></tr>
<tr><td>9/13</td><td>糖分积累期</td><td>植株长势正常，甜菜待收获</td><td></td></tr>
<tr><td>9/18</td><td>糖分积累期</td><td>植株长势正常，甜菜待收获</td><td></td></tr>
<tr><td colspan="3">甜菜前期长势较好；中期有部分植株有疑似病毒病症状，有类似地老虎为害症状；后期植株长势较弱。未发现甜菜检疫性病害，未发现甜菜胞囊线虫</td><td></td></tr>
</table>

<table>
<tr><td colspan="2">植物中文名称：甜菜（81～84号甜菜样品）</td><td>来源国：德国</td><td>种植数量：各品种约 150g</td></tr>
<tr><td colspan="4">隔离种植物类别：□苗木　☑种子　□试管苗　□其他（明确类别）：</td></tr>
<tr><td colspan="4">检疫审批单号：10201600170</td></tr>
<tr><td colspan="2">种植地点：室外</td><td colspan="2">种植时间：2016 年 5 月 6 日至 2016 年 9 月 18 日</td></tr>
<tr><td colspan="4">种植基础条件：
种植方法：一畦双行覆膜种植，四周种植大豆作为隔离带
株行距：株距 20cm，行距 40cm
隔离种植作物：大豆</td></tr>
<tr><td>时间（月/日）</td><td>生育期</td><td>栽培管理要点或有害生物发生情况记录</td><td>记录人</td></tr>
<tr><td>5/6</td><td>播种</td><td>播种</td><td></td></tr>
<tr><td>5/9</td><td>苗期</td><td>浇水，尚未有出苗</td><td></td></tr>
<tr><td>5/12</td><td>苗期</td><td>开始出苗</td><td></td></tr>
<tr><td>5/17</td><td>苗期</td><td>大部分出苗，但出苗不均</td><td></td></tr>
<tr><td>5/23</td><td>苗期</td><td>浇水，植株长势正常</td><td></td></tr>
<tr><td>5/27</td><td>苗期</td><td>植株长势正常</td><td></td></tr>
<tr><td>5/29</td><td>苗期</td><td>间苗，锄草</td><td></td></tr>
<tr><td>5/31</td><td>苗期</td><td>植株长势正常</td><td></td></tr>
<tr><td>6/4</td><td>叶丛形成期</td><td>田间锄草</td><td></td></tr>
<tr><td>6/7</td><td>叶丛形成期</td><td>间苗，有缺苗现象，不补苗</td><td></td></tr>
<tr><td>6/12</td><td>叶丛形成期</td><td>部分植株有地老虎、飞甲类昆虫为害症状</td><td></td></tr>
<tr><td>6/15</td><td>叶丛形成期</td><td>植株长势正常</td><td></td></tr>
<tr><td>6/19</td><td>叶丛形成期</td><td>植株长势正常，低层叶有烂的现象</td><td></td></tr>
<tr><td>6/22</td><td>叶丛形成期</td><td>植株长势正常</td><td></td></tr>
<tr><td>6/24</td><td>叶丛形成期</td><td>部分植株有疑似病毒病症状</td><td></td></tr>
<tr><td>6/30</td><td>叶丛形成期</td><td>部分植株有疑似病毒病症状，症状主要表现为花叶</td><td></td></tr>
<tr><td>7/5</td><td>叶丛形成期</td><td>邀请中国农业科学院植物保护研究所病毒专家和线虫专家进行实地调查，并抽样进行实验室检测</td><td></td></tr>
<tr><td>7/13</td><td>块根增长期</td><td>81 号样品甜菜只有较少植株表现疑似病毒病症状，82～84 号样品甜菜有较多植株表现疑似病毒病症状</td><td></td></tr>
<tr><td>7/18</td><td>块根增长期</td><td>部分植株有地老虎为害症状，主要表现在叶片上</td><td></td></tr>
<tr><td>7/22</td><td>块根增长期</td><td>雨水较多，田间待锄草</td><td></td></tr>
<tr><td>7/26</td><td>块根增长期</td><td>锄草，植株上疑似病毒病症状未见严重，也未见好转，表现仍以花叶为主</td><td></td></tr>
<tr><td>8/5</td><td>块根增长期</td><td>除有疑似病毒病症状外，其他正常</td><td></td></tr>
<tr><td>8/14</td><td>块根增长期</td><td>块根形成较好，切开断面，未发现有病害</td><td></td></tr>
<tr><td>8/20</td><td>糖分积累期</td><td>大豆长势旺盛，植株较高，已盖住甜菜，病虫害影响不大，大部分甜菜生长良好</td><td></td></tr>
<tr><td>9/1</td><td>糖分积累期</td><td>正常，近日天旱</td><td></td></tr>
<tr><td>9/9</td><td>糖分积累期</td><td>切开甜菜块茎断面，未发现有病害</td><td></td></tr>
<tr><td>9/13</td><td>糖分积累期</td><td>植株长势正常，甜菜待收获</td><td></td></tr>
<tr><td>9/18</td><td>糖分积累期</td><td>植株长势正常，甜菜待收获</td><td></td></tr>
<tr><td colspan="3">甜菜前期长势较好；中期有部分植株有疑似病毒病症状，有类似地老虎为害症状；后期植株长势较弱。未发现甜菜检疫性病害，未发现甜菜胞囊线虫</td><td></td></tr>
</table>

<table>
<tr><td colspan="2">植物中文名称：甜菜（85 号甜菜样品）</td><td>来源国：德国</td><td>种植数量：约 150g</td></tr>
<tr><td colspan="4">隔离种植物类别：□苗木　☑种子　□试管苗　□其他（明确类别）：</td></tr>
<tr><td colspan="4">检疫审批单号：15201500049</td></tr>
<tr><td colspan="2">种植地点：室外</td><td colspan="2">种植时间：2016 年 5 月 6 日至 2016 年 9 月 18 日</td></tr>
<tr><td colspan="4">种植基础条件：
种植方法：一畦双行覆膜种植，四周种植大豆作为隔离带
株行距：株距 20cm，行距 40cm
隔离种植作物：大豆</td></tr>
<tr><td>时间（月/日）</td><td>生育期</td><td>栽培管理要点或有害生物发生情况记录</td><td>记录人</td></tr>
<tr><td>5/6</td><td>播种</td><td>播种</td><td></td></tr>
<tr><td>5/9</td><td>苗期</td><td>浇水，尚未有出苗</td><td></td></tr>
<tr><td>5/12</td><td>苗期</td><td>开始出苗</td><td></td></tr>
<tr><td>5/17</td><td>苗期</td><td>大部分出苗，但出苗不均</td><td></td></tr>
<tr><td>5/23</td><td>苗期</td><td>浇水，植株长势正常</td><td></td></tr>
<tr><td>5/27</td><td>苗期</td><td>植株长势正常</td><td></td></tr>
<tr><td>5/29</td><td>苗期</td><td>间苗，锄草</td><td></td></tr>
<tr><td>5/31</td><td>苗期</td><td>植株长势正常</td><td></td></tr>
<tr><td>6/4</td><td>叶丛形成期</td><td>田间锄草</td><td></td></tr>
<tr><td>6/7</td><td>叶丛形成期</td><td>间苗，有缺苗现象，不补苗</td><td></td></tr>
<tr><td>6/12</td><td>叶丛形成期</td><td>部分植株有地老虎、飞甲类昆虫为害症状</td><td></td></tr>
<tr><td>6/15</td><td>叶丛形成期</td><td>植株长势正常</td><td></td></tr>
<tr><td>6/19</td><td>叶丛形成期</td><td>植株长势正常，低层叶有烂的现象</td><td></td></tr>
<tr><td>6/22</td><td>叶丛形成期</td><td>植株长势正常</td><td></td></tr>
<tr><td>6/24</td><td>叶丛形成期</td><td>部分植株有疑似病毒病症状</td><td></td></tr>
<tr><td>6/30</td><td>叶丛形成期</td><td>部分植株有疑似病毒病症状，症状主要表现为花叶</td><td></td></tr>
<tr><td>7/5</td><td>叶丛形成期</td><td>邀请中国农业科学院植物保护研究所病毒专家和线虫专家进行实地调查，并抽样进行实验室检测</td><td></td></tr>
<tr><td>7/13</td><td>块根增长期</td><td>较多植株上有疑似病毒病症状</td><td></td></tr>
<tr><td>7/18</td><td>块根增长期</td><td>部分植株有地老虎为害症状，主要表现在叶片上</td><td></td></tr>
<tr><td>7/22</td><td>块根增长期</td><td>雨水较多，田间待锄草</td><td></td></tr>
<tr><td>7/26</td><td>块根增长期</td><td>锄草，植株上疑似病毒病症状未见严重，也未见好转，表现仍以花叶为主</td><td></td></tr>
<tr><td>8/5</td><td>块根增长期</td><td>除有疑似病毒病症状外，其他正常</td><td></td></tr>
<tr><td>8/14</td><td>块根增长期</td><td>块根形成较好，切开断面，未发现有病害</td><td></td></tr>
<tr><td>8/20</td><td>糖分积累期</td><td>大豆长势旺盛，植株较高，已盖住甜菜，病虫害影响不大，大部分甜菜生长良好</td><td></td></tr>
<tr><td>9/1</td><td>糖分积累期</td><td>正常，近日天旱</td><td></td></tr>
<tr><td>9/9</td><td>糖分积累期</td><td>切开甜菜块茎断面，未发现有病害</td><td></td></tr>
<tr><td>9/13</td><td>糖分积累期</td><td>植株长势正常，甜菜待收获</td><td></td></tr>
<tr><td>9/18</td><td>糖分积累期</td><td>植株长势正常，甜菜待收获</td><td></td></tr>
<tr><td colspan="3">甜菜前期长势较好；中期有部分植株有疑似病毒病症状，有类似地老虎为害症状；后期植株长势较弱。未发现甜菜检疫性病害，未发现甜菜胞囊线虫</td><td></td></tr>
</table>

<table>
<tr><td colspan="2">植物中文名称：甜菜（86 号甜菜样品）</td><td>来源国：德国</td><td>种植数量：约 150g</td></tr>
<tr><td colspan="4">隔离种植物类别：□苗木 ☑种子 □试管苗 □其他（明确类别）：</td></tr>
<tr><td colspan="4">检疫审批单号：15201500050</td></tr>
<tr><td colspan="3">种植地点：室外</td><td>种植时间：2016 年 5 月 6 日至 2016 年 9 月 18 日</td></tr>
<tr><td colspan="4">种植基础条件：
种植方法：一畦双行覆膜种植，四周种植大豆作为隔离带
株行距：株距 20cm，行距 40cm
隔离种植作物：大豆</td></tr>
<tr><td>时间（月/日）</td><td>生育期</td><td>栽培管理要点或有害生物发生情况记录</td><td>记录人</td></tr>
<tr><td>5/6</td><td>播种</td><td>播种</td><td></td></tr>
<tr><td>5/9</td><td>苗期</td><td>浇水，尚未有出苗</td><td></td></tr>
<tr><td>5/12</td><td>苗期</td><td>开始出苗</td><td></td></tr>
<tr><td>5/17</td><td>苗期</td><td>大部分出苗，但出苗不均</td><td></td></tr>
<tr><td>5/23</td><td>苗期</td><td>浇水，种植长势正常</td><td></td></tr>
<tr><td>5/27</td><td>苗期</td><td>植株长势正常</td><td></td></tr>
<tr><td>5/29</td><td>苗期</td><td>间苗，锄草</td><td></td></tr>
<tr><td>5/31</td><td>苗期</td><td>植株长势正常</td><td></td></tr>
<tr><td>6/4</td><td>叶丛形成期</td><td>田间锄草</td><td></td></tr>
<tr><td>6/7</td><td>叶丛形成期</td><td>间苗，有缺苗现象，不补苗</td><td></td></tr>
<tr><td>6/12</td><td>叶丛形成期</td><td>部分植株有地老虎、飞甲类昆虫为害症状</td><td></td></tr>
<tr><td>6/15</td><td>叶丛形成期</td><td>植株长势正常</td><td></td></tr>
<tr><td>6/19</td><td>叶丛形成期</td><td>植株长势正常，低层叶有烂的现象</td><td></td></tr>
<tr><td>6/22</td><td>叶丛形成期</td><td>植株长势正常</td><td></td></tr>
<tr><td>6/24</td><td>叶丛形成期</td><td>部分植株有疑似病毒病症状</td><td></td></tr>
<tr><td>6/30</td><td>叶丛形成期</td><td>部分植株有疑似病毒病症状，症状主要表现为花叶</td><td></td></tr>
<tr><td>7/5</td><td>叶丛形成期</td><td>邀请中国农业科学院植物保护研究所病毒专家和线虫专家进行实地调查，并抽样进行实验室检测</td><td></td></tr>
<tr><td>7/13</td><td>块根增长期</td><td>少部分植株上有疑似病毒病症状</td><td></td></tr>
<tr><td>7/18</td><td>块根增长期</td><td>部分植株有地老虎为害症状，主要表现在叶片上</td><td></td></tr>
<tr><td>7/22</td><td>块根增长期</td><td>雨水较多，田间待锄草</td><td></td></tr>
<tr><td>7/26</td><td>块根增长期</td><td>锄草，植株上疑似病毒病症状未见严重，也未见好转，表现仍以花叶为主</td><td></td></tr>
<tr><td>8/5</td><td>块根增长期</td><td>除有疑似病毒病症状外，其他正常</td><td></td></tr>
<tr><td>8/14</td><td>块根增长期</td><td>块根形成较好，切开断面，未发现有病害</td><td></td></tr>
<tr><td>8/20</td><td>糖分积累期</td><td>大豆长势旺盛，植株较高，已盖住甜菜，病虫害影响不大，大部分甜菜生长良好</td><td></td></tr>
<tr><td>9/1</td><td>糖分积累期</td><td>正常，近日天旱</td><td></td></tr>
<tr><td>9/9</td><td>糖分积累期</td><td>切开甜菜块茎断面，未发现有病害</td><td></td></tr>
<tr><td>9/13</td><td>糖分积累期</td><td>植株长势正常，甜菜待收获</td><td></td></tr>
<tr><td>9/18</td><td>糖分积累期</td><td>植株长势正常，甜菜待收获</td><td></td></tr>
<tr><td colspan="3">甜菜前期长势较好；中期有部分植株有疑似病毒病症状，有类似地老虎为害症状；后期植株长势较弱。未发现甜菜检疫性病害，未发现甜菜胞囊线虫</td><td></td></tr>
</table>

<table>
<tr><td colspan="2">植物中文名称：甜菜（87-1 至 87-10 号甜菜样品）</td><td>来源国：意大利</td><td>种植数量：各品种约 150g</td></tr>
<tr><td colspan="4">隔离种植物类别：□苗木　☑种子　□试管苗　□其他（明确类别）：</td></tr>
<tr><td colspan="4">检疫审批单号：23201600003</td></tr>
<tr><td colspan="3">种植地点：室外</td><td>种植时间：2016 年 5 月 12 日至 2016 年 9 月 12 日</td></tr>
<tr><td colspan="4">种植基础条件：
种植方法：一畦双行覆膜种植，四周种植大豆作为隔离带
株行距：株距 20cm，行距 40cm
隔离种植作物：大豆</td></tr>
<tr><td>时间（月/日）</td><td>生育期</td><td>栽培管理要点或有害生物发生情况记录</td><td>记录人</td></tr>
<tr><td>5/12</td><td>播种</td><td>播种</td><td></td></tr>
<tr><td>5/17</td><td>苗期</td><td>浇水</td><td></td></tr>
<tr><td>5/23</td><td>苗期</td><td>出苗，相对较均</td><td></td></tr>
<tr><td>5/27</td><td>苗期</td><td>部分缺苗较多</td><td></td></tr>
<tr><td>5/29</td><td>苗期</td><td>间苗，锄草</td><td></td></tr>
<tr><td>5/31</td><td>苗期</td><td>植株长势正常</td><td></td></tr>
<tr><td>6/4</td><td>苗期</td><td>锄草</td><td></td></tr>
<tr><td>6/7</td><td>苗期</td><td>间苗，有缺苗现象，不补苗</td><td></td></tr>
<tr><td>6/12</td><td>叶丛形成期</td><td>部分植株有类似地老虎为害症状</td><td></td></tr>
<tr><td>6/15</td><td>叶丛形成期</td><td>植株长势正常</td><td></td></tr>
<tr><td>6/19</td><td>叶丛形成期</td><td>植株长势正常，低层叶有烂的现象</td><td></td></tr>
<tr><td>6/22</td><td>叶丛形成期</td><td>植株长势正常</td><td></td></tr>
<tr><td>6/24</td><td>叶丛形成期</td><td>部分植株有疑似病毒病症状，症状主要表现为花叶</td><td></td></tr>
<tr><td>6/30</td><td>叶丛形成期</td><td>较多植株有地老虎为害症状，主要表现在叶片上。同时部分植株有疑似病毒病症状，症状主要表现为花叶</td><td></td></tr>
<tr><td>7/5</td><td>叶丛形成期</td><td>邀请中国农业科学院植物保护研究所病毒专家和线虫专家进行实地调查，并抽样进行实验室检测</td><td></td></tr>
<tr><td>7/13</td><td>叶丛形成期</td><td>采样检测病毒</td><td></td></tr>
<tr><td>7/18</td><td>叶丛形成期</td><td>部分植株上有疑似病毒病症状，症状表现较严重</td><td></td></tr>
<tr><td>7/22</td><td>叶丛形成期</td><td>部分植株有地老虎为害症状，主要表现在叶片上</td><td></td></tr>
<tr><td>7/26</td><td>块根增长期</td><td>大豆长势旺盛，植株较高，已盖住甜菜，病虫害影响不大，大部分甜菜生长良好</td><td></td></tr>
<tr><td>8/4</td><td>块根增长期</td><td>较多植株仍旧表现疑似病毒病症状</td><td></td></tr>
<tr><td>8/8</td><td>块根增长期</td><td>大豆长势旺盛，植株盖住甜菜植株，影响甜菜的部分透光率</td><td></td></tr>
<tr><td>8/18</td><td>块根增长期</td><td>甜菜待收获</td><td></td></tr>
<tr><td>8/26</td><td>块根增长期</td><td>甜菜主要剩中心叶片，低层叶片多腐烂，其他正常</td><td></td></tr>
<tr><td>9/2</td><td>糖分积累期</td><td>挖出甜菜根块，切开断面，未发现病害</td><td></td></tr>
<tr><td>9/8</td><td>糖分积累期</td><td>挖出甜菜根块，切开断面，未发现病害</td><td></td></tr>
<tr><td>9/12</td><td>糖分积累期</td><td>甜菜收获</td><td></td></tr>
<tr><td colspan="3">部分甜菜前期出苗较少，整体出苗较均匀，长势较好；中期有较多植株表现疑似病毒病症状，有类似地老虎为害症状；后期植株长势较弱。未发现甜菜检疫性病害，未发现甜菜胞囊线虫</td><td></td></tr>
</table>

<table>
<tr><td colspan="2">植物中文名称：甜菜（88-1至88-10号甜菜样品）</td><td>来源国：意大利</td><td>种植数量：各品种约150g</td></tr>
<tr><td colspan="4">隔离种植物类别：□苗木　☑种子　□试管苗　□其他（明确类别）：</td></tr>
<tr><td colspan="4">检疫审批单号：23201600004</td></tr>
<tr><td colspan="3">种植地点：室外</td><td>种植时间：2016年5月12日至2016年9月12日</td></tr>
<tr><td colspan="4">种植基础条件：
种植方法：一畦双行覆膜种植，四周种植大豆作为隔离带
株行距：株距20cm，行距40cm
隔离种植作物：大豆</td></tr>
<tr><td>时间（月/日）</td><td>生育期</td><td>栽培管理要点或有害生物发生情况记录</td><td>记录人</td></tr>
<tr><td>5/12</td><td>播种</td><td>播种</td><td></td></tr>
<tr><td>5/17</td><td>苗期</td><td>浇水</td><td></td></tr>
<tr><td>5/23</td><td>苗期</td><td>出苗，相对较均</td><td></td></tr>
<tr><td>5/27</td><td>苗期</td><td>部分缺苗较多</td><td></td></tr>
<tr><td>5/29</td><td>苗期</td><td>间苗，锄草</td><td></td></tr>
<tr><td>5/31</td><td>苗期</td><td>植株长势正常</td><td></td></tr>
<tr><td>6/4</td><td>苗期</td><td>锄草</td><td></td></tr>
<tr><td>6/7</td><td>苗期</td><td>间苗，有缺苗现象，不补苗</td><td></td></tr>
<tr><td>6/12</td><td>叶丛形成期</td><td>部分植株有类似地老虎为害症状</td><td></td></tr>
<tr><td>6/15</td><td>叶丛形成期</td><td>植株长势正常</td><td></td></tr>
<tr><td>6/19</td><td>叶丛形成期</td><td>植株长势正常，低层叶有烂的现象</td><td></td></tr>
<tr><td>6/22</td><td>叶丛形成期</td><td>植株长势正常</td><td></td></tr>
<tr><td>6/24</td><td>叶丛形成期</td><td>部分植株有疑似病毒病症状，症状主要表现为花叶</td><td></td></tr>
<tr><td>6/30</td><td>叶丛形成期</td><td>较多植株有地老虎为害症状，主要表现在叶片上。同时部分植株有疑似病毒病症状，症状主要表现为花叶</td><td></td></tr>
<tr><td>7/5</td><td>叶丛形成期</td><td>邀请中国农业科学院植物保护研究所病毒专家和线虫专家进行实地调查，并抽样进行实验室检测</td><td></td></tr>
<tr><td>7/13</td><td>叶丛形成期</td><td>采样检测病毒</td><td></td></tr>
<tr><td>7/18</td><td>叶丛形成期</td><td>部分植株上有疑似病毒病症状，症状表现较严重</td><td></td></tr>
<tr><td>7/22</td><td>叶丛形成期</td><td>部分植株有地老虎为害症状，主要表现在叶片上</td><td></td></tr>
<tr><td>7/26</td><td>块根增长期</td><td>大豆长势旺盛，植株较高，已盖住甜菜，病虫害影响不大，大部分甜菜生长良好</td><td></td></tr>
<tr><td>8/4</td><td>块根增长期</td><td>较多植株仍旧表现疑似病毒病症状</td><td></td></tr>
<tr><td>8/8</td><td>块根增长期</td><td>大豆长势旺盛，植株盖住甜菜植株，影响甜菜的部分透光率</td><td></td></tr>
<tr><td>8/18</td><td>块根增长期</td><td>甜菜待收获</td><td></td></tr>
<tr><td>8/26</td><td>块根增长期</td><td>甜菜主要剩中心叶片，低层叶片多腐烂，其他正常</td><td></td></tr>
<tr><td>9/2</td><td>糖分积累期</td><td>挖出甜菜根块，切开断面，未发现病害</td><td></td></tr>
<tr><td>9/8</td><td>糖分积累期</td><td>挖出甜菜根块，切开断面，未发现病害</td><td></td></tr>
<tr><td>9/12</td><td>糖分积累期</td><td>甜菜待收获</td><td></td></tr>
<tr><td colspan="3">部分甜菜前期出苗较少，整体出苗较均匀，长势较好；中期有较多植株表现疑似病毒病症状，有类似地老虎为害症状；后期植株长势较弱。未发现甜菜检疫性病害，未发现甜菜胞囊线虫</td><td></td></tr>
</table>

<table>
<tr><td colspan="2">植物中文名称：甜菜（89-1 至 89-10 号甜菜样品）</td><td>来源国：意大利</td><td>种植数量：各品种约 150g</td></tr>
<tr><td colspan="4">隔离种植物类别：□苗木　☑种子　□试管苗　□其他（明确类别）：</td></tr>
<tr><td colspan="4">检疫审批单号：23201600005</td></tr>
<tr><td colspan="2">种植地点：室外</td><td colspan="2">种植时间：2016 年 5 月 12 日至 2016 年 9 月 12 日</td></tr>
<tr><td colspan="4">种植基础条件：
种植方法：一畦双行覆膜种植，四周种植大豆作为隔离带
株行距：株距 20cm，行距 40cm
隔离种植作物：大豆</td></tr>
<tr><td>时间（月/日）</td><td>生育期</td><td>栽培管理要点或有害生物发生情况记录</td><td>记录人</td></tr>
<tr><td>5/12</td><td>播种</td><td>播种</td><td></td></tr>
<tr><td>5/17</td><td>苗期</td><td>浇水</td><td></td></tr>
<tr><td>5/23</td><td>苗期</td><td>出苗，相对较均</td><td></td></tr>
<tr><td>5/27</td><td>苗期</td><td>部分缺苗较多</td><td></td></tr>
<tr><td>5/29</td><td>苗期</td><td>间苗，锄草</td><td></td></tr>
<tr><td>5/31</td><td>苗期</td><td>植株长势正常</td><td></td></tr>
<tr><td>6/4</td><td>苗期</td><td>锄草</td><td></td></tr>
<tr><td>6/7</td><td>苗期</td><td>间苗，有缺苗现象，不补苗</td><td></td></tr>
<tr><td>6/12</td><td>叶丛形成期</td><td>部分植株有类似地老虎为害症状</td><td></td></tr>
<tr><td>6/15</td><td>叶丛形成期</td><td>植株长势正常</td><td></td></tr>
<tr><td>6/19</td><td>叶丛形成期</td><td>植株长势正常，低层叶有烂的现象</td><td></td></tr>
<tr><td>6/22</td><td>叶丛形成期</td><td>植株长势正常</td><td></td></tr>
<tr><td>6/24</td><td>叶丛形成期</td><td>部分植株有疑似病毒病症状，症状主要表现为花叶</td><td></td></tr>
<tr><td>6/30</td><td>叶丛形成期</td><td>较多植株有地老虎为害症状，主要表现在叶片上。同时部分植株有疑似病毒病症状，症状主要表现为花叶</td><td></td></tr>
<tr><td>7/5</td><td>叶丛形成期</td><td>邀请中国农业科学院植物保护研究所病毒专家和线虫专家进行实地调查，并抽样进行实验室检测</td><td></td></tr>
<tr><td>7/13</td><td>叶丛形成期</td><td>采样检测病毒</td><td></td></tr>
<tr><td>7/18</td><td>叶丛形成期</td><td>部分植株上有疑似病毒病症状，症状表现较严重</td><td></td></tr>
<tr><td>7/22</td><td>叶丛形成期</td><td>部分植株有地老虎为害症状，主要表现在叶片上</td><td></td></tr>
<tr><td>7/26</td><td>块根增长期</td><td>大豆长势旺盛，植株较高，已盖住甜菜，病虫害影响不大，大部分甜菜生长良好</td><td></td></tr>
<tr><td>8/4</td><td>块根增长期</td><td>较多植株仍旧表现疑似病毒病症状</td><td></td></tr>
<tr><td>8/8</td><td>块根增长期</td><td>大豆长势旺盛，植株盖住甜菜植株，影响甜菜的部分透光率</td><td></td></tr>
<tr><td>8/18</td><td>块根增长期</td><td>甜菜待收获</td><td></td></tr>
<tr><td>8/26</td><td>块根增长期</td><td>甜菜主要剩中心叶片，低层叶片多腐烂，其他正常</td><td></td></tr>
<tr><td>9/2</td><td>糖分积累期</td><td>挖出甜菜根块，切开断面，未发现病害</td><td></td></tr>
<tr><td>9/8</td><td>糖分积累期</td><td>挖出甜菜根块，切开断面，未发现病害</td><td></td></tr>
<tr><td>9/12</td><td>糖分积累期</td><td>甜菜待收获</td><td></td></tr>
<tr><td colspan="3">部分甜菜前期出苗较少，整体出苗较均匀，长势较好；中期有较多植株表现疑似病毒病症状，有类似地老虎为害症状；后期植株长势较弱。未发现甜菜检疫性病害，未发现甜菜胞囊线虫</td><td></td></tr>
</table>

<table>
<tr><td colspan="2">植物中文名称：甜菜（90～92号甜菜样品）</td><td>来源国：德国</td><td>种植数量：各品种约 150g</td></tr>
<tr><td colspan="4">隔离种植物类别：□苗木　☑种子　□试管苗　□其他（明确类别）：</td></tr>
<tr><td colspan="4">检疫审批单号：10201501401</td></tr>
<tr><td colspan="2">种植地点：室外</td><td colspan="2">种植时间：2016 年 5 月 6 日至 2016 年 9 月 18 日</td></tr>
<tr><td colspan="4">种植基础条件：
种植方法：一畦双行覆膜种植，四周种植大豆作为隔离带
株行距：株距 20cm，行距 40cm
隔离种植作物：大豆</td></tr>
<tr><td>时间（月/日）</td><td>生育期</td><td>栽培管理要点或有害生物发生情况记录</td><td>记录人</td></tr>
<tr><td>5/6</td><td>播种</td><td>播种</td><td></td></tr>
<tr><td>5/9</td><td>苗期</td><td>浇水，尚未有出苗</td><td></td></tr>
<tr><td>5/12</td><td>苗期</td><td>开始出苗</td><td></td></tr>
<tr><td>5/17</td><td>苗期</td><td>出苗不均，约 30%出苗率</td><td></td></tr>
<tr><td>5/23</td><td>苗期</td><td>浇水，继续出苗，植株长势正常</td><td></td></tr>
<tr><td>5/27</td><td>苗期</td><td>植株长势正常</td><td></td></tr>
<tr><td>5/29</td><td>苗期</td><td>间苗，锄草</td><td></td></tr>
<tr><td>5/31</td><td>苗期</td><td>植株长势正常</td><td></td></tr>
<tr><td>6/4</td><td>叶丛形成期</td><td>田间锄草</td><td></td></tr>
<tr><td>6/7</td><td>叶丛形成期</td><td>间苗，有缺苗现象，不补苗</td><td></td></tr>
<tr><td>6/12</td><td>叶丛形成期</td><td>部分植株有地老虎、飞甲类昆虫为害症状</td><td></td></tr>
<tr><td>6/15</td><td>叶丛形成期</td><td>植株长势正常</td><td></td></tr>
<tr><td>6/19</td><td>叶丛形成期</td><td>植株长势正常，低层叶有烂的现象</td><td></td></tr>
<tr><td>6/22</td><td>叶丛形成期</td><td>植株长势正常</td><td></td></tr>
<tr><td>6/24</td><td>叶丛形成期</td><td>部分植株有疑似病毒病症状</td><td></td></tr>
<tr><td>6/30</td><td>叶丛形成期</td><td>部分植株有疑似病毒病症状，症状主要表现为花叶</td><td></td></tr>
<tr><td>7/5</td><td>叶丛形成期</td><td>邀请中国农业科学院植物保护研究所病毒专家和线虫专家进行实地调查，并抽样进行实验室检测</td><td></td></tr>
<tr><td>7/18</td><td>块根增长期</td><td>部分植株有地老虎为害症状，主要表现在叶片上</td><td></td></tr>
<tr><td>7/22</td><td>块根增长期</td><td>雨水较多，田间待锄草</td><td></td></tr>
<tr><td>7/26</td><td>块根增长期</td><td>锄草，植株上疑似病毒病症状未见严重，也未见好转，表现仍以花叶为主</td><td></td></tr>
<tr><td>8/5</td><td>块根增长期</td><td>除有疑似病毒病症状外，其他正常</td><td></td></tr>
<tr><td>8/14</td><td>块根增长期</td><td>块根形成较好，切开断面，未发现有病害</td><td></td></tr>
<tr><td>8/20</td><td>糖分积累期</td><td>块根形成较好，切开断面，未发现有病害</td><td></td></tr>
<tr><td>9/1</td><td>糖分积累期</td><td>正常，近日天旱</td><td></td></tr>
<tr><td>9/9</td><td>糖分积累期</td><td>切开甜菜块茎断面，未发现有病害</td><td></td></tr>
<tr><td>9/13</td><td>糖分积累期</td><td>甜菜长势正常</td><td></td></tr>
<tr><td>9/18</td><td>糖分积累期</td><td>甜菜待收获</td><td></td></tr>
<tr><td colspan="4">甜菜前期出苗较少、长势较好；中期较多植株有疑似病毒病症状，有类似地老虎为害症状；后期植株长势较弱。未发现甜菜检疫性病害，未发现甜菜胞囊线虫</td></tr>
</table>

植物中文名称：甜菜(93～94号甜菜样品)	来源国：德国	种植数量：各品种约150g
隔离种植物类别：□苗木　☑种子　□试管苗　□其他（明确类别）：		
检疫审批单号：10201201402		
种植地点：室外	种植时间：2016年5月6日至2016年9月18日	
种植基础条件： 种植方法：一畦双行覆膜种植，四周种植大豆作为隔离带 株行距：株距20cm，行距40cm 隔离种植作物：大豆		

时间（月/日）	生育期	栽培管理要点或有害生物发生情况记录	记录人
5/7	播种	播种	
5/9	苗期	浇水，尚未有出苗	
5/12	苗期	开始出苗	
5/17	苗期	出苗不均，约30%出苗率	
5/23	苗期	浇水，继续出苗，植株长势正常	
5/27	苗期	植株长势正常	
5/29	苗期	间苗，锄草	
5/31	苗期	植株长势正常	
6/4	叶丛形成期	田间锄草	
6/7	叶丛形成期	间苗，有缺苗现象，不补苗	
6/12	叶丛形成期	部分植株有地老虎、飞甲类昆虫为害症状	
6/15	叶丛形成期	植株长势正常	
6/19	叶丛形成期	植株长势正常，低层叶有烂的现象	
6/22	叶丛形成期	植株长势正常	
6/24	叶丛形成期	部分植株有疑似病毒病症状	
6/30	叶丛形成期	部分植株有疑似病毒病症状，症状主要表现为花叶	
7/5	叶丛形成期	邀请中国农业科学院植物保护研究所病毒专家和线虫专家进行实地调查，并抽样进行实验室检测	
7/18	块根增长期	部分植株有地老虎为害症状，主要表现在叶片上	
7/22	块根增长期	雨水较多，田间待锄草。94号样品甜菜有类似根腐病现象	
7/26	块根增长期	锄草，植株上疑似病毒病症状未见严重，也未见好转，表现仍以花叶为主	
8/5	块根增长期	除有疑似病毒病症状外，其他正常	
8/14	块根增长期	块根形成较好，切开断面，未发现有病害	
8/20	糖分积累期	大豆长势旺盛，已盖住甜菜，虫害、地老虎、根腐病影响不大，大部分甜菜生长良好	
9/1	糖分积累期	正常，近日天旱	
9/9	糖分积累期	切开甜菜块茎断面，未发现有病害	
9/13	糖分积累期	甜菜长势正常	
9/18	糖分积累期	甜菜待收获	
甜菜前期长势较好；中期较多植株有疑似病毒病症状，有类似地老虎为害症状；后期植株长势较弱。未发现甜菜检疫性病害，未发现甜菜胞囊线虫			

<table>
<tr><td colspan="2">植物中文名称:甜菜(95～96号甜菜样品)</td><td>来源国：德国</td><td>种植数量：各品种约150g</td></tr>
<tr><td colspan="4">隔离种植物类别：□苗木　☑种子　□试管苗　□其他（明确类别）：</td></tr>
<tr><td colspan="4">检疫审批单号：10201501315</td></tr>
<tr><td colspan="2">种植地点：室外</td><td colspan="2">种植时间：2016年5月6日至2016年9月18日</td></tr>
<tr><td colspan="4">种植基础条件：
种植方法：一畦双行覆膜种植，四周种植大豆作为隔离带
株行距：株距20cm，行距40cm
隔离种植作物：大豆</td></tr>
<tr><td>时间（月/日）</td><td>生育期</td><td>栽培管理要点或有害生物发生情况记录</td><td>记录人</td></tr>
<tr><td>5/6</td><td>播种</td><td>播种</td><td></td></tr>
<tr><td>5/9</td><td>苗期</td><td>浇水，尚未有出苗</td><td></td></tr>
<tr><td>5/12</td><td>苗期</td><td>开始出苗</td><td></td></tr>
<tr><td>5/17</td><td>苗期</td><td>出苗不均，约30％出苗率</td><td></td></tr>
<tr><td>5/23</td><td>苗期</td><td>浇水，继续出苗，植株长势正常</td><td></td></tr>
<tr><td>5/27</td><td>苗期</td><td>植株长势正常</td><td></td></tr>
<tr><td>5/29</td><td>苗期</td><td>间苗，锄草</td><td></td></tr>
<tr><td>5/31</td><td>苗期</td><td>植株长势正常</td><td></td></tr>
<tr><td>6/4</td><td>叶丛形成期</td><td>田间锄草</td><td></td></tr>
<tr><td>6/7</td><td>叶丛形成期</td><td>间苗，有缺苗现象，不补苗</td><td></td></tr>
<tr><td>6/12</td><td>叶丛形成期</td><td>部分植株有地老虎、飞甲类昆虫为害症状</td><td></td></tr>
<tr><td>6/15</td><td>叶丛形成期</td><td>植株长势正常</td><td></td></tr>
<tr><td>6/19</td><td>叶丛形成期</td><td>植株长势正常，低层叶有烂的现象</td><td></td></tr>
<tr><td>6/22</td><td>叶丛形成期</td><td>植株长势正常</td><td></td></tr>
<tr><td>6/24</td><td>叶丛形成期</td><td>部分植株有疑似病毒病症状</td><td></td></tr>
<tr><td>6/30</td><td>叶丛形成期</td><td>部分植株有疑似病毒病症状，症状主要表现为花叶</td><td></td></tr>
<tr><td>7/5</td><td>叶丛形成期</td><td>邀请中国农业科学院植物保护研究所病毒专家和线虫专家进行实地调查，并抽样进行实验室检测</td><td></td></tr>
<tr><td>7/18</td><td>块根增长期</td><td>部分植株有地老虎为害症状，主要表现在叶片上</td><td></td></tr>
<tr><td>7/22</td><td>块根增长期</td><td>雨水较多，田间待锄草</td><td></td></tr>
<tr><td>7/26</td><td>块根增长期</td><td>锄草，植株上疑似病毒病症状未见严重，也未见好转，表现仍以花叶为主</td><td></td></tr>
<tr><td>8/5</td><td>块根增长期</td><td>除有疑似病毒病症状外，其他正常</td><td></td></tr>
<tr><td>8/14</td><td>块根增长期</td><td>块根形成较好，切开断面，未发现有病害</td><td></td></tr>
<tr><td>8/20</td><td>糖分积累期</td><td>大豆长势旺盛，植株已盖住甜菜。病虫害对甜菜影响不大，大部分甜菜生长良好</td><td></td></tr>
<tr><td>9/1</td><td>糖分积累期</td><td>正常，近日天旱</td><td></td></tr>
<tr><td>9/9</td><td>糖分积累期</td><td>切开甜菜块茎断面，未发现有病害</td><td></td></tr>
<tr><td>9/13</td><td>糖分积累期</td><td>甜菜长势正常</td><td></td></tr>
<tr><td>9/18</td><td>糖分积累期</td><td>甜菜待收获</td><td></td></tr>
<tr><td colspan="3">甜菜前期出苗较少，长势较好；中期较多植株有疑似病毒病症状，有类似地老虎为害症状；后期植株长势较弱。未发现甜菜检疫性病害，未发现甜菜胞囊线虫</td><td></td></tr>
</table>

<table>
<tr><td colspan="2">植物中文名称：甜菜（97 号甜菜样品）</td><td>来源国：德国</td><td>种植数量：约 150g</td></tr>
<tr><td colspan="4">隔离种植物类别：□苗木　☑种子　□试管苗　□其他（明确类别）：</td></tr>
<tr><td colspan="4">检疫审批单号：10201501358</td></tr>
<tr><td colspan="2">种植地点：室外</td><td colspan="2">种植时间：2016 年 5 月 6 日至 2016 年 9 月 18 日</td></tr>
<tr><td colspan="4">种植基础条件：
种植方法：一畦双行覆膜种植，四周种植大豆作为隔离带
株行距：株距 20cm，行距 40cm
隔离种植作物：大豆</td></tr>
</table>

时间（月/日）	生育期	栽培管理要点或有害生物发生情况记录	记录人
5/6	播种	播种	
5/9	苗期	浇水，尚未有出苗	
5/12	苗期	开始出苗	
5/17	苗期	出苗不均，约 30%出苗率	
5/23	苗期	浇水，继续出苗，植株长势正常	
5/27	苗期	植株长势正常	
5/29	苗期	间苗，锄草	
5/31	苗期	植株长势正常	
6/4	叶丛形成期	田间锄草	
6/7	叶丛形成期	间苗，有缺苗现象，不补苗	
6/12	叶丛形成期	部分植株有地老虎、飞甲类昆虫为害症状	
6/15	叶丛形成期	植株长势正常	
6/19	叶丛形成期	植株长势正常，低层叶有烂的现象	
6/22	叶丛形成期	植株长势正常	
6/24	叶丛形成期	部分植株有疑似病毒病症状	
6/30	叶丛形成期	部分植株有疑似病毒病症状，症状主要表现为花叶	
7/5	叶丛形成期	邀请中国农业科学院植物保护研究所病毒专家和线虫专家进行实地调查，并抽样进行实验室检测	
7/18	块根增长期	部分植株有类似地老虎为害症状，主要表现在叶片上	
7/22	块根增长期	雨水较多，田间待锄草	
7/26	块根增长期	锄草，植株上疑似病毒病症状未见严重，也未见好转，表现仍以花叶为主	
8/5	块根增长期	除有疑似病毒病症状外，其他正常	
8/14	块根增长期	块根形成较好，切开断面，未发现有病害	
8/20	糖分积累期	大豆长势旺盛，植株已盖住甜菜。病虫害对甜菜影响不大，大部分甜菜生长良好	
9/1	糖分积累期	正常，近日天旱	
9/9	糖分积累期	切开甜菜块茎断面，未发现有病害	
9/13	糖分积累期	甜菜长势正常	
9/18	糖分积累期	甜菜待收获	
甜菜前期出苗较少，长势较好；中期较多植株有疑似病毒病症状，有类似地老虎为害症状；后期植株长势较弱。未发现甜菜检疫性病害，未发现甜菜胞囊线虫			

植物中文名称：甜菜（98～99号甜菜样品）	来源国：德国	种植数量：各品种约150g
隔离种植物类别：☐苗木 ☑种子 ☐试管苗 ☐其他（明确类别）：		
检疫审批单号：10201501350		
种植地点：室外	种植时间：2016年5月6日至2016年9月18日	
种植基础条件： 种植方法：一畦双行覆膜种植，四周种植大豆作为隔离带 株行距：株距20cm，行距40cm 隔离种植作物：大豆		

时间（月/日）	生育期	栽培管理要点或有害生物发生情况记录	记录人
5/6	播种	播种	
5/9	苗期	浇水，尚未有出苗	
5/12	苗期	开始出苗	
5/17	苗期	出苗不均，约30%出苗率	
5/23	苗期	浇水，继续出苗，植株长势正常	
5/27	苗期	植株长势正常	
5/29	苗期	间苗，锄草	
5/31	苗期	植株长势正常	
6/4	叶丛形成期	田间锄草	
6/7	叶丛形成期	间苗，有缺苗现象，不补苗	
6/12	叶丛形成期	部分植株有地老虎、飞甲类昆虫为害症状	
6/15	叶丛形成期	植株长势正常	
6/19	叶丛形成期	植株长势正常，低层叶有烂的现象	
6/22	叶丛形成期	植株长势正常	
6/24	叶丛形成期	部分植株有疑似病毒病症状	
6/30	叶丛形成期	部分植株有疑似病毒病症状，症状主要表现为花叶	
7/5	叶丛形成期	邀请中国农业科学院植物保护研究所病毒专家和线虫专家进行实地调查，并抽样进行实验室检测	
7/18	块根增长期	部分植株有类似地老虎为害症状，主要表现在叶片上	
7/22	块根增长期	雨水较多，田间待锄草	
7/26	块根增长期	锄草，植株上疑似病毒病症状未见严重，也未见好转，表现仍以花叶为主	
8/5	块根增长期	除有疑似病毒病症状外，其他正常	
8/14	块根增长期	块根形成较好，切开断面，未发现有病害	
8/20	糖分积累期	大豆长势旺盛，植株已盖住甜菜。病虫害对甜菜影响不大，大部分甜菜生长良好	
9/1	糖分积累期	正常，近日天旱	
9/9	糖分积累期	切开甜菜块茎断面，未发现有病害	
9/13	糖分积累期	甜菜长势正常	
9/18	糖分积累期	甜菜待收获	
甜菜前期出苗较少，长势较好；中期较多植株有疑似病毒病症状，有类似地老虎为害症状；后期植株长势较弱。未发现甜菜检疫性病害，未发现甜菜胞囊线虫			

<table>
<tr><td colspan="2">植物中文名称：甜菜（100～122号甜菜样品）</td><td>来源国：比利时</td><td>种植数量：各品种约150g</td></tr>
<tr><td colspan="4">隔离种植物类别：□苗木　☑种子　□试管苗　□其他（明确类别）：</td></tr>
<tr><td colspan="4">检疫审批单号：10201600360</td></tr>
<tr><td colspan="3">种植地点：室外</td><td>种植时间：2016年6月24日至2016年10月16日</td></tr>
<tr><td colspan="4">种植基础条件：
种植方法：一畦双行覆膜种植，四周种植大豆作为隔离带
株行距：株距20cm，行距40cm
隔离种植作物：大豆</td></tr>
<tr><td>时间（月/日）</td><td>生育期</td><td>栽培管理要点或有害生物发生情况记录</td><td>记录人</td></tr>
<tr><td>6/24</td><td>播种</td><td>播种</td><td></td></tr>
<tr><td>6/30</td><td>苗期</td><td>出苗</td><td></td></tr>
<tr><td>7/4</td><td>苗期</td><td>117号样品出苗较少，其他出苗正常</td><td></td></tr>
<tr><td>7/6</td><td>苗期</td><td>植株长势正常</td><td></td></tr>
<tr><td>7/10</td><td>苗期</td><td>间苗</td><td></td></tr>
<tr><td>7/14</td><td>苗期</td><td>植株长势正常</td><td></td></tr>
<tr><td>7/18</td><td>苗期</td><td>锄草</td><td></td></tr>
<tr><td>7/22</td><td>苗期</td><td>间苗，有缺苗现象，不补苗</td><td></td></tr>
<tr><td>7/26</td><td>叶丛形成期</td><td>部分植株有类似地老虎为害症状</td><td></td></tr>
<tr><td>7/30</td><td>叶丛形成期</td><td>植株长势正常</td><td></td></tr>
<tr><td>8/3</td><td>叶丛形成期</td><td>植株长势正常，低层叶有烂的现象</td><td></td></tr>
<tr><td>8/7</td><td>叶丛形成期</td><td>植株长势正常</td><td></td></tr>
<tr><td>8/10</td><td>叶丛形成期</td><td>植株长势正常</td><td></td></tr>
<tr><td>8/14</td><td>叶丛形成期</td><td>较多植株有类似地老虎为害症状，主要表现在叶片上</td><td></td></tr>
<tr><td>8/14</td><td>叶丛形成期</td><td>植株长势正常</td><td></td></tr>
<tr><td>8/18</td><td>叶丛形成期</td><td>未发现植株有病毒病症状</td><td></td></tr>
<tr><td>8/22</td><td>叶丛形成期</td><td>植株长势正常</td><td></td></tr>
<tr><td>8/26</td><td>叶丛形成期</td><td>17～21号出苗率低</td><td></td></tr>
<tr><td>8/30</td><td>叶丛形成期</td><td>植株长势正常</td><td></td></tr>
<tr><td>9/2</td><td>块根增长期</td><td>植株长势正常</td><td></td></tr>
<tr><td>9/6</td><td>块根增长期</td><td>植株长势正常</td><td></td></tr>
<tr><td>9/10</td><td>块根增长期</td><td>植株长势正常，近日天旱</td><td></td></tr>
<tr><td>9/14</td><td>块根增长期</td><td>植株长势正常</td><td></td></tr>
<tr><td>9/18</td><td>块根增长期</td><td>植株长势正常</td><td></td></tr>
<tr><td>9/22</td><td>块根增长期</td><td>甜菜待收获</td><td></td></tr>
<tr><td>9/26</td><td>块根增长期</td><td>植株长势正常</td><td></td></tr>
<tr><td>9/30</td><td>块根增长期</td><td>植株长势正常</td><td></td></tr>
<tr><td>10/2</td><td>糖分积累期</td><td>植株长势正常</td><td></td></tr>
<tr><td>10/8</td><td>糖分积累期</td><td>植株长势正常</td><td></td></tr>
<tr><td>10/12</td><td>糖分积累期</td><td>挖出甜菜根块，切开断面，未发现病害</td><td></td></tr>
<tr><td>10/16</td><td>糖分积累期</td><td>植株长势正常</td><td></td></tr>
<tr><td colspan="3">甜菜前期出苗较少，117号出苗率约30%，其他出苗正常，长势较好；中期有类似地老虎为害症状；后期株苗长势较弱。未发现甜菜检疫性病害，未发现甜菜胞囊线虫</td><td></td></tr>
</table>

植物中文名称：甜菜（123 号甜菜样品）　　来源国：德国　　种植数量：约 150g

隔离种植物类别：□苗木　☑种子　□试管苗　□其他（明确类别）：

检疫审批单号：10201501418

种植地点：室外　　种植时间：2016 年 8 月 16 日至 2016 年 10 月 17 日

种植基础条件：
种植方法：一畦双行覆膜种植，四周种植大豆作为隔离带
株行距：株距 20cm，行距 40cm
隔离种植作物：大豆

时间（月/日）	生育期	栽培管理要点或有害生物发生情况记录	记录人
8/16	播种	播种	
8/24	苗期	出苗率低	
8/28	苗期	出苗总体很少，约 6 株	
9/2	苗期	总体出苗依然较少	
9/6	苗期	间苗，锄草	
9/10	苗期	植株长势正常	
9/14	苗期	锄草	
9/17	苗期	间苗，有缺苗现象，不补苗	
9/12	叶丛形成期	部分植株有类似地老虎为害症状	
9/15	叶丛形成期	植株长势正常	
9/19	叶丛形成期	植株长势正常，低层叶有烂的现象	
9/24	叶丛形成期	植株长势正常	
9/28	叶丛形成期	植株长势正常	
10/2	叶丛形成期	未发现植株有病毒病症状	
10/8	叶丛形成期	植株长势正常	
10/13	叶丛形成期	采样检测病毒	
10/17	叶丛形成期	挖出甜菜根块，切开断面，未发现病害	

甜菜前期出苗较少，约 6 株，陆续出苗，有类似地老虎为害的叶片；后期株苗长势较弱。由于种植较晚，入冬提前结束。未发现甜菜检疫性病害，未发现甜菜胞囊线虫

<table>
<tr><td>植物中文名称：甜菜（124～128号甜菜样品）</td><td colspan="2">来源国：德国</td><td>种植数量：各品种约150g</td></tr>
<tr><td colspan="4">隔离种植物类别：□苗木　☑种子　□试管苗　□其他（明确类别）：</td></tr>
<tr><td colspan="4">检疫审批单号：10201501357</td></tr>
<tr><td colspan="2">种植地点：室外</td><td colspan="2">种植时间：2016年8月16日至2016年10月17日</td></tr>
<tr><td colspan="4">种植基础条件：
种植方法：一畦双行覆膜种植，四周种植大豆作为隔离带
株行距：株距20cm，行距40cm
隔离种植作物：大豆</td></tr>
<tr><td>时间（月/日）</td><td>生育期</td><td>栽培管理要点或有害生物发生情况记录</td><td>记录人</td></tr>
<tr><td>8/16</td><td>播种</td><td>播种</td><td></td></tr>
<tr><td>8/24</td><td>苗期</td><td>出苗，很少。只有两个样品出苗较多</td><td></td></tr>
<tr><td>8/28</td><td>苗期</td><td>出苗总体很少</td><td></td></tr>
<tr><td>9/2</td><td>苗期</td><td>总体出苗依然较少</td><td></td></tr>
<tr><td>9/6</td><td>苗期</td><td>间苗，锄草</td><td></td></tr>
<tr><td>9/10</td><td>苗期</td><td>植株长势正常</td><td></td></tr>
<tr><td>9/14</td><td>苗期</td><td>锄草</td><td></td></tr>
<tr><td>9/17</td><td>苗期</td><td>间苗，有缺苗现象，不补苗</td><td></td></tr>
<tr><td>9/12</td><td>叶丛形成期</td><td>部分植株有类似地老虎为害症状</td><td></td></tr>
<tr><td>9/15</td><td>叶丛形成期</td><td>植株长势正常</td><td></td></tr>
<tr><td>9/19</td><td>叶丛形成期</td><td>植株长势正常，低层叶有烂的现象</td><td></td></tr>
<tr><td>9/24</td><td>叶丛形成期</td><td>植株长势正常</td><td></td></tr>
<tr><td>9/28</td><td>叶丛形成期</td><td>植株长势正常</td><td></td></tr>
<tr><td>10/2</td><td>叶丛形成期</td><td>未发现植株有病毒病症状</td><td></td></tr>
<tr><td>10/8</td><td>叶丛形成期</td><td>植株长势正常</td><td></td></tr>
<tr><td>10/13</td><td>叶丛形成期</td><td>采样检测病毒</td><td></td></tr>
<tr><td>10/17</td><td>叶丛形成期</td><td>挖出甜菜根块，切开断面，未发现病害</td><td></td></tr>
<tr><td colspan="3">甜菜前期出苗较少，1～6株，中期有类似地老虎为害症状，主要表现在叶片上；后期株苗长势较弱。由于种植较晚，入冬提前结束。未发现甜菜检疫性病害，未发现甜菜胞囊线虫</td><td></td></tr>
</table>

>>> 第二章　向日葵种子隔离种植情况

一、国内外向日葵生产情况

向日葵（*Heliauths annuus* L.）属于菊科向日葵属，一年生草本，原产墨西哥。1840 年，匈牙利人首先从向日葵种子中提炼出了油脂，从那时起，向日葵正式成为油料作物。向日葵可分为 3 种类型：食用型、油用型和中间型。向日葵栽培历史较短，但是种植面积和生产水平迅速发展，目前世界各地均有种植，其中俄罗斯、阿根廷、中国、美国、法国和西班牙等国家种植面积较大，现已成为世界第二大油料作物，仅次于大豆。

1. 国外向日葵种植与生产情况

近年来，全世界的向日葵种植面积在 2 000 万 hm^2 以上，总产量在 2 600 万 t 以上，全世界进出口向日葵在 230 万 t 左右。从种植面积来看，俄罗斯最大，年均在 390 万 hm^2 以上，占世界种植总面积的 19%，南部联邦区种植面积呈现下降趋势，伏尔加河沿岸联邦区和中央联邦区每年的种植面积呈现上涨趋势。从总产量来看，阿根廷居世界首位，年均总产量在 440 万 t 左右，占全世界向日葵总产量的 12%左右。从单位面积产量来看，法国居世界首位，平均每公顷单产为 2 300kg，其单产量已接近世界平均水平的 2 倍左右，这是由于法国有较强的科研实力，育种技术处于世界领先水平，良种、良法被农民广泛应用。

2. 我国向日葵种植与生产情况

我国是世界向日葵生产第四大国。2011 年我国向日葵种植面积达 10 000hm^2 左右，总产量 150 万～200 万 t。

我国向日葵的种植地区遍及全国各地，其中主要产区有内蒙古、黑龙江、吉林、山西、陕西、新疆、宁夏、甘肃、河北、辽宁等地。从产量上看，内蒙古向日葵籽产量最大，占全国向日葵籽产量的 40%；其次是新疆，占全国向日葵籽产量的 20%；居第三位的是黑龙江，占全国向日葵籽产量的 13%。从种植面积来看，内蒙古的种植面积始终位于全国第一，并且在 2000—2011 年里，种植面积相对稳定，平均每年的种植面积达到全国种植面积的 33%，其中 2008 年的种植面积占全国的比重最大，已达到 42.3%；山西的种植面积下降速度最快，从 2000 年的第二位下降至 2011 年的第五位，从种植面积 21 万 hm^2 下降至 3.9 万 hm^2，种植面积下降了 81%；黑龙江向日葵的种植面积最大时居全国第二位，面积达到全国种植面积的 18.5%，每年的种植面积相对稳定发展，直到 2011 年，向日葵种植面积下降了 78 个百分点。从种植种类上看，食葵播种面积在逐年扩大，由于食用向日葵的价格比较高，而且单产收入高于油用向日葵，因此，油用向日葵的播种面积在逐年下降。2009 年，全国的整体种植面积已达了 136.7 万 hm^2 左右，其中食用向日葵的种植面积就达到了 66.7 万 hm^2。在育种方面，我国食用向日葵杂交育种和油用向日葵杂交育种工作起步较晚，主要通过从国外引进品种为基础开展育种工作，培育出了一系列新品种。1979 年起，向日葵种植被正式纳入国家计划，成为我国五大油料作物之一（大豆、油菜、花生、芝麻、向日葵）。此后，有很多科研单位开展了向日葵育种工作，促进了我国向日葵种植业的快速发展。但是总体上看，我国向日葵产业发展较慢，产业对种植业的拉动力小，竞争能力弱。

3. 我国向日葵种子引种情况

近十年来，随着国际种子贸易的不断发展，我国引进向日葵种子也在逐年增加（2014—2016 年引进向日葵种子数量和批次见表 2-1）。与国内食用品种及油用品种相比，国外引进向日葵品种在生产上具有优势，主要体现在植株生长整齐、产量高等方面。我国主要的向日葵种子引进国家有美国、法国、智利等（2014—2016 年各个国家出口批次和数量分别见表 2-2、图 2-1、图 2-2、图 2-3），引进品种比较多，各个国家或企业都有一系列自己的优良品种。国内主要引种企业有中国种子集团公司、北京奥立沃种业科技有限公司、北京金色谷雨种业科技有限公司、北京绿冠草业股份有限公司、北京凯福瑞农科技发展有限公司等。

表 2-1　我国 2014—2016 年引进向日葵种子量和批次

	2014 年	2015 年	2016 年（截至 2016 年 10 月）
引进批次（次）	164	160	114
引进量（t）	1 216.424	767.8	207.32

表 2-2　2014—2016 年主要国家（或地区）向中国出口向日葵种子批次情况

国家或地区	2014 年（次）	2015 年（次）	2016 年（截至 2016 年 10 月）（次）
法国	46	40	26
美国	61	51	22
澳大利亚	7	3	1
德国	2	5	3
荷兰	4	4	5
日本	4	12	8
阿根廷	0	2	2
奥地利	0	1	0
波兰	0	1	3
加拿大	0	2	1
土耳其	0	4	1
意大利	0	3	0
印度	0	6	2
西班牙	0	2	1
英国	0	2	0
塞尔维亚共和国	0	1	0
智利	0	0	10

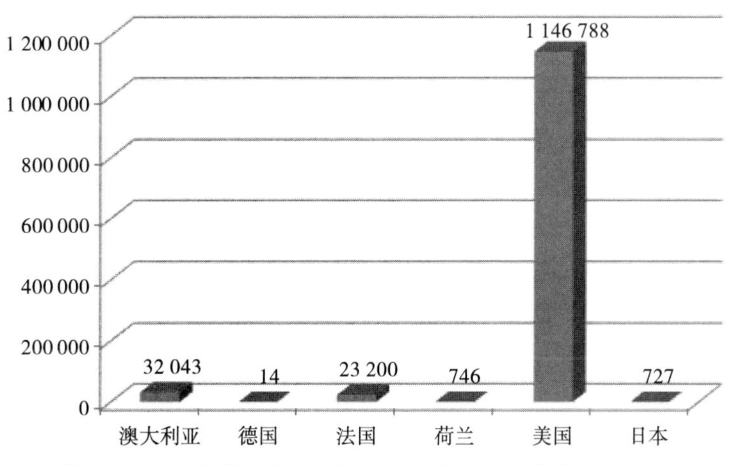

图 2-1　2014 年各国家或地区向中国出口向日葵种子量（kg）

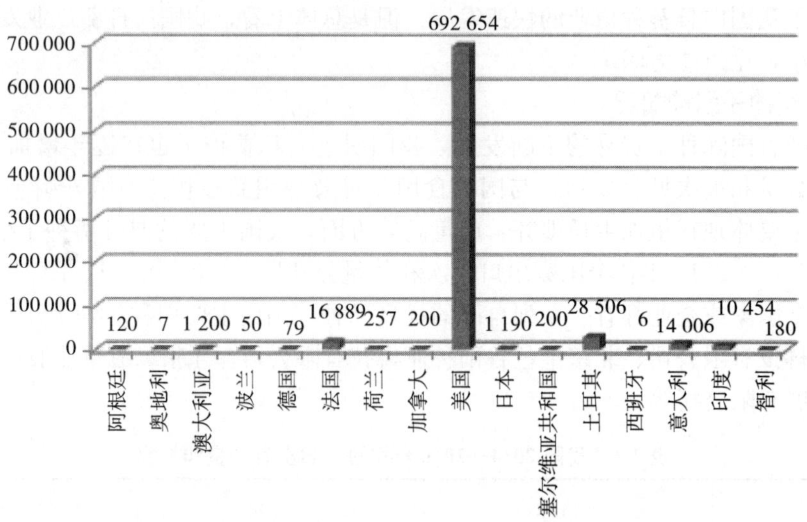

图 2-2　2015 年各国家或地区向中国出口向日葵种子量（kg）

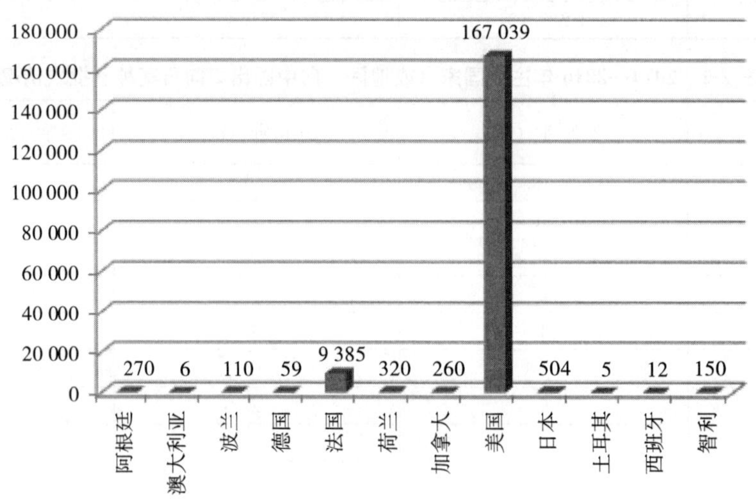

图 2-3　2016 年各国家或地区向中国出口向日葵种子量（kg）

4. 向日葵病虫害

向日葵是病虫害发生较多的作物，据报道统计，世界各地的向日葵病虫害发生种类达 90 种以上，其中欧洲、美国和澳大利亚有 45 种。向日葵病害是限制向日葵生产的主要因素，对向日葵产量和品质都造成了巨大损失，全球每年因病害所造成的向日葵减产达 10%左右。因此，在引进向日葵优良品种的同时，有害生物随种子传入我国的风险极高。

由于我国多次从进境向日葵种子中截获向日葵黑茎病菌，2010 年，农业部和国家质检总局联合发布第 1472 号公告，将向日葵黑茎病列入《中华人民共和国进境植物检疫性有害生物名录》。同年，全国农业技术推广服务中心下发《关于进一步加强向日葵国外引种检疫管理的通知》（农技植保函〔2010〕431 号），要求对每批次引进的向日葵种子提供国外向日葵种子产地官方检疫机构出具的证明，证明该批种子产自没有向日葵黑茎病菌、向日葵白锈病菌、向日葵茎溃疡病菌、烟草环斑病毒、苜蓿黄萎病菌、番茄溃疡病菌、番石竹细菌性萎蔫病菌、油棕猝倒病菌、番茄黑环病毒等检疫性有害生物的地区。

二、引进向日葵种子隔离检疫计划

按照《全国农业技术推广服务中心关于组织开展国外引种隔离试种的通知》（农技植保函〔2016〕26 号）的要求，中心于 2016 年度重点对从国外引进的玉米、番茄、甜菜、多肉植物及百合等种苗进行隔离试种。根据《境外引进种苗隔离检疫规程》（NY/T 1217—2006）的要求，特制订境外引进向日葵种子隔离检疫计划。

1. 隔离种植对象

中文名称：向日葵。

学　　名：*Helianthus annuus* L.。

全国农业技术推广服务中心植物检疫隔离场2016年度共收到国内4家企业需隔离种植的向日葵样品12个，共计12批次。每品种拟种植数量为500g。每个样品向日葵品种名称、来源国家或地区、审批单号、引种单位名称等信息详见表2-3。

拟种植时间：2016年5～10月。

种植地点：全国农业技术推广服务中心植物检疫隔离场隔离温室。

表2-3　2016年隔离试种向日葵种子信息

序号	种子名称	原产地	进口企业	审批单号
1	TP1121	意大利	北京绿冠草业股份有限公司	10201500284
2	X3907（食葵）	美国	北京金色谷雨种业科技有限公司	10201500395
3	X3939（食葵）	美国	北京金色谷雨种业科技有限公司	10201500437
4	金谷FFH702（油葵）	原产地西班牙，出口国法国	北京金色谷雨种业科技有限公司	10201500149
5	A231	美国	北京三瑞农业科技有限公司	10201501216
6	A231	美国	北京三瑞农业科技有限公司	62201500078
7	SH1220	美国	北京三瑞农业科技有限公司	62201501236
8	SH1108	美国	北京三瑞农业科技有限公司	62201501237
9	A463	美国	北京三瑞农业科技有限公司	62201500079
10	SR1320	智利	北京三瑞农业科技有限公司	62201501238
11	SR1322	智利	北京三瑞农业科技有限公司	62201501239
12	向日葵	美国	青岛开心格林农业技术有限公司	37201600257

2. 植物特点

向日葵属菊科向日葵属，一年生草本，适应范围广，具有较强的耐盐碱、耐干旱、耐瘠薄的特性。向日葵是异株、异花授粉作物，自交结实率极低，人工辅助授粉可提高结实率，显著增加产量。辅助授粉时间应安排在全田70%植株开花后2～3d，共需授粉2～3次，时间在晴朗天气9：00～11：00，以及15：00以后。

向日葵对土壤要求不严格，在苏打盐碱土上全盐含量为0.3%～0.4%，氯化物盐土上全盐含量不超过1%时都能正常生长。几乎在各种土地上都能种植且有相应的收成，但要达到高产应选择土层深厚、腐殖质含量高，pH 5.7～8.5的平坦地块，不宜选择低洼易涝地种植。向日葵不宜连作，连作会使土壤养分尤其是钾素过度消耗，应实行轮作，避免因连作苗弱导致病害发生严重，土壤养分偏失，影响今后植株的生长。向日葵对前茬作物的选择并不严格，除了甜菜和深根系牧草外，其他作物均可作为向日葵前茬作物。

向日葵具有苗期生长快、发育早的特点。向日葵植株高大，需肥量较大，需要较多的氮、磷、钾元素，钾肥尤其多，钾与作物光合作用、蛋白质运输及抗病力等都有密切关系。同时，向日葵具有庞大的根系，扎根深、范围广，主根能垂直钻入土壤，深达地下1.5～2.0m，一般要求活土层25～30cm。向日葵种植必须深耕，并结合精细整地。精细整地能有效改善土壤的理化性质，为向日葵生长提供更良好的水、肥、气、热等环境条件。向日葵播期的确定要根据当地气温而定，播期选择的范围较宽，春播适宜的地温为5cm土层连续4～5d稳定在8～10℃。种植密度主要根据土壤性质、气候条件和品种特性等确定，应遵循肥地宜稀，薄地宜密的原则。

3. 栽培与管理方法

同一批次的隔离种植物按照此计划集中种植，不同批次的隔离种植物必须相互隔离，以防止互相污染。

栽培前，隔离设施、介质、盆钵及专用器械应预先进行灭菌处理。如在室外集中隔离种植，需提前对土壤进行是否有甜菜胞囊线虫的检测。且需记录隔离检疫环境的气候条件件数据、田间管理情况等，有特殊要求的作物同时记载其他数据。

根据栽培种类的特点以及货主提供的植物栽培管理资料，采用适当的栽培管理措施。

具体栽培管理措施如下：深翻整地，一般深度超过 25cm，盐碱地块深度要达到 30cm 以上，能有效改善土壤的物理性质，并加深土壤的耕作层，有利于蓄水保墒，为作物高产奠定基础。播种密度一般为行株距（67～70）cm×（70～80）cm，最佳密度 21 500～18 750 株/hm^2。整个生育期，注意现蕾期、开花期和灌浆期 3 次灌水。加强田间管理是向日葵丰产的重要措施，及时定苗、中耕除草、松土、防治病虫害，以保苗、壮苗，提高产量。出苗后出现 1 对真叶立即间苗，在 2～3 对真叶期进行定苗效果最好，每埯留 1 株壮苗，淘汰病弱株及混杂株。

4. 主要监测有害生物及监测方法

（1）生长管理与记录。向日葵隔离试种生长期间，每周 2 次观察生长情况，定时记录生长状况，填写《隔离检疫情况记录表》，发现植株异常现象应在 24h 内报告专职检疫员。

（2）有害生物监测与记录。发现可疑植株应立即挂牌，并进行详细准确的描述和记录，将有害生物发生、发展过程记载于《隔离检疫情况记录表》中；发现可疑的检疫性有害生物，应立即取样送室内检验。

（3）主要监测有害生物。向日葵生产过程中最重要的有害生物是病害，主要是病毒类、细菌类和真菌类。

向日葵茎溃疡病菌（*Diaporthe helianthi* M. Muntanola-Cvetkovic，M. Mihaljcevic & M. Petrov）

向日葵茎溃疡病菌无性态为向日葵褐色莲腐病菌（向日葵拟莲点霉）（*Phomopsis helianthi* M. Muntanola-Cvetkovic et al.），属于半知菌亚门（Deuteromycotina）腔孢纲（Coelomyceres）球壳孢目（Sphaeropsidales）拟莲点霉属（*Phomopsis*）；有性态为向日葵茎溃疡病菌，属于子囊菌亚门（Ascomyxotina）间座壳目（Diaporthales）间座壳科（Diaporthaceae）间座壳属（*Diaporthe*）。该病菌主要分布在美国、墨西哥、摩洛哥、阿根廷、委内瑞拉、保加利亚、波斯尼亚和黑塞哥维那、俄罗斯、法国、克罗地亚、摩尔多瓦、塞尔维亚、斯洛伐克、乌克兰、西班牙、匈牙利、意大利、巴基斯坦等国家或地区。

典型症状：向日葵茎溃疡病菌可在向日葵生育期内侵染所有地上器官。病株花盘小，种子轻。在茎上，围绕叶柄产生枯黄色至淡褐色大型病斑。与茎点霉黑茎病相比，向日葵茎溃疡病病斑更大，有时可达到 15cm，色泽较淡，有日烧状边缘。更严重的是髓部解离，用中指触压，茎秆变形。茎斑可围绕茎秆一周，叶片萎缩枯死，易倒伏。在叶片上，出现各种各样形状沿叶脉或在叶脉之间排列的棕色或黑色斑点（坏死），叶片叶柄逐渐萎蔫、干枯变黑，然后靠近叶柄着生处周围形成棕色斑点。植株下部叶片叶缘先发病，产生褐色坏死斑块，具有或不具有褪绿边缘，病部沿叶脉向下发展到叶柄，进而扩展到茎部。茎上的真菌沿导管系统扩展，分泌毒素和果胶分解酶，茎内局部或全部被破坏，变成空心。在遇到大风的情况下，感染的植株很容易折断。传染也可能向反方向发展，从茎向叶部发展。

向日葵成熟收获后，通常在植株残茬上形成具有子囊孢子的子囊壳。有时在田间病茎上也可产生分生孢子器。春天达到完熟，然后开始释放子囊孢子，侵染向日葵幼苗。每个子囊壳散放期可持续 17 个昼夜，在第 5～6 天放射最强烈。在高湿条件下可在秋季提前完成子囊壳发育。在越冬向日葵茎秆上表皮和表皮下可见分生孢子器，在韧皮部有子囊壳。子囊壳春季大量出现。用分生孢子器接种，不引起侵染，用子囊壳接种，引起侵染。病原菌主要在土壤表面的病残体上越冬，持续高温高湿时发病重。

近距离传播主要由孢子在田间随风雨传播，远距离传播随带菌种子（果壳和果仁）传播。

向日葵白锈病菌［*Albugo tragopogi*（Persoon）Schröter var. *helianthi* Novotelnova］

向日葵白锈病菌属霜霉目（Peronosporales）白锈科（Albuginaceae）白绣菌属（*Albugo*），主要

侵染向日葵。主要分布在法国、匈牙利、俄罗斯、比利时、英国、印度、南非等国家或地区。该病20世纪70年代在澳大利亚普遍发生，1978—1979年间在澳大利亚进行的调查结果表明该病害十分严重。1995年，法国报道该病害在法国的西南部严重发生，造成了产量损失。苏联科学家Enkina对847份向日葵样品进行了检验，发现其中10%的样品被该菌侵染。

该病菌主要为害向日葵叶片、茎秆、叶柄和花萼。多发生在中下部叶片上，严重时可蔓延至上部叶片。发病初期，叶片正面产生淡黄色或淡绿色病斑，直径1～2mm，叶片背面相对应的部位形成突起的白色疱斑，疱斑表皮破裂后散出白色粉末状的孢子囊。严重时，疱斑可相互连接成片，造成病叶发黄枯死。茎秆、叶柄和花萼发病初期，受害部位均会呈现暗黑色水渍状，后期失水、凹陷，产生白色粉末状孢子囊。茎秆发病严重时可造成植株倒伏。

该菌远距离传播主要随种子调运进行扩散。近距离扩散方式主要是自然扩散方式，一是靠游动孢子随水流动而扩散，二是叶面上生出的孢子囊随风吹雨溅在田间短距离扩散，但是自然扩散能力不强。

向日葵黑茎病菌（*Leptosphaeria lindquistii* Frezzi，**无性态** *Phoma macdonaldii* Boerma）

向日葵黑茎病菌属格孢腔菌目（Pleosporales）格孢腔菌科（Pleosporaceae）小球腔菌属（*Leptosphaeria*），目前已知的寄主只有向日葵。国外主要分布在美国、法国等地。

向日葵黑茎病在田间可为害向日葵地上各部位，引起严重的茎斑、叶斑、叶枯、花盘腐烂、茎折倒伏等症状。病田发病率30%～100%，重病田产量损失50%以上，甚至绝收。该病病斑最初发生于叶片及叶柄基部，褐色至黑色，迅速向茎秆扩展，形成黑色椭圆形病斑，病斑最长11.6cm，最短2cm，平均7.39cm，引起叶片萎蔫干枯。茎上常形成大型病斑，病斑黑色，有光泽，具清晰的边缘。严重时，茎上病斑可绕茎，且茎秆全部变黑，甚至全茎变黑腐烂，茎折倒伏。田间发病较早的植株枯死，发病较晚的瘦弱、倒伏。茎秆病部表面生黑色小粒点，即病原菌的分生孢子器。在花盘背面，盘颈和盘颈基部可形成大小不等的褐色病斑，罹病花盘瘦小或干枯，籽粒无法灌浆，使种子产量和含油率降低，造成严重减产。发病严重的田块常成团或成片大面积枯死。

该病菌远距离传播主要靠带病种子调运。近距离传播主要由分生孢子通过雨水飞溅和灌溉水传播。向日葵茎象甲也可传播该病菌，其体表和体内均可携带病菌孢子，在叶片上取食的象甲成虫可引起叶斑，而带菌的幼虫通过在茎秆部钻蛀隧道而传病。

烟草环斑病毒（*Tobacco ringspot nepovirus*，TRSV）

烟草环斑病毒属豇豆花叶病毒科（*Comoviridae*）线虫传多面体病毒属（*Nepovirus*）。国外主要分布在美国（阿肯色州、北卡罗来纳州、宾夕法尼亚州、得克萨斯州、俄亥俄州、佛蒙特州、弗吉尼亚州、华盛顿州、怀俄明州、堪萨斯州、康涅狄格州、肯塔基州、路易斯安那州、马里兰州、马萨诸塞州、密苏里州、密西西比州、密歇根州、明尼苏达州、内布拉斯加州、南达科他州、南卡罗来纳州、纽约州、特拉华州、田纳西州、威斯康星州、西弗吉尼亚州、新泽西州、亚拉巴马州、伊利诺伊州、艾奥瓦州、印第安纳州、佐治亚州等）、加拿大（安大略省、不列颠哥伦比亚省、魁北克省、新布伦瑞克省等）、墨西哥、澳大利亚、巴布亚新几内亚、新西兰、埃及、刚果民主共和国、津巴布韦、马拉维、摩洛哥、尼日利亚、扎伊尔、阿根廷、巴西、秘鲁、委内瑞拉、乌拉圭、奥地利、保加利亚、比利时、波兰、丹麦、德国、俄罗斯、法国、荷兰、捷克、立陶宛、罗马尼亚、葡萄牙、瑞士、塞尔维亚和黑山、土耳其、乌克兰、西班牙、匈牙利、意大利、英国、阿曼、朝鲜、格鲁吉亚、吉尔吉斯斯坦、日本、沙特阿拉伯、斯里兰卡、伊朗、印度、印度尼西亚等国家或地区。

主要为害症状因感染寄主而异。一般在生长季节初始，幼嫩植株上的症状较严重，而在生长季节后期不大显著。通常症状为叶片出现环状或线状纹，褪绿斑或斑驳、坏死斑；根腐烂；茎顶枯；结果少，或所结的果畸形；节间缩短及全株矮缩；个别产量降低，树干木质部有凹陷孔和沟，韧皮部增厚并呈海绵状。

TRSV侵染寄主植物的所有组织，包括分生组织细胞。病毒粒体存在于细胞质和液泡中，分散或聚集成群，有的形成结晶体。在分生组织细胞中也可看到病毒粒体，其他细胞器无变化，而在叶肉细胞中则产生显著病变，包括细胞质中大的膜状内含体的形成、叶绿体基质中植物蛋白的积聚、叶绿体的环绕、细胞膜和液泡膜的囊泡化及瓦解，其中形成的内含体可能是病毒复制的场所。

TRSV 的传播途径多样，病毒从植株到植株可通过种子、嫁接、机械接种、媒介传播。机械接种可运用感染植株汁液接种完成，纯化病毒粒体或病毒基因组 RNA 为一种接种体。病毒的致死温度为 60～65℃，稀释终点为 10^{-3}～10^{-4}，体外存活期 1～2 周。

苜蓿黄萎病菌（*Verticillium albo-atrum* Reinke & Berthold）

苜蓿黄萎病菌属于丛梗孢目（Moniliales）丛梗孢科（Moniliaceae）轮枝霉属（*Verticillium*）。主要寄主有向日葵（*Helianthus annuus*）、苜蓿属（*Medicago*）、挪威槭（*Acer platanoides*）、中华猕猴桃（*Actinidia chinensis*）、落花生（*Arachis hypogaea*）、甜菜（*Beta vulgaris*）、鹰嘴豆（*Cicer arietinum*）、西瓜（*Citrullus lanatus*）、罗马甜瓜（*Cucumis melo* var. *canatalupensis*）、黄瓜（*Cucumis sativus*）、柠檬桉（*Eucalyptus citriodora*）、草莓（*Fragaria ananassa*）、大豆属（*Glycine*）、地中海岩黄芪（*Hedysarum coronarium*）、葎草属（*Humulus*）、啤酒花（*Humulus lupulus*）、羽扇豆属（*Lupinus*）、番茄（*Lycopersicon esculentum*）、草木樨属（*Melilotus*）、驴喜豆（*Onobrychis viciaefolia*）、菜豆属（*Phaseolus*）、豌豆属（*Pisum*）、石榴（*Punica granatum*）、马铃薯（*Solanum tuberosum*）、红车轴草（*Trifolium pratense*）、白车轴草（*Trifolium repens*）、蚕豆（*Vicia faba*）等。主要分布在欧洲各国、日本、加拿大（不列颠哥伦比亚、阿尔伯特、萨斯喀彻温、安大略、新斯科舍、爱德华王子岛、新布瑞斯威克等省）、美国（华盛顿、俄勒冈、艾奥瓦、蒙大拿、威斯康星、明尼苏达、宾夕法尼亚、纽约、怀俄明等州）、墨西哥、新西兰。

发病早期病株上部叶片在温度较高时表现暂时性萎蔫，继而中、下部叶片失绿变黄，严重时变枯白色，整株萎凋，横切病株茎部可见维管束变褐。发病后期植株因生育停滞而严重矮化。该病重要诊断特征还有：①小叶顶端出现 V 形黄色坏死斑块，严重时病叶卷缩扭曲；②病株叶片枯萎，但茎部在较长时间内仍保持绿色；③在潮湿条件下，枯死茎表面敷生灰色霉状物，即病菌的分生孢子梗。

苜蓿黄萎病菌传播途径较多，种子带菌是远距离传播，特别是传入无病地区的主要途径。病区种子普遍带菌，带菌方式除种子表面带菌和混杂的病株残片带菌外，种子内部也可以带菌。

番茄细菌性溃疡病菌［*Clavibacter michiganensis* subsp. *michiganensis*（Smith）Davis et al.］

番茄细菌性溃疡病菌属于原核生物界（Procaryota）厚壁菌门（Firmicutes）棒形杆菌属（*Clavibacter*）。自然寄主主要是番茄、向日葵、龙葵、裂叶茄、小麦、大麦、黑麦、燕麦、西瓜、黄瓜等。国外主要分布在加拿大、美国（包括夏威夷）、墨西哥、多米尼加共和国、古巴、哥斯达黎加、巴拿马、格林纳达，法国瓜德罗普、马提尼克，哥伦比亚、秘鲁、巴西、智利、阿根廷、日本、印度、黎巴嫩、以色列、土耳其、挪威、芬兰、苏联、波兰、匈牙利、德国、奥地利、瑞士、荷兰、比利时、英国、爱尔兰、法国、葡萄牙、意大利、罗马尼亚、保加利亚、希腊、肯尼亚、突尼斯、摩洛哥、乌干达、赞比亚、马达加斯加、津巴布韦、南非、澳大利亚、新西兰、汤加等国家或地区。

番茄细菌性溃疡病是一种维管束系统病害。病原菌的远距离传播主要靠带菌种子。病原菌可随带菌种子、病苗、病残体及土壤传播，形成初侵染，再以飞溅的水滴（如灌溉、雨水）等为载体，从修剪造成的伤口、毛孔或叶毛、根、气孔和其他自然孔口进入植物组织，完成再侵染。在田间或温室，病原菌通过水、培养料和修剪刀传播，伤口、果实上的病斑是通过风雨或喷灌时从病枝叶上滴下的带菌水滴传播的。

香石竹细菌性萎蔫病菌［*Burkholderia caryophylli*（Burkholder）Yabuuchi et al.］

香石竹细菌性萎蔫病菌属于伯克氏菌目（Burkholderiales）伯克氏菌科（Burkholderiaceae）伯克氏菌属（*Burkholderia*）。主要寄主有向日葵、补血草、勿忘我、麝香石竹、锥花石头花、枣等。国外主要分布在美国（宾夕法尼亚州、佛罗里达州、华盛顿州、马萨诸塞州、密苏里州、明尼苏达州、纽约州、伊利诺伊州、艾奥瓦州、印第安纳州等）、阿根廷、巴西、乌拉圭、奥地利、波兰、丹麦、德国、法国、芬兰、荷兰、挪威、瑞典、瑞士、塞尔维亚和黑山、匈牙利、意大利、英国、日本、以色列、印度等国家或地区。

该病菌能为害根、茎、枝、叶等部位，为害严重，植株根部感染后造成根部腐烂，甚至倒伏，芽上产生不连续的褐色斑点，1～2个月后即可整株死亡。病害因病程长短表现为两种类型：一种是新叶卷曲，后变灰绿，萎蔫，根腐烂，植株易于拔出土外；另一种发展过程很慢，病株生长停滞，茎部，尤其是下部节间有深长裂缝，长1～5cm，上部节间裂缝形成之前常出现新芽的萎蔫。横切病株可见维管束变褐。根部也受感染和破坏。

病菌除在插条中存活外，还存活于土壤、沙子以及温室设施及工具上。生长期病菌从病株裂缝经水、昆虫、人的作用传播。经寄主水孔、气孔、机械伤口侵入健株，在维管束中定殖，随植物水分运输扩展至全株。

油棕猝倒病菌（*Pythium splendens* Braun）

油棕猝倒病菌属于腐霉目（Pythiales）腐霉科（Pythiaceae）腐霉属（*Pythium*）。该病菌寄主范围很广，包括玉米（*Zea mays*）、向日葵（*Helianthus annuus*）、大麦（*Hordeum vulgare*）、黄瓜（*Cucumis sativus*）、番薯（*Ipomoea batatas*）、小麦（*Triticum aestivum*）、蚕豆（*Vicia faba*）、豇豆（*Vigna sinensis*）、辣椒属（*Capsicum* spp.）、烟草（*Nautilocalyx lynchei*）、天竺葵属（*Pelargonium* spp.）、秋海棠属（*Begonia* spp.）等250余种植物。国外主要分布在巴拿马、美国、特立尼达和多巴哥、牙买加、澳大利亚、巴布亚新几内亚、斐济、萨摩亚、所罗门群岛、夏威夷群岛、新喀里多尼亚、新西兰、刚果、科特迪瓦、马达加斯加、南非、尼日利亚、坦桑尼亚、巴西、波多黎各、哥伦比亚、爱尔兰、比利时、德国、法国、荷兰、立陶宛、葡萄牙、意大利、英国、阿曼、马来西亚、日本、新加坡、伊朗、印度、印度尼西亚、越南等国家或地区。

为害症状：幼苗受害时常发生腐烂、猝倒、根腐、茎腐、叶腐及植株地上部分变色、萎蔫等症状。往往棕苗的幼根先发病，根部变黑，皮层腐烂脱落，自下而上会陆续出现茎腐，因缺乏水分供给导致叶片呈现黄色、红棕色、紫色、褐色。外部老叶往往先于内部新叶发病死亡。

该病菌以孢子囊的形态在土壤中存活。孢子囊可以在寄主上萌发产生一至数个芽管。病菌常侵染植物籽苗和根部。风、雨水、灌溉、土壤、繁殖材料等均是病菌传播扩散的途径，病菌可随寄主的繁殖材料以及黏附在植物组织上的土壤远距离传播。

番茄黑环病毒（*Tomato black ring virus*，TBRV）

番茄黑环病毒属豇豆花叶病毒科（Comoviridae）线虫传多面体病毒属（*Nepovirus*）。

番茄黑环病毒在欧洲发生很普遍，主要分布在捷克、丹麦、芬兰、法国、德国、希腊、匈牙利、爱尔兰、意大利、摩尔多瓦、荷兰、挪威、波兰、葡萄牙、罗马尼亚、俄罗斯、西班牙、瑞典、英国、苏格兰、印度、日本、土耳其、肯尼亚、摩洛哥以及美洲的巴西、加拿大、圣马丁岛、美国等国家或地区。

番茄黑环病毒的寄主范围很广，能够广泛侵染单子叶和双子叶植物，最主要的寄主是悬钩子属、茶属、草莓属和李属植物中的一些种（特别是桃），如番茄、韭菜、芹菜、甜菜、莴苣、菜豆、大豆、蚕豆、马铃薯、黄瓜、朝鲜蓟、剑百合花、黑莓、覆盆子、茄子、辣椒、葡萄、黑醋栗、桃、芜菁甘蓝、芜菁、水仙、洋葱、胡椒、草莓、烟草等植物。能使番茄上产生黑色环斑，菜豆、甜菜、莴苣、悬钩子上引起环斑，还引起芹菜黄脉，马铃薯“花束和假珊瑚状”，桃新枝矮缩等症状。

该病毒主要随繁殖材料的调运进行远距离传播。

5. 实验室鉴定

对监测中发现的可疑样本进行害虫形态观察、病原菌分离培养等，根据相应方法做出鉴定；如检疫机构所属实验室无法检测确定，应立即送相应专家进行鉴定。

6. 记录与档案管理

详细记录种植时间、栽培管理及有害生物监测数据，各项原始记录连同其他材料妥善保存于植物检疫机构。采集到的样品经鉴定为有疫情的并有保存价值的，可制作成标本，保存于植物检疫机构。

三、向日葵种子隔离检疫情况记录表

植物中文名称：向日葵（1号样品）	来源国：意大利	种植数量：1kg

隔离种植物类别：□苗木　☑种子　□试管苗　□其他（明确类别）：

检疫审批单号：10201500284

种植地点：室外	种植时间：2016年5月13日至2016年9月2日

种植基础条件：
种植方式：一畦双行覆膜种植
株行距：株距80cm，行距100cm
小区设计：共计两个重复，分别为两个小区，随机分布，每个小区面积约333m²，株数约600株

时间（月/日）	生育期	栽培管理要点或有害生物发生情况记录	记录人
5/13	播种	播种第一小区	
5/16	播种	播种第二小区	
5/18	苗期	浇水，尚未有出苗	
5/20	苗期	第一小区出苗，出苗极少，共3株	
5/26	苗期	第二小区出苗，出苗率不足5%。其他正常	
5/27	苗期	浇水，没有新出苗现象	
5/30	苗期	至今未见有新的出苗。其他正常	
6/3	苗期	未见有蚜虫	
6/5	苗期	间苗	
6/11	苗期	喷除草剂精喹禾灵	
6/15	苗期	植株长势正常	
6/19	苗期	田间杂草太多，人工锄草。雨后有个别倒伏现象	
6/23	苗期	植株长势正常	
6/28	现蕾期	未发现病毒病症状	
7/5	现蕾期	邀请中国农业科学院植物保护研究所病毒专家和线虫专家进行实地调查，并抽样进行实验室检测	
7/6	现蕾期	植株长势正常	
7/8	现蕾期	植株长势正常	
7/11	开花期	向日葵开始开花	
7/12	开花期	有向日葵螟为害	
7/16	开花期	植株长势正常	
7/22	成熟期	籽粒形成阶段	
7/26	成熟期	由于雨水过多，向日葵有倒伏现象	
8/1	成熟期	植株长势正常	
8/3	成熟期	种子的结实率不高，为30%～40%	
8/7	成熟期	植株长势正常	
8/11	成熟期	向日葵多数可进入采收	
8/19	成熟期	向日葵植株有疑似病毒病症状	
8/24	成熟期	籽粒接近成熟	
8/28	成熟期	结实率低于50%	
9/2	成熟期	结束	

该样品第一小区播种600株左右的播种量只出苗3株，第二小区出苗率也不足5%，出苗率极低，无法进行有效的田间疫情调查。

经北京市种子管理站检测，该批种子发芽率为0

植物中文名称：向日葵（2号样品）	来源国：美国	种植数量：1kg
隔离种植物类别：□苗木　☑种子　□试管苗　□其他（明确类别）：		
检疫审批单号：10201500395		
种植地点：室外	种植时间：2016年5月13日至2016年9月2日	
种植基础条件： 种植方式：一畦双行覆膜种植 株行距：株距80cm，行距100cm 小区设计：共计两个重复，分别为两个小区，随机分布，每个小区面积约333m²，株数约600株		

时间（月/日）	生育期	栽培管理要点或有害生物发生情况记录	记录人
5/13	播种	播种第一小区	
5/16	播种	播种第二小区	
5/18	苗期	浇水，尚未有出苗	
5/20	苗期	第一小区出苗	
5/26	苗期	第二小区出苗，其他正常	
5/27	苗期	浇水，其他正常	
5/30	苗期	其他正常	
6/3	苗期	未见有蚜虫	
6/5	苗期	间苗	
6/11	苗期	喷除草剂精喹禾灵	
6/15	苗期	植物长势正常	
6/19	苗期	田间杂草太多，需人工锄草，因下雨有个别倒伏现象	
6/23	苗期	植物长势正常	
6/28	现蕾期	正常，未见有蚜虫。花蕾呈小圆盘，发现有类似病毒病症状	
7/5	现蕾期	邀请中国农业科学院植物保护研究所病毒专家和线虫专家进行实地调查，并抽样进行实验室检测	
7/6	现蕾期	整体有疑似病毒病症状，发病相对较轻	
7/8	现蕾期	进入花期	
7/9	开花期	开始开花	
7/12	开花期	有向日葵螟为害	
7/16	开花期	植物长势正常	
7/22	成熟期	籽粒形成	
7/26	成熟期	由于雨水过多向日葵有倒伏现象	
8/1	成熟期	植物长势正常	
8/3	成熟期	植物长势正常	
8/7	成熟期	开始成熟，比其他品种早熟	
8/11	成熟期	向日葵多数可进入采收	
8/15	成熟期	植物长势正常	
8/24	成熟期	籽粒接近成熟	
8/28	成熟期	结实率50%左右	
9/2	成熟期	结束	
2号向日葵样品整体长势较好，疑似病毒病发病较轻，较其他品种早熟。未发现其他检疫性病害			

<table>
<tr><td colspan="2">植物中文名称：向日葵（3号样品）</td><td>来源国：美国</td><td>种植数量：1kg</td></tr>
<tr><td colspan="4">隔离种植物类别：□苗木 ☑种子 □试管苗 □其他（明确类别）：</td></tr>
<tr><td colspan="4">检疫审批单号：10201500437</td></tr>
<tr><td colspan="2">种植地点：室外</td><td colspan="2">种植时间：2016年5月13日至2016年9月2日</td></tr>
<tr><td colspan="4">种植基础条件：
种植方式：一畦双行覆膜种植
株行距：株距80cm，行距100cm
小区设计：共计两个重复，分别为两个小区，随机分布，每个小区面积约333m²，株数约600株</td></tr>
<tr><td>时间（月/日）</td><td>生育期</td><td>栽培管理要点或有害生物发生情况记录</td><td>记录人</td></tr>
<tr><td>5/13</td><td>播种</td><td>播种第一小区</td><td></td></tr>
<tr><td>5/16</td><td>播种</td><td>播种第二小区</td><td></td></tr>
<tr><td>5/18</td><td>苗期</td><td>浇水，尚未有出苗</td><td></td></tr>
<tr><td>5/20</td><td>苗期</td><td>第一小区出苗</td><td></td></tr>
<tr><td>5/26</td><td>苗期</td><td>第二小区出苗</td><td></td></tr>
<tr><td>5/27</td><td>苗期</td><td>浇水，其他正常</td><td></td></tr>
<tr><td>5/30</td><td>苗期</td><td>正常</td><td></td></tr>
<tr><td>6/3</td><td>苗期</td><td>未见有蚜虫</td><td></td></tr>
<tr><td>6/5</td><td>苗期</td><td>间苗</td><td></td></tr>
<tr><td>6/11</td><td>苗期</td><td>喷除草剂精喹禾灵</td><td></td></tr>
<tr><td>6/15</td><td>苗期</td><td>植物长势正常</td><td></td></tr>
<tr><td>6/19</td><td>苗期</td><td>田间杂草太多，开始人工锄草，因下雨有个别倒伏现象</td><td></td></tr>
<tr><td>6/23</td><td>苗期</td><td>植物长势正常</td><td></td></tr>
<tr><td>6/28</td><td>现蕾期</td><td>正常，未见有蚜虫。花蕾呈小圆盘，发现有类似病毒病症状</td><td></td></tr>
<tr><td>7/5</td><td>现蕾期</td><td>邀请中国农业科学院植物保护研究所病毒专家和线虫专家进行实地调查，并抽样进行实验室检测</td><td></td></tr>
<tr><td>7/6</td><td>现蕾期</td><td>有疑似病毒病症状，主要表现为个别植株矮化</td><td></td></tr>
<tr><td>7/8</td><td>现蕾期</td><td>个别花盘有不开花现象</td><td></td></tr>
<tr><td>7/12</td><td>开花期</td><td>开始开花，有向日葵螟为害</td><td></td></tr>
<tr><td>7/13</td><td>开花期</td><td>抽样检测病毒</td><td></td></tr>
<tr><td>7/22</td><td>成熟期</td><td>籽粒形成</td><td></td></tr>
<tr><td>7/26</td><td>成熟期</td><td>由于雨水过多向日葵有倒伏现象</td><td></td></tr>
<tr><td>8/3</td><td>成熟期</td><td>种子结实率不高，为30%～40%</td><td></td></tr>
<tr><td>8/7</td><td>成熟期</td><td>花盘有向日葵螟为害</td><td></td></tr>
<tr><td>8/11</td><td>成熟期</td><td>向日葵多数可采收</td><td></td></tr>
<tr><td>8/24</td><td>成熟期</td><td>籽粒接近成熟</td><td></td></tr>
<tr><td>8/28</td><td>成熟期</td><td>结实率低于50%</td><td></td></tr>
<tr><td>9/2</td><td>成熟期</td><td>结束</td><td></td></tr>
<tr><td colspan="3">3号出苗较整齐，整体长势良好，少部分植株发现疑似病毒病症状，结实率较低。10月12日请专家进行田间采样种子复检以及原种子室内检测</td><td></td></tr>
</table>

<table>
<tr><td colspan="2">植物中文名称：向日葵（4号样品）</td><td>来源国：西班牙</td><td>种植数量：1kg</td></tr>
<tr><td colspan="4">隔离种植物类别：□苗木　☑种子　□试管苗　□其他（明确类别）：</td></tr>
<tr><td colspan="4">检疫审批单号：10201500149</td></tr>
<tr><td colspan="3">种植地点：室外</td><td>种植时间：2016年5月13日至2016年9月2日</td></tr>
<tr><td colspan="4">种植基础条件：
种植方式：一畦双行覆膜种植
株行距：株距80cm，行距100cm
小区设计：共计两个重复，分别为两个小区，随机分布，每个小区面积约333m²，株数约600株</td></tr>
<tr><td>时间（月/日）</td><td>生育期</td><td>栽培管理要点或有害生物发生情况记录</td><td>记录人</td></tr>
<tr><td>5/13</td><td>播种</td><td>第一小区播种</td><td></td></tr>
<tr><td>5/16</td><td>播种</td><td>第二小区播种</td><td></td></tr>
<tr><td>5/18</td><td>苗期</td><td>浇水，尚未有出苗</td><td></td></tr>
<tr><td>5/20</td><td>苗期</td><td>第一小区出苗，出苗率较低，为30%～40%</td><td></td></tr>
<tr><td>5/26</td><td>苗期</td><td>第二小区出苗，出苗率较低，为30%～40%</td><td></td></tr>
<tr><td>5/27</td><td>苗期</td><td>浇水，其他正常</td><td></td></tr>
<tr><td>5/30</td><td>苗期</td><td>正常</td><td></td></tr>
<tr><td>6/3</td><td>苗期</td><td>未见有蚜虫</td><td></td></tr>
<tr><td>6/5</td><td>苗期</td><td>间苗</td><td></td></tr>
<tr><td>6/11</td><td>苗期</td><td>喷除草剂精喹禾灵，第二小区出苗仍不足50%</td><td></td></tr>
<tr><td>6/15</td><td>苗期</td><td>植物长势正常</td><td></td></tr>
<tr><td>6/19</td><td>苗期</td><td>田间杂草太多，需人工锄草，因下雨有个别倒伏现象</td><td></td></tr>
<tr><td>6/23</td><td>苗期</td><td>植物长势正常</td><td></td></tr>
<tr><td>6/28</td><td>现蕾期</td><td>正常，未见有蚜虫。花蕾呈小圆盘，发现有类似病毒病症状</td><td></td></tr>
<tr><td>7/5</td><td>现蕾期</td><td>邀请中国农业科学院植物保护研究所病毒专家和线虫专家进行实地调查，并抽样进行实验室检测</td><td></td></tr>
<tr><td>7/6</td><td>现蕾期</td><td>田间植株有疑似病毒病症状，主要表现为花叶和斑驳</td><td></td></tr>
<tr><td>7/8</td><td>现蕾期</td><td>待开花</td><td></td></tr>
<tr><td>7/12</td><td>开花期</td><td>花盘有向日葵螟为害</td><td></td></tr>
<tr><td>7/16</td><td>开花期</td><td>有疑似病毒病症状，对植株生长影响较小</td><td></td></tr>
<tr><td>7/22</td><td>成熟期</td><td>籽粒形成</td><td></td></tr>
<tr><td>7/26</td><td>成熟期</td><td>由于雨水过多向日葵有倒伏现象</td><td></td></tr>
<tr><td>8/3</td><td>成熟期</td><td>结实率70%～80%，种子的结实率尚可</td><td></td></tr>
<tr><td>8/11</td><td>成熟期</td><td>向日葵多数可进入采收</td><td></td></tr>
<tr><td>8/24</td><td>成熟期</td><td>籽粒接近成熟</td><td></td></tr>
<tr><td>9/2</td><td>成熟期</td><td>结束</td><td></td></tr>
<tr><td colspan="3">该样品出苗率不高，两批次皆不足50%。成株结实率为70%～80%。有疑似病毒病症状，后期不影响产量。监测期间未发现其他检疫性有害生物</td><td></td></tr>
</table>

<table>
<tr><td colspan="2">植物中文名称：向日葵（5 号样品）</td><td>来源国：美国</td><td>种植数量：1kg</td></tr>
<tr><td colspan="4">隔离种植物类别：□苗木 ☑种子 □试管苗 □其他（明确类别）：</td></tr>
<tr><td colspan="4">检疫审批单号：10201501216</td></tr>
<tr><td colspan="3">种植地点：室外</td><td>种植时间：2016 年 5 月 13 日至 2016 年 9 月 2 日</td></tr>
<tr><td colspan="4">种植基础条件：
种植方式：一畦双行覆膜种植
株行距：株距 80cm，行距 100cm
小区设计：共计两个重复，分别为两个小区，随机分布，每个小区面积约 $333m^2$，株数约 600 株</td></tr>
<tr><td>时间（月/日）</td><td>生育期</td><td>栽培管理要点或有害生物发生情况记录</td><td>记录人</td></tr>
<tr><td>5/13</td><td>播种</td><td>第一小区播种</td><td></td></tr>
<tr><td>5/16</td><td>播种</td><td>第二小区播种</td><td></td></tr>
<tr><td>5/18</td><td>苗期</td><td>浇水，尚未有出苗</td><td></td></tr>
<tr><td>5/20</td><td>苗期</td><td>第一小区出苗，50%～60%的出苗率</td><td></td></tr>
<tr><td>5/26</td><td>苗期</td><td>第二小区出苗，50%～60%的出苗率</td><td></td></tr>
<tr><td>5/27</td><td>苗期</td><td>浇水，其他正常</td><td></td></tr>
<tr><td>5/30</td><td>苗期</td><td>正常</td><td></td></tr>
<tr><td>6/3</td><td>苗期</td><td>未见有蚜虫</td><td></td></tr>
<tr><td>6/5</td><td>苗期</td><td>间苗</td><td></td></tr>
<tr><td>6/11</td><td>苗期</td><td>喷除草剂精喹禾灵</td><td></td></tr>
<tr><td>6/15</td><td>苗期</td><td>植株长势正常</td><td></td></tr>
<tr><td>6/19</td><td>苗期</td><td>田间杂草太多，需人工锄草，因下雨有个别倒伏现象</td><td></td></tr>
<tr><td>6/23</td><td>苗期</td><td>植株长势正常</td><td></td></tr>
<tr><td>6/28</td><td>现蕾期</td><td>正常，未见有蚜虫。花蕾呈小圆盘，发现有类似病毒病症状</td><td></td></tr>
<tr><td>7/5</td><td>现蕾期</td><td>邀请中国农业科学院植物保护研究所病毒专家和线虫专家进行实地调查，并抽样进行实验室检测</td><td></td></tr>
<tr><td>7/6</td><td>现蕾期</td><td>植株长势正常</td><td></td></tr>
<tr><td>7/8</td><td>现蕾期</td><td>待开花</td><td></td></tr>
<tr><td>7/12</td><td>开花期</td><td>有向日葵螟为害</td><td></td></tr>
<tr><td>7/22</td><td>成熟期</td><td>籽粒形成</td><td></td></tr>
<tr><td>7/26</td><td>成熟期</td><td>由于雨水过多向日葵有倒伏现象</td><td></td></tr>
<tr><td>8/1</td><td>成熟期</td><td>籽粒基本形成</td><td></td></tr>
<tr><td>8/3</td><td>成熟期</td><td>种子的结实率不高，为 30%～40%</td><td></td></tr>
<tr><td>8/11</td><td>成熟期</td><td>向日葵多数可进入采收</td><td></td></tr>
<tr><td>8/15</td><td>成熟期</td><td>向日葵早衰，柱形小，有疑似黑斑病症状</td><td></td></tr>
<tr><td>8/24</td><td>成熟期</td><td>籽粒接近成熟，有疑似黑斑病症状</td><td></td></tr>
<tr><td>8/28</td><td>成熟期</td><td>结实率 50%以下</td><td></td></tr>
<tr><td>9/2</td><td>成熟期</td><td>结束</td><td></td></tr>
<tr><td colspan="3">该样品出苗率不高，株型较小，结实率较低，后期有疑似黑斑病症状，未发现其他检疫性有害生物</td><td></td></tr>
</table>

植物中文名称：向日葵（6号样品）	来源国：美国	种植数量：1kg

隔离种植物类别：□苗木　☑种子　□试管苗　□其他（明确类别）：

检疫审批单号：62201500078

种植地点：室外　　种植时间：2016年5月13日至2016年9月2日

种植基础条件：
种植方式：一畦双行覆膜种植
株行距：株距80cm，行距100cm
小区设计：共计两个重复，分别为两个小区，随机分布，每个小区面积约333m²，株数约600株

时间（月/日）	生育期	栽培管理要点或有害生物发生情况记录	记录人
5/13	播种	第一小区播种	
5/16	播种	第二小区播种	
5/18	苗期	浇水，尚未有出苗	
5/20	苗期	第一小区出苗，出苗率相对不高，为50%～60%	
5/26	苗期	第二小区出苗，出苗率相对不高，为50%～60%	
5/27	苗期	浇水，其他正常	
5/30	苗期	正常	
6/3	苗期	未见有蚜虫	
6/5	苗期	间苗	
6/11	苗期	喷除草剂精喹禾灵	
6/15	苗期	植株长势正常	
6/19	苗期	田间杂草太多，需人工锄草，因下雨有个别倒伏现象	
6/23	苗期	植株长势正常	
6/28	现蕾期	正常，未见有蚜虫。花蕾呈小圆盘，发现有类似病毒病症状	
7/5	现蕾期	邀请中国农业科学院植物保护研究所病毒专家和线虫专家进行实地调查，并抽样进行实验室检测	
7/6	现蕾期	只有极少部分植株有疑似病毒病症状	
7/8	现蕾期	待开花	
7/12	开花期	有向日葵螟为害	
7/22	成熟期	籽粒形成	
7/26	成熟期	由于雨水过多向日葵有倒伏现象	
8/3	成熟期	种子结实率不高，为30%～40%	
8/11	成熟期	向日葵多数可进入采收	
8/15	成熟期	向日葵早衰，株型小，有似黑斑病症状	
8/24	成熟期	籽粒接近成熟，有疑似黑斑病症状	
8/28	成熟期	结实率50%以下	
9/2	成熟期	结束	
该样品出苗率不高，结实率较低，极少部分植株发现疑似病毒病症状，后期有疑似黑斑病症状。未发现其他检疫性有害生物			

<table>
<tr><td colspan="2">植物中文名称：向日葵（7 号样品）</td><td>来源国：美国</td><td>种植数量：1kg</td></tr>
<tr><td colspan="4">隔离种植物类别：□苗木 ☑种子 □试管苗 □其他（明确类别）：</td></tr>
<tr><td colspan="4">检疫审批单号：62201501236</td></tr>
<tr><td colspan="2">种植地点：室外</td><td colspan="2">种植时间：2016 年 5 月 13 日至 2016 年 9 月 2 日</td></tr>
<tr><td colspan="4">种植基础条件：
种植方式：一畦双行覆膜种植
株行距：株距 80cm，行距 100cm
小区设计：共计两个重复，分别为两个小区，随机分布，每个小区面积约 333m²，株数约 600 株</td></tr>
<tr><td>时间（月/日）</td><td>生育期</td><td>栽培管理要点或有害生物发生情况记录</td><td>记录人</td></tr>
<tr><td>5/13</td><td>播种</td><td>第一小区播种</td><td></td></tr>
<tr><td>5/16</td><td>播种</td><td>第二小区播种</td><td></td></tr>
<tr><td>5/18</td><td>苗期</td><td>浇水，尚未有出苗</td><td></td></tr>
<tr><td>5/20</td><td>苗期</td><td>第一小区出苗</td><td></td></tr>
<tr><td>5/26</td><td>苗期</td><td>第二小区出苗</td><td></td></tr>
<tr><td>5/27</td><td>苗期</td><td>浇水，其他正常</td><td></td></tr>
<tr><td>5/30</td><td>苗期</td><td>正常</td><td></td></tr>
<tr><td>6/3</td><td>苗期</td><td>未见有蚜虫</td><td></td></tr>
<tr><td>6/5</td><td>苗期</td><td>间苗</td><td></td></tr>
<tr><td>6/11</td><td>苗期</td><td>喷除草剂精喹禾灵，4 号出苗率仍不足 50%</td><td></td></tr>
<tr><td>6/15</td><td>苗期</td><td>植株长势正常</td><td></td></tr>
<tr><td>6/19</td><td>苗期</td><td>田间杂草太多，需人工锄草，因下雨有个别倒伏现象</td><td></td></tr>
<tr><td>6/23</td><td>苗期</td><td>植株长势正常</td><td></td></tr>
<tr><td>6/28</td><td>现蕾期</td><td>正常，未见有蚜虫。花蕾呈小圆盘</td><td></td></tr>
<tr><td>7/5</td><td>现蕾期</td><td>未发现病毒病症状</td><td></td></tr>
<tr><td>7/6</td><td>现蕾期</td><td>植株长势正常</td><td></td></tr>
<tr><td>7/12</td><td>开花期</td><td>有向日葵螟为害</td><td></td></tr>
<tr><td>7/13</td><td>开花期</td><td>抽样检测病毒</td><td></td></tr>
<tr><td>7/22</td><td>成熟期</td><td>籽粒形成</td><td></td></tr>
<tr><td>7/26</td><td>成熟期</td><td>由于雨水过多向日葵有倒伏现象</td><td></td></tr>
<tr><td>8/3</td><td>成熟期</td><td>种子的结实率不高，为 30%～40%</td><td></td></tr>
<tr><td>8/11</td><td>成熟期</td><td>向日葵多数可进入采收</td><td></td></tr>
<tr><td>8/24</td><td>成熟期</td><td>籽粒接近成熟</td><td></td></tr>
<tr><td>8/28</td><td>成熟期</td><td>结实率较低，约 50%</td><td></td></tr>
<tr><td>9/2</td><td>成熟期</td><td>结束</td><td></td></tr>
<tr><td colspan="3">该样品整体良好，未发现病毒，成熟较晚，未发现其他检疫性有害生物</td><td></td></tr>
</table>

<table>
<tr><td colspan="2">植物中文名称：向日葵（8号样品）</td><td>来源国：美国</td><td>种植数量：1kg</td></tr>
<tr><td colspan="4">隔离种植物类别：□苗木 ☑种子 □试管苗 □其他（明确类别）：</td></tr>
<tr><td colspan="4">检疫审批单号：62201501237</td></tr>
<tr><td colspan="3">种植地点：室外</td><td>种植时间：2016年5月13日至2016年9月2日</td></tr>
<tr><td colspan="4">种植基础条件：
种植方式：一畦双行覆膜种植
株行距：株距80cm，行距100cm
小区设计：共计两个重复，分别为两个小区，随机分布，每个小区面积约333m²，株数约600株</td></tr>
<tr><td>时间（月/日）</td><td>生育期</td><td>栽培管理要点或有害生物发生情况记录</td><td>记录人</td></tr>
<tr><td>5/13</td><td>播种</td><td>播种第一小区</td><td></td></tr>
<tr><td>5/17</td><td>播种</td><td>播种第二小区</td><td></td></tr>
<tr><td>5/18</td><td>苗期</td><td>浇水，尚未有出苗</td><td></td></tr>
<tr><td>5/20</td><td>苗期</td><td>第一小区出苗，出苗率相对较好，约90%</td><td></td></tr>
<tr><td>5/26</td><td>苗期</td><td>第二小区出苗</td><td></td></tr>
<tr><td>5/27</td><td>苗期</td><td>浇水，其他正常</td><td></td></tr>
<tr><td>5/30</td><td>苗期</td><td>正常</td><td></td></tr>
<tr><td>6/3</td><td>苗期</td><td>未见有蚜虫</td><td></td></tr>
<tr><td>6/5</td><td>苗期</td><td>间苗</td><td></td></tr>
<tr><td>6/11</td><td>苗期</td><td>喷除草剂精喹禾灵</td><td></td></tr>
<tr><td>6/15</td><td>苗期</td><td>植株长势正常</td><td></td></tr>
<tr><td>6/19</td><td>苗期</td><td>田间杂草太多，需人工锄草，因下雨有个别倒伏现象</td><td></td></tr>
<tr><td>6/23</td><td>苗期</td><td>植株长势正常</td><td></td></tr>
<tr><td>6/28</td><td>现蕾期</td><td>正常，未见有蚜虫。花蕾呈小圆盘，发现有类似病毒病症状</td><td></td></tr>
<tr><td>7/5</td><td>现蕾期</td><td>邀请中国农业科学院植物保护研究所病毒专家与线虫专家进行实地调查，并抽样进行实验室检测</td><td></td></tr>
<tr><td>7/6</td><td>现蕾期</td><td>有疑似病毒病症状发生，相对其他样品较严重，几乎全部发病</td><td></td></tr>
<tr><td>7/8</td><td>现蕾期</td><td>待开花</td><td></td></tr>
<tr><td>7/12</td><td>开花期</td><td>开始开花，有向日葵螟为害</td><td></td></tr>
<tr><td>7/22</td><td>成熟期</td><td>籽粒形成</td><td></td></tr>
<tr><td>7/26</td><td>成熟期</td><td>由于雨水过多向日葵有倒伏现象</td><td></td></tr>
<tr><td>8/1</td><td>成熟期</td><td>疑似病毒病后期对植株生长发育相对影响较小</td><td></td></tr>
<tr><td>8/3</td><td>成熟期</td><td>结实率不高，为30%～40%</td><td></td></tr>
<tr><td>8/7</td><td>成熟期</td><td>叶片几乎恢复正常</td><td></td></tr>
<tr><td>8/11</td><td>成熟期</td><td>向日葵多数可进入采收</td><td></td></tr>
<tr><td>8/24</td><td>成熟期</td><td>籽粒接近成熟</td><td></td></tr>
<tr><td>8/28</td><td>成熟期</td><td>结实率50%左右</td><td></td></tr>
<tr><td>9/2</td><td>成熟期</td><td>结束</td><td></td></tr>
<tr><td colspan="3">该样品早期出苗整齐、表现较好；中期有疑似病毒病发生，且发病较重；后期长势逐渐恢复，结实率约50%。经专家检测发现有未知病毒，10月12日带原种子和田间采样种子进行实验室复检</td><td></td></tr>
</table>

植物中文名称：向日葵（9号样品）	来源国：美国	种植数量：1kg
隔离种植物类别：□苗木 ☑种子 □试管苗 □其他（明确类别）：		
检疫审批单号：62201500079		
种植地点：室外	种植时间：2016年5月13日至2016年9月2日	
种植基础条件： 种植方式：一畦双行覆膜种植 株行距：株距80cm，行距100cm 小区设计：共计两个重复，分别为两个小区，随机分布，每个小区面积约333m²，株数约600株		

时间（月/日）	生育期	栽培管理要点或有害生物发生情况记录	记录人
5/13	播种	第一小区播种	
5/16	播种	第二小区播种	
5/18	苗期	浇水，尚未有出苗	
5/20	苗期	第一小区出苗	
5/26	苗期	第二小区出苗	
5/27	苗期	浇水，其他正常	
5/30	苗期	正常	
6/3	苗期	未见有蚜虫	
6/5	苗期	间苗	
6/11	苗期	喷除草剂精喹禾灵	
6/15	苗期	植株长势正常	
6/19	苗期	田间杂草太多，需人工锄草，因下雨有个别倒伏现象	
6/23	苗期	植株长势正常	
6/28	现蕾期	正常，未见有蚜虫。花蕾呈小圆盘	
7/5	现蕾期	未发现有病毒病症状。邀请中国农业科学院植物保护研究所病毒专家和线虫专家进行实地调查，并抽样进行实验室检测	
7/6	现蕾期	未发现有病毒病症状	
7/8	现蕾期	待开花	
7/12	开花期	有向日葵螟为害	
7/16	开花期	抽样检测病毒	
7/22	成熟期	籽粒形成	
7/26	成熟期	由于雨水过多向日葵有倒伏现象	
8/1	成熟期	植株长势正常	
8/3	成熟期	种子结实率不高，为30%～40%	
8/11	成熟期	向日葵多数可进入采收	
8/15	成熟期	植株长势正常	
8/24	成熟期	籽粒接近成熟	
8/28	成熟期	结实率50%以下	
9/2	成熟期	结束	
该样品整体生长良好，未发现有疑似病毒病发生，未发现其他检疫性有害生物			

<table>
<tr><td colspan="2">植物中文名称：向日葵（11 号样品）</td><td>来源国：智利</td><td>种植数量：1kg</td></tr>
<tr><td colspan="4">隔离种植物类别：□苗木　☑种子　□试管苗　□其他（明确类别）：</td></tr>
<tr><td colspan="4">检疫审批单号：62201501239</td></tr>
<tr><td colspan="2">种植地点：室外</td><td colspan="2">种植时间：2016 年 5 月 13 日至 2016 年 9 月 2 日</td></tr>
<tr><td colspan="4">种植基础条件：
种植方式：一畦双行覆膜种植
株行距：株距 80cm，行距 100cm
小区设计：共计两个重复，分别为两个小区，随机分布，每个小区面积约 333m^2，株数约 600 株</td></tr>
<tr><td>时间（月/日）</td><td>生育期</td><td>栽培管理要点或有害生物发生情况记录</td><td>记录人</td></tr>
<tr><td>5/16</td><td>播种</td><td>播种第一、二小区</td><td></td></tr>
<tr><td>5/18</td><td>苗期</td><td>浇水，尚未有出苗</td><td></td></tr>
<tr><td>5/20</td><td>苗期</td><td>种子开始发芽，但未出苗</td><td></td></tr>
<tr><td>5/26</td><td>苗期</td><td>出苗，其他正常</td><td></td></tr>
<tr><td>5/30</td><td>苗期</td><td>浇水，其他正常</td><td></td></tr>
<tr><td>6/3</td><td>苗期</td><td>未见有蚜虫</td><td></td></tr>
<tr><td>6/5</td><td>苗期</td><td>间苗</td><td></td></tr>
<tr><td>6/11</td><td>苗期</td><td>喷除草剂精喹禾灵</td><td></td></tr>
<tr><td>6/15</td><td>苗期</td><td>植株长势正常</td><td></td></tr>
<tr><td>6/19</td><td>苗期</td><td>田间杂草太多，需人工锄草，因下雨有个别倒伏现象</td><td></td></tr>
<tr><td>6/23</td><td>苗期</td><td>植株长势正常</td><td></td></tr>
<tr><td>6/28</td><td>现蕾期</td><td>正常，未见有蚜虫。花蕾呈小圆盘，发现有类似病毒病症状</td><td></td></tr>
<tr><td>7/5</td><td>现蕾期</td><td>邀请中国农业科学院植物保护研究所病毒专家和线虫专家进行实地调查，并抽样进行实验室检测</td><td></td></tr>
<tr><td>7/6</td><td>现蕾期</td><td>有疑似病毒病症状，主要表现为花叶</td><td></td></tr>
<tr><td>7/8</td><td>现蕾期</td><td>待开花</td><td></td></tr>
<tr><td>7/11</td><td>开花期</td><td>开始开花</td><td></td></tr>
<tr><td>7/16</td><td>开花期</td><td>开花较少</td><td></td></tr>
<tr><td>7/22</td><td>开花期</td><td>籽粒形成</td><td></td></tr>
<tr><td>7/26</td><td>成熟期</td><td>由于雨水过多向日葵有倒伏现象</td><td></td></tr>
<tr><td>8/3</td><td>成熟期</td><td>种子结实率不高，为 30%～40%</td><td></td></tr>
<tr><td>8/7</td><td>成熟期</td><td>相对其他样品成熟较晚</td><td></td></tr>
<tr><td>8/11</td><td>成熟期</td><td>向日葵多数可进入采收</td><td></td></tr>
<tr><td>8/24</td><td>成熟期</td><td>籽粒接近成熟</td><td></td></tr>
<tr><td>8/28</td><td>成熟期</td><td>结实率 50%左右</td><td></td></tr>
<tr><td>9/2</td><td>成熟期</td><td>结束</td><td></td></tr>
<tr><td colspan="3">该样品长势相对良好，较晚熟，有疑似病毒病症状，未发现其他检疫性有害生物</td><td></td></tr>
</table>

植物中文名称：向日葵（12 号样品）	来源国：美国	种植数量：1kg	
隔离种植物类别：□苗木　☑种子　□试管苗　□其他（明确类别）：			
检疫审批单号：37201600257			
种植地点：室外		种植时间：2016 年 5 月 13 日至 2016 年 9 月 2 日	
种植基础条件： 种植方式：一畦双行覆膜种植 株行距：株距 80cm，行距 100cm 小区设计：共计两个重复，分别为两个小区，随机分布，每个小区面积约 $333m^2$，株数约 600 株			
时间（月/日）	生育期	栽培管理要点或有害生物发生情况记录	记录人
5/16	播种	播种第一、二小区	
5/18	苗期	浇水，尚未有出苗	
5/20	苗期	种子出芽，尚未出苗	
5/26	苗期	出苗，第一小区出苗率不高，约 60%，其他正常	
5/30	苗期	浇水，其他正常	
6/3	苗期	未见有蚜虫	
6/5	苗期	间苗	
6/11	苗期	喷除草剂精喹禾灵，4 号出苗率仍不足 50%	
6/15	苗期	植株长势正常	
6/19	苗期	田间杂草太多，需人工锄草，因下雨有个别倒伏现象	
6/23	苗期	植株长势正常	
6/28	现蕾期	正常，未见有蚜虫。花蕾呈小圆盘，发现有类似病毒病症状	
7/4	现蕾期	邀请中国农业科学院植物保护研究所病毒专家和线虫专家进行实地调查，并抽样进行实验室检测	
7/8	现蕾期	待开花	
7/12	开花期	有向日葵螟为害	
7/26	成熟期	由于雨水过多向日葵有倒伏现象	
8/1	成熟期	疑似病毒病症状转轻	
8/3	成熟期	种子结实率不高，为 30%～40%	
8/11	成熟期	向日葵多数可进入采收	
8/24	成熟期	籽粒接近成熟	
8/28	成熟期	结实率较低	
9/2	成熟期	结束	
该样品长势良好，结实率不高，有疑似病毒病症状，后期转轻，经检测未发现其他检疫性有害生物			

>>> 第三章　百合种球隔离种植情况

一、国内外百合种球生产情况

百合（*Lilium brownii* var. *viridulum*）为百合科（Liliaceae）百合属（*Lilium*）植物，属多年生草本，是主要的切花观赏花卉之一。百合花色彩鲜艳、花姿雅致，是一种高品位、高档次的切花。百合作为世界第五大切花，在世界花卉市场中占据非常重要的地位。

1. 国外百合种植与生产情况

百合种球的生产在世界范围内主要集中在 10 个国家，生产面积最大的是荷兰，达 4 280hm^2，占全球总面积的 76%，其次有法国（401hm^2）、智利（205hm^2）、美国（200hm^2）日本（189hm^2）和新西兰（110hm^2）。

荷兰每年生产 22.1 亿个百合种球，除 4.1 亿个种球供荷兰本国的切花生产外，其余都出口到了国外。其中出口欧盟国家有 10 亿多个种球，出口到欧盟以外的国家有 7 亿多个种球，主要包括美国 1.53 亿个，日本 1.43 亿个，中国 1.0 亿个，墨西哥 0.5 亿个。这些出口的种球主要用于进口国的切花生产。

2. 我国百合种植与生产情况

我国百合栽培历史悠久，但主要是食用百合和药用百合，尤其以食用的兰州百合最为著名。食用百合的主要产区在甘肃兰州，其面积约 2 000hm^2，形成了规模化生产和包装加工的格局，生产的大量百合鳞茎，除内销外，每年还向日本、东南亚等地出口，效益十分显著。以龙牙百合（野百合）为主栽品种的食用百合生产主要在湖南和湖北等省，种植面积均在 1 000hm^2 以上。还有少数地方，如山西平陆、四川西昌、贵州等，以卷丹百合为主，进行食用百合生产。

我国百合作为切花进行种植主要始于 20 世纪 20 年代末，现在很多地区都进行大面积种植，而且，国内的野生品种远远不能满足栽培的需要，每年都从国外引进大量的球茎以满足生产需要。百合切花生产目前在中国处于发展初期阶段，中国的生产水平和技术均落后于荷兰、日本等世界花卉先进国家，其原因之一是中国经济基础还不够雄厚，国民的生活水平还不够高。同时也与中国人民的消费习惯有关，中国人喜欢将百合种植到庭园和盆栽观赏为主。近些年由于世界各国切花生产大规模发展，切花生产对中国的农业经济发展以及增加农民收入将起到极大的促进作用，因此，各地大力提倡发展花卉生产。百合切花生产也是在这种形势下才开始发展起来的，目前，中国百合切花栽培面积较大的地区有上海、北京、甘肃、陕西、辽宁、云南和四川等，切花百合的种植面积较十年前扩大了近百倍，达到了 500hm^2 以上。

3. 我国百合种球引进情况

近年来，从国外引进百合种球的数量呈现逐年上涨趋势（2014—2016 年引进百合种球的数量和批次见表 3-1）。进口百合种球主要来源于荷兰、智利、新西兰、法国等国家（2014—2016 年各个国家出口批次和数量分别见表 3-2、图 3-1、图 3-2、图 3-3），引进品种多，数量大，仅 2016 年，我国百合种球引进数量已突破 3 亿个。百合栽培都是通过无性繁殖的，长期的无性繁殖使百合体内逐渐积累大量病毒，随着我国观赏百合种球需求量的迅速增加，百合病毒病传入我国的风险也越来越高。

表 3-1　我国近三年引进百合种球数量和批次

	2014 年	2015 年	2016 年（截至 2016 年 10 月）
引进批次（次）	174	171	163
引进数量（亿个）	1.90	2.44	3.04

表 3-2　近三年主要国家（或地区）向我国出口百合种球批次情况

	2014 年（次）	2015 年（次）	2016 年（截至 2016 年 10 月）（次）
荷兰	147	150	133
智利	15	12	17
新西兰	8	6	10
法国	2	3	3
日本	2	0	0
合计	174	171	163

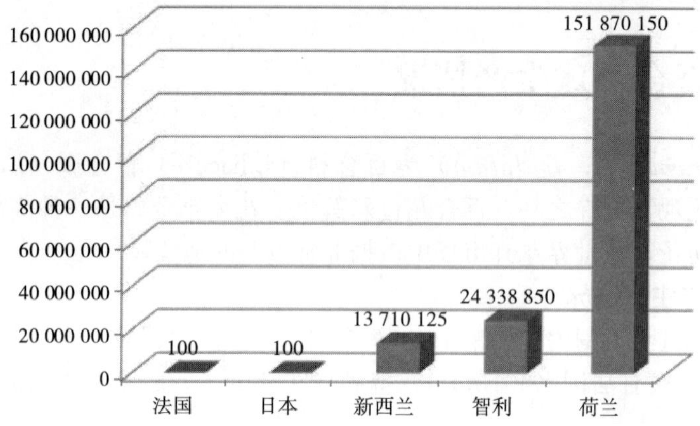

图 3-1　2014 年各国或地区向中国出口百合的数量（个）

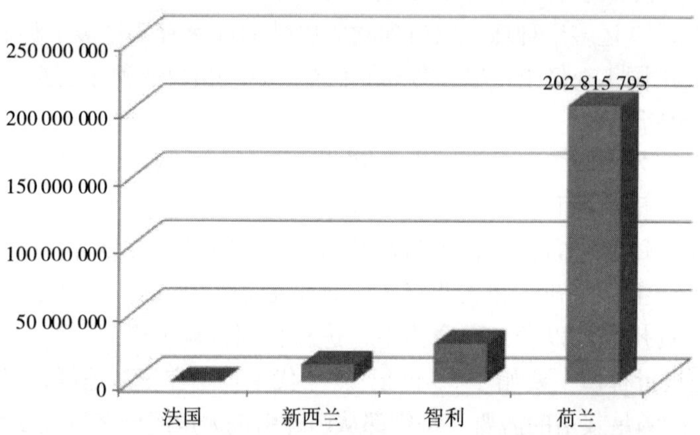

图 3-2　2015 年各国或地区向中国出口百合的数量（个）

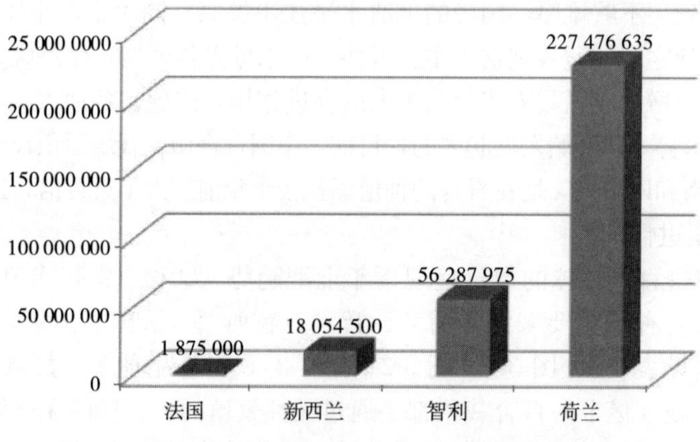

图 3-3　2016 年各国或地区向中国出口百合的数量（个）

4. 我国百合产业存在的问题

（1）无商业化的种球生产体系。我国自 20 世纪 80 年代开始引进百合种球以来，进口数量呈逐年扩大的趋势。这主要是由于国内百合育种和种球繁育技术相对落后，自繁种球增重慢，种球小，不充实，感病严重，冷处理技术不过关，种球质量差，生长不整齐，自繁种球一直难以形成商品化生产。目前，国内百合切花生产 90%以上的种球依赖进口，每年从荷兰进口种球超过 1 亿个，支出外汇超过 3 000 万美元，切花百合生产成本居高不下。这种严重依赖进口种球的情况，给国内百合产业带来了巨大的风险，造成了我国百合花生产的被动局面。要摆脱目前的这种被动局面，就必须建立起我国自己的百合种球国产化生产技术体系，尽量减少百合种球的进口。

（2）切花生产发展的后劲不足。我国从事百合切花生产的人员有很大一部分未接受过专门培训，不懂百合生长发育规律，盲目生产，切花质量差。如茎秆低矮、细软，支持不住花朵；盲花率高，单枝花朵数少、花小、色泽不鲜艳，叶片无光泽，病虫为害严重；花期控制不当，上市时间有时过分集中、供大于求，有时又没有切花供应市场。在百合切花生产主产区，储藏保鲜技术研究不足，配套技术不过关，造成切花损失严重，致使切花生产效益不高。由于国外花卉品种受专利保护，花商一般不会提供最好、最新的品种，即使提供的进口品种也要求有一定的生产设备和较高的生产技术，而我国大部分地区的生产条件难以满足，因此，我国用进口种球生产出的切花与国际市场上的保护切花差距较大，这些都直接影响我国百合切花的生产发展和出口。

（3）百合科技投入不足。当前，食用百合和切花百合的生产已成为某些地区农村产业结构调整的方向，它在合理利用土地资源、提高农业生产效益、增加农民收入上发挥了一定的作用。但由于在百合科研上投入不多，科研机构不健全，科研人才缺乏，科研经费严重不足，百合产业化发展的建设瓶颈还没有得到真正解决。百合种质资源的保护、研究和利用不够，百合新品种的选育滞后，生产栽培技术研究不足，产品精深加工研究不够，导致我国食用百合生产没有较大的突破，产品出口不多；切花百合质量较差，更加上花期调节不当，有时供不应求、有时供大于求，切花生产的整体经济效益不高，市场竞争力不强，切花百合生产种球大多依赖进口。

5. 主要有害生物

百合生产过程中最重要的有害生物是病毒类和线虫类，其次是真菌类。

①病毒类：

南芥菜花叶病毒（*Arabis mosaic virus*，ArMV）

番茄环斑病毒（*Tomato ringspot virus*，ToRSV）

烟草环斑病毒（*Tobacco ringspot virus*，TRSV）

草莓潜隐环斑病毒（*Strawberry latent ringspot virus*，SLRV）

百合无症病毒（*Lily symptomless virus*，LSV）

百合 X 病毒（*Lily virus X*，LVX）

李属坏死环斑病毒（*Prunus necrotic ringspot virus*，PNRSV）

②线虫类：

菊花滑刃线虫（*Aphelenchoides ritzemabosi*）

腐烂茎线虫（*Ditylenchus destructor*）

鳞球茎茎线虫（*Ditylenchus dipsaci*）

短体线虫属（非中国种）（*Pratylenchus* sp.）

毛刺线虫属（传毒种类）（*Trichodorus* sp.）

③真菌类：

菌核病菌（*Sclerotinia sclerotiorum*）

二、引进百合种球隔离检疫计划

根据《境外引进种苗隔离检疫规程》（NY/T 1217—2006）的要求，特制订境外引进百合种球隔离检疫计划。

1. 隔离种植对象

中文名称：百合。

学名：*Lilium brownii* var. *viridulum*。

全国农业技术推广服务中心植物检疫隔离场2016年度共收到国内1家企业送来的22批次共计110个需隔离种植的百合种球。每品种种球数量为5个。每个百合品种名称、来源国家或地区、审批单号、引种单位名称等信息详见表3-3。

种植时间：2016年4～10月。

种植地点：全国农业技术推广服务中心植物检疫隔离场隔离温室。

表3-3 2016年隔离场百合种球接样情况

序号	检疫审批单号	品种	来源国家	引进单位
1	10201600534	索邦	荷兰	凌源市进出口有限责任公司
2	10201600534	西伯利亚	荷兰	凌源市进出口有限责任公司
3	10201600433	索邦	荷兰	凌源市进出口有限责任公司
4	10201600433	西伯利亚	荷兰	凌源市进出口有限责任公司
5	10201600440	西伯利亚	荷兰	凌源市进出口有限责任公司
6	10201600440	木门	荷兰	凌源市进出口有限责任公司
7	10201600441	索邦	荷兰	凌源市进出口有限责任公司
8	10201600442	索邦	荷兰	凌源市进出口有限责任公司
9	10201600442	西伯利亚	荷兰	凌源市进出口有限责任公司
10	10201600442	木门	荷兰	凌源市进出口有限责任公司
11	10201600443	西伯利亚	荷兰	凌源市进出口有限责任公司
12	10201600924	索邦	荷兰	凌源市进出口有限责任公司
13	10201600924	木门	荷兰	凌源市进出口有限责任公司
14	10201600924	西伯利亚	荷兰	凌源市进出口有限责任公司
15	10201600937	木门	荷兰	凌源市进出口有限责任公司
16	10201600937	西伯利亚	荷兰	凌源市进出口有限责任公司
17	10201600949	西伯利亚	荷兰	凌源市进出口有限责任公司
18	10201600870	西伯利亚	荷兰	凌源市进出口有限责任公司
19	10201600888	西伯利亚	荷兰	凌源市进出口有限责任公司
20	10201600888	索邦	荷兰	凌源市进出口有限责任公司
21	10201600870	索邦	荷兰	凌源市进出口有限责任公司
22	10201600949	索邦	荷兰	凌源市进出口有限责任公司

2. 植物特点

百合为百合科百合属植物，属多年生草本，是世界第五大切花，在世界花卉市场中占据非常重要的地位。百合的繁殖材料有珠芽、小鳞茎、鳞片及种子，生产上以鳞片繁殖较为普遍。百合地上部茎叶不耐霜冻，秋季早霜来临前枯死，地下鳞茎则能在−5.5℃的土层中安全越冬。

我国自20世纪80年代开展引进百合种球，近年来，随着我国观赏百合种植面积的迅速增加，从国外引进种球的数量和批次迅速增加。目前，我国的切花百合种植区域主要分布在上海、北京、甘肃、陕西、辽宁、云南等地区，而国内百合切花生产将近90%以上的种球依赖进口，给国内百合产业带来巨大风险。

3. 栽培与管理方法

同一批次的隔离种植物按照此计划集中种植，不同批次的隔离种植物必须相互隔离，以防止互相污染。

栽培前，隔离设施、介质、盆钵及专用器械应预先进行灭菌处理。且需记录隔离检疫环境的温度、空气湿度等数据，有特殊要求的作物同时记载其他数据。

根据栽培种类的特点以及货主提供的植物栽培管理资料，采用适当的栽培管理措施。具体栽培管理措施如下：

种球解冻和消毒：种球到货后立即打开包装放在10～15℃的环境下进行解冻，待完全解冻后进行消毒。消毒方法：将种球放入千分之一的克菌丹、百菌清、多菌灵、高锰酸钾等水溶液中浸泡30min，也可以将种球放入80倍的40%福尔马林溶液中浸泡30min，取出后用清水冲净种球上的残留溶液，然后在阴凉处晾干方可定植。栽种前，将多芯种球用小竹刀（忌用铁器切削或手掰）细心削开。栽种时，在畦面上开成7～10cm宽的种沟，并按30cm×15cm的行株距，将种芯朝上排放于种沟内，然后盖上约3cm厚的松土。栽后约经15d，宜施一次“越冬肥”，每667m^2施腐熟牛栏粪肥约2 500kg，以盖满畦面为宜，表层浇施适量腐熟稀粪水。至幼苗出土12～15cm高时，地下鳞茎开始膨大时，再适施一次氮肥（留种田不宜施氮肥）。

4. 主要监测有害生物及监测方法

（1）生长管理与记录。百合隔离试种生长期间，每周观察生长情况2次，定时记录生长状况，填写《隔离检疫情况记录表》，发现植株异常现象应在24h内报告专职检疫员。

（2）有害生物监测与记录。发现可疑植株应立即挂牌，并进行详细准确的描述和记录，将有害生物发生、发展过程记载于《隔离检疫情况记录表》中；发现可疑的检疫性有害生物，应立即取样送室内检验。

（3）主要监测有害生物。百合生产过程中最重要的有害生物是病毒类和线虫类，其次是真菌类。

①病毒类：

南芥菜花叶病毒（*Arabis mosaic virus*，ArMV）

南芥菜花叶病毒属于豇豆花叶病毒科（Comoviridae）线虫传多面体病毒属（*Nepovirus*），主要分布于日本、瑞典、丹麦、挪威、芬兰、奥地利、波兰、捷克、瑞士、比利时、德国、荷兰、法国、英国、爱尔兰、新西兰等国家。南芥菜花叶病毒在百合上不显示症状，但是其在受感染的叶片、芽和分枝上病毒含量分布不平衡。

番茄环斑病毒（*Tomato ringspot virus*，ToRSV）

番茄环斑病毒寄主范围广，可侵染35科105属157种以上的单子叶和双子叶植物。常见的自然寄主有葡萄、桃、李、樱桃、苹果、榆树等及果园杂草。病毒在种子和病残体上越冬，成为下茬或翌年的主要初侵染源。种子上的病毒一般可存活到翌年的生长季节；在土壤和田间病残体中的病毒可存活2～3年；病毒在其他废弃物中能存活10个月左右，也可随多年生茄科杂草寄主存活。番茄环境病毒可以通过汁液摩擦和嫁接传播，也可通过介体线虫传播，介体线虫主要是剑线虫属。

ToRSV粒体为等轴对称球状二十面体，直径20nm，含有RNA二重基因组。经蔗糖梯度离心纯化，分成三个组分，即上、中、下层。上、中、下层组分沉降系数（S20，w）分别为53S、119S、127S。上层为无RNA的蛋白外壳，中、下层比率为1∶1，经密度梯度离心和氯化铯沉降后，中、下层组分形成两条近距离条带。

烟草环斑病毒（*Tobacco ringspot virus*，TRSV）

烟草环斑病毒能自然侵染豆类、瓜类及花卉等寄主，是一种危险性植物病毒，可以通过种子及鳞球、块茎、苗木等无性繁殖材料远距离传播。

烟草环斑病毒可在二年生或多年生杂草寄主以及烟草和大豆种子上越冬，带毒的越冬寄主和带毒种子都可成为初侵染源。病毒在烟田可通过汁液摩擦、烟蚜、线虫及烟蓟马等传播，造成再侵染和田间传播。

烟草环斑病毒感染大豆最明显的症状是病株顶芽卷曲，其他芽变褐色并且脆弱；在茎和复叶叶柄上产生褐色条纹；豆荚发育不良，甚至不生长而死亡；侵染前结的荚上产生暗色斑。大豆花期或花前感染 TRSV，病株重量也减轻，种子成熟延缓，产量显著下降。病株种子还有较高比例的紫着色现象。大豆田间病株常晚熟，健株衰老黄化时病株仍为绿色，在健株成熟期可以通过1 000m 高空航空摄影检测疫情发生区。

草莓潜隐环斑病毒（*Strawberry latent ringspot virus*，SLRV）

草莓潜隐环斑病毒是欧洲病毒，在其他大陆的扩散有限，分布在欧洲和地中海植物保护组织（EPPO）地区的有比利时、捷克、斯洛伐克、芬兰、法国、德国、意大利、卢森堡、荷兰、波兰、葡萄牙、瑞士、西班牙、英国等地区；美洲有加拿大；大洋洲有新西兰。

该病毒寄主范围比较广，自然条件下，在许多野生和栽培植物中都存在，可以隐症侵染大范围种植的草本测试植物。在机械接种的 167 种双子叶植物中，受侵染的高达 126 种，这 126 种分属 27 个家族。绝大多数是系统性侵染但不表现症状。分离物的毒性各不相同，比如它可以系统感染草莓（*Fragaria* spp.）、覆盆子（*Rubus idaeus*）、欧洲甜樱桃（*Prunus avium*）、桃（*P. persica*）西洋接骨木（*Sambucus nigra*）、黄瓜（*Cucumis sativus*）等，引起脉间褪绿和坏死。局部感染苋色藜（*Chenopodium amaranticolor*）、菜豆（*Phaseolus vulgaris*）、烟草（*Nicotiana tabacum*）、*N. glutinosa*、千日红（*Gomphrena globosa*）、香杏（*Tetragonia expansa*）、茴藜（*Chenopodium quinoa*）和 *C. murale*，引起坏死斑。

百合无症病毒（*Lily symptomless virus*，LSV）

百合无症病毒又称百合病毒或百合曲条病毒，属于线形病毒科（Flexiviridae）香石竹潜隐病毒属（*Carlavirus*）。在病株各部位的细胞质中均有分布，但大量分布在分生组织细胞中。在叶片细胞中的含量明显比根和茎干细胞高。

在正常条件下，多数百合品种在受到 LSV 侵染时，并不会产生明显症状，仅表现为鳞茎缩小、切花寿命减短。但有些品种在一定温度下能显症，如东方百合（*Lilium longiflorum*），病株在 15℃以下 2～3 个月后，叶片呈现扭曲和白色条纹。当受到 LSV 和 CMV 的复合侵染时，百合会出现坏死斑。有些百合品种，如 mid-century hybrids，在感染 LSV 和郁金香碎色病毒（*Tulip breaking virus*，TBV）时，鳞茎上产生褐斑；而有的百合品种，如 *L. speciosum*，感染的叶片上会产生条纹。目前，已知百合条斑病是由 TBV 单独或同 LSV 复合侵染所致。

在自然界中，LSV 可通过桃蚜（*Myzus persicae*）和百合西圆蚜（*Dysaphis tulipae*）进行非持久性传播，也可通过机械传播或叶片嫁接传播。目前，LSV 在汁液中的稳定性尚未见到相关报道，其在大田内通过机械传播的能力也有待于进一步确定。病毒主要在 6～7 月进行传播，5 月较少，到 8～9 月传播最慢。由于 LSV 的传播非常迅速，因此，其广泛存在于商品种球中。通过减少病毒传播介体，可以有效地防止其蔓延。

百合 X 病毒（*Lily virus X*，LVX）

百合 X 病毒为马铃薯 X 病毒属（*Potexvirus*）成员，单独侵染百合无症状，与其他病毒复合侵染时可造成黄条纹、叶畸形、矮化，有的早熟而死。目前在国内百合上还没有 LVX 发生的报道。

此病毒为弯曲的细丝状，长 640nm，直径为 18nm，只侵染百合科植物。可通过桃蚜以持久方式传播，也可以通过花叶的相互接触和汁液接种传播，广泛分布在商业交易的百合幼苗中。在某些环境条件下在百合上引起卷曲斑纹（和基部斑纹）。当和黄瓜花叶病毒复合侵染时在百合上引起坏死斑点。当和郁金香碎色病毒复合侵染时，在鳞茎状百合属植物上引起棕色环斑，在药用百合植物叶片上引起碎斑。

李属坏死环斑病毒（*Prunus necrotic ringspot virus*，PNRSV）

PNRSV 是一种寄主范围广、侵染能力强的病毒。据报道，该病毒可侵染 47 属 189 种植物，主要包括核果类及观赏类植物，如欧洲甜樱桃（*Prunus avium*）、酸樱桃（*P. cerasus*）、桃（*P. persia*）、苹果（*Malus sylvestris*）、杏（*P. armeniaca*）、洋李（*P. domistica*）、月季、秋海棠等李属和蔷薇属植物。此外，还可侵染烟草、西瓜、菜豆、豌豆、草木樨、葛芭、向日葵等草本寄主。

②线虫类：

菊花滑刃线虫（*Aphelenchoides ritzemabosi*）

菊花滑刃线虫通常又被称为菊花叶枯线虫或腋芽滑刃线虫。其寄主范围非常广，能寄生观赏植物、蔬菜、小果类植物和杂草等共计200多种植物，菊花（*Dendranthema morifolium*）是其典型寄主，其他重要的寄主有大丽花、福禄考、金丝桃、绣线菊、秋海棠、大岩桐、薄包花、草莓、烟草、西瓜、莴苣、番茄、芹菜等。该线虫在全球广泛分布，已在70多个国家或地区被发现，是菊花的重要病原线虫，导致菊花经济价值降低，严重的导致死亡；为害草莓造成减产，严重时损失可达65%，在法国曾严重为害烟草，造成烟叶产量及品质严重下降。

该线虫主要为害植物地上部的花、叶、芽。线虫在叶片脉间取食，致使叶片在脉间形成黄褐色角斑或扇形斑，病斑最后变为深褐色、枯死，病叶自下而上枯死，枯死叶片下垂不脱落。花和芽受害则畸形、变小或不开花、枯死，表面有褐色伤痕。若幼苗末梢生长点被害，则植株生长发育受阻，严重的很快死亡。

腐烂茎线虫（*Ditylenchus destructor*）

腐烂茎线虫属垫刃目（Tylenchida）粒线虫科（Anguinidae）茎线虫属（*Ditylenchus*）。在国外主要分布于加拿大、美国、澳大利亚、墨西哥、新西兰、埃及、摩洛哥、南非、巴西、厄瓜多尔、秘鲁、阿尔巴尼亚、爱尔兰、爱沙尼亚、奥地利、白俄罗斯、保加利亚、比利时、波兰、丹麦、德国、俄罗斯、法国、芬兰、荷兰、捷克、拉脱维亚、立陶宛、卢森堡、罗马尼亚、摩尔多瓦、挪威、瑞典、瑞士、斯洛伐克、苏格兰、土耳其、乌克兰、西班牙、希腊、匈牙利、意大利、英国、阿塞拜疆、巴基斯坦、朝鲜、哈萨克斯坦、韩国、吉尔吉斯斯坦、马来西亚、孟加拉国、日本、沙特阿拉伯、塔吉克斯坦、乌兹别克斯坦、伊朗、印度、海地等国家或地区。

形态特征：雌、雄虫呈线形（或蠕虫形），热杀死后虫体略向腹面弯，侧线6条；头部低平、略缢缩；背食道腺开口位于口针基部球后附近；中食道球纺锤形、有瓣，后食道腺短，覆盖肠的背面；尾圆锥形，通常腹弯，端圆。雌虫体长0.69～1.89mm，体长与体宽的比值为18～49；口针长10～14μm；单卵巢、前伸，阴门位于体后部（头端到阴门的长度/体长：V=77～84），后阴子宫囊长度是肛门距阴门长度的40%～98%；尾长是肛门处体宽的3～5倍。雄虫体长0.63～1.35mm，体长与体宽的比值为24～50；口针长10～12μm，交合刺长24～27μm，交合伞向尾部伸展长度是尾长的50%～90%。

腐烂茎线虫寄主作物种类较多，除了为害甘薯和马铃薯外，还为害洋葱、大蒜、胡萝卜、欧芹、芹菜、番茄和黄瓜等蔬菜以及甜菜和花生等经济作物。目前在我国主要为害甘薯。

腐烂茎线虫严重为害寄主植物地下部分，是迁移植物内寄生线虫，主要侵染植物的各种地下组织或器官，如块茎、球茎、匍匐茎、根状茎和根等，以各种虫态在植物病组织内越冬，或以成虫和卵在土壤内越冬。在田间缺少栽培作物寄主时，该线虫可以在田间的杂草和土壤中的真菌寄主上存活。根据漆永红等通过在自然环境条件下对腐烂茎线虫采用人工接种的方式对侵入甘薯部位以及在甘薯植株内的种群动态的研究，表明腐烂茎线虫自甘薯秧苗的基部侵入，逐步向上迁移为害。在移栽后4周，线虫仅在地下茎下部3cm部分为害；移栽后8周，线虫扩展到地下茎接近地面部位；移栽后10周，线虫扩展到地上茎部分；移栽后12周，线虫已转移到新结甘薯块根上为害；但未发现线虫侵入甘薯须根。

鳞球茎茎线虫（*Ditylenchus dipsaci*）

鳞球茎茎线虫属于线虫门（Nematoda）侧尾腺纲（Secernentea）垫刃目（Tylenchida）粒线虫科（Anguinidae）茎线虫属（*Ditylenchus*）。主要分布在多米尼加共和国、哥斯达黎加、海地、加拿大（艾伯塔省、爱德华王子岛、安大略省、不列颠哥伦比亚省、萨斯喀彻温省等）、美国（艾奥瓦州、北卡罗来纳州、俄亥俄州、俄勒冈州、弗吉尼亚州、华盛顿州、怀俄明州、加利福尼亚州、堪萨斯州、科罗拉多州、蒙大拿州、密歇根州、明尼苏达州、内布拉斯加州、南达科他州、纽约州、新墨西哥州、亚拉巴马州、亚利桑那州、犹他州等）、墨西哥、亚速尔群岛、澳大利亚（南澳大利亚州、塔斯马尼亚州、维多利亚州、西澳大利亚州、新南威尔士州等）、夏威夷群岛、新西兰、阿尔及利亚、肯尼亚、留尼旺、摩洛哥、南非、尼日利亚、突尼斯、阿根廷、巴拉圭、巴西（巴拉那州、米纳斯吉拉斯州、南里奥格兰德州、帕拉伊巴州、帕拉州、圣保罗州、圣卡塔琳娜等）、玻利维亚、厄瓜多尔、哥伦比亚、秘鲁、委内瑞拉、乌拉圭、智利、阿尔巴尼亚、爱尔兰、爱沙尼亚、奥地利、白俄罗斯、保加利亚、比利时、冰岛、波兰、波斯尼亚和黑塞哥维那、丹麦、德国、俄罗斯、法国、芬兰、荷兰、捷克、斯洛伐克、克罗地亚、拉脱维亚、立陶宛、罗马尼亚、马其他、马其顿、摩尔多瓦、挪威、葡萄牙、瑞典、瑞士、塞尔维亚和黑山、斯洛文尼亚、苏格兰、土耳其、乌克兰、西班牙、希腊、匈牙利、意大利、英国、阿曼、阿塞拜疆、巴基斯坦、格鲁吉亚、哈萨克斯坦、韩国、吉尔吉斯斯坦、孟加拉国、日本、塞浦路斯、塔吉克斯坦、乌兹别克斯坦、叙利亚、亚美尼亚、也门、伊拉克、伊朗、以色列、印度、约旦等国家或地区。

近年来，我国多次在多地截获鳞球茎茎线虫，其在船舶、旅客携带的植物材料、食品以及进口种球、幼苗中多有存在，极易随寄主侵入我国。鳞球茎茎线虫在全世界广泛分布，对寄主植物有极大的危害性，有 500 多种寄主。鳞球茎茎线虫在高温杀死后，呈直线形，它的形态特征为角质层有明显环纹，在 1 000 倍显微镜下观察，侧部会观察到 4 条侧线。

该线虫主要在茎的薄壁细胞内取食，对每种寄主的为害特点各不相同，为害症状也不同。有些寄主被鳞球茎茎线虫为害后会产生膨大现象，有些形成畸形，有些形成矮化扭曲，有些在受害茎基部引起坏死等。鳞球茎茎线虫严重为害甜菜，通过进入寄主胚轴进行取食，并在寄主内大量繁殖，线虫和其分泌物会侵蚀植株组织，使植物产生化学和组织学上的变化，短时间而高效的繁殖速率使得虫量迅速增加，继续侵染，继而茎梗和叶柄弯曲，植株叶片肿大，逐渐形成腐烂病，导致储藏根系腐坏。鳞球茎茎线虫的生物阶段有三段，即卵、幼虫和成虫，每个生物阶段都能侵染植物。鳞球茎茎线虫的生活史为 19～23d，雌虫可成活 45～73d。鳞球茎茎线虫的四龄幼虫经完成蜕皮发育，形成成虫后，即可在约 4d 之后进行交配，产卵期可达 25～30d。鳞球茎茎线虫的繁殖能力很强，每头雌虫产卵数量可达 200～500 粒，产卵起始温度为 1～5℃，最高产卵温度为 36℃，13～18℃是最适合鳞球茎茎线虫繁殖的温度。

短体线虫属（非中国种）(*Pratylenchus* sp.)

短体线虫隶属于线虫门（Nematoda）色矛纲（Chromadorea）色矛亚纲（Chromadoria）小杆目（Rhabditida）垫刃亚目（Tylenchina）垫刃次目（Tylenchomorpha）垫刃总科（Tylenchoidea）。短体线虫属具有重要经济危害性，可对多种作物造成危害，能引起根系表皮破损和内部组织腐烂，且能诱发真菌或细菌的二次侵染。据报道，目前短体线虫属中有效种为 75 种。一般认为，除咖啡短体线虫（*P. coffeae*）、穿刺短体线虫（*P. penetrans*）、伤残短体线虫（*P. vulnus*）、玉米短体线虫（*P. zeae*）、艾短体线虫（*P. artemisiae*）和山药短体线虫（*P. dioscoreae*）等 6 个种在我国有较多报道，可作为中国种外，属内其他线虫都被列入检疫对象。

2012—2013 年，我国宁波、北京、深圳和浙江口岸检疫员在进境的树木、种球、介质及航班旅客携带物中检疫分离到 9 个短体属线虫群体，鉴定为 8 种短体线虫。其中，宁波口岸截获的日本短体线虫（*P. japonicus*）和伤残短体线虫（*P. vulnus*）分离自进境的日本鸡爪槭树木根际介质，卢斯短体线虫（*P. loosi*）分离自日本茶梅，穿刺短体线虫（*P. penetrans*）分离自荷兰百合；北京口岸截获的玻利维亚短体线虫（*P. bolivianus*）分离自新西兰麻，假草地短体线虫（*P. pseudopratensis*）分离自俄罗斯航班旅客携带的带土植物；深圳口岸从香港航班旅客携带的芋头中分离到咖啡短体线虫（*P. coffeae*）；浙江口岸和宁波口岸分别从日本邮寄的鸡爪槭和进境的以色列孤挺花种球中截获朱顶红短体线虫（*P. hippeastri*）。其中玻利维亚短体线虫、朱顶红短体线虫、日本短体线虫和假草地短体线虫这 4 个种属于国内口岸首次截获。

形态特征：虫体粗短（L<1mm，a=20～30，偶尔 a=40），侧区 4～6 条侧线，侧尾腺孔在尾中部；唇区低，前端平，偶尔圆，头架骨化显著；口针粗短，基部球发达，呈圆形，前端平或凹陷；中食道球卵圆形至圆形；食道腺腹面覆盖肠；阴口位置靠后（V=70%～90%）；雌虫单生殖管，前伸，有后阴子宫囊；授精囊大而圆；雌虫尾近圆柱形至圆锥形，通常是肛口处体宽的 2～3 倍，尾末端光滑或有环纹；雄虫交合伞延伸至尾末端，引带简单，不伸出泄殖腹。

毛刺线虫属（传毒种类）(*Trichodorus* spp.)

毛刺线虫属传毒种类隶属于毛刺线虫科（Trichodoridae），毛刺线虫属全今已发现有56种为多年生草本或木本植物的根部迁移性外寄生线虫，不但直接取食植物根系造成根系粗短、肿大、侧根增多，还引起植物营养不良和生长失调等。更严重的是已知4种毛刺线虫种类能传播病毒，分别是圆筒毛刺线虫（*T. cylindricus*）、原始毛刺线虫（*T. primitivus*）、相似毛刺线虫（*T. similis*）、具毒毛刺线虫（*T. viruliferus*）。圆筒毛刺线虫（*T. cylindricus*）和相似毛刺线虫（*T. similis*）只传播一种病毒，原始毛刺线虫（*T. primitivus*）和具毒毛刺线虫（*T. viruliferus*）传播多种病毒。

③真菌类：

菌核病菌 (*Sclerotinia sclerotiorum*)

菌核病是由核盘菌属（*Sclerotinia*）、链核盘菌属（*Monilinia*）、丝核菌属（*Rhizoctonia*）和小菌核属（*Sclerotium*）等真菌引起的植物病害。发病部位由菌丝体集结成结构松紧不一，表面光滑或粗糙，形状、大小、颜色不同的菌核。由菌丝并杂有寄主组织而形成的称假菌核。后者往往因还保持植物器官的形状（如僵果等）而较易诊断。

主要为害茎蔓、叶片和果实。茎基部染病，初生水渍状斑，后扩展成淡褐色，造成茎基部软腐或纵裂，病部表面生出白色棉絮状菌丝体。叶片染病，叶面上出现灰色至灰褐色湿腐状大斑，病斑边缘与健部分界不明显，湿度大时斑面上出现絮状白霉，终致叶片腐烂。果实染病，初现水渍状斑，扩大后呈湿腐状，其表现密生白色棉絮状菌丝体，发病后期病部表面出现数量不等的黑色鼠粪状菌核。菌核遗留在土中或混杂在种子中越冬或越夏。混在种子中的菌核，随播种带病种子进入田间传播蔓延，该病属分生孢子气传病害类型，其特点是以气传的分生孢子从寄生的花和衰老叶片侵入，以分生孢子和健株接触进行再侵染。侵入后，长出白色菌丝，开始为害柱头或幼瓜。在田间带菌雄花落在健叶或茎上经菌丝接触，易引起发病，并以这种方式进行重复侵染，直到条件恶化，又形成菌核落入土中或随种株混入种子间越冬或越夏。南方2～4月及11～12月适合其发病。本病对水分要求较高；相对湿度高于85%，温度15～20℃利于菌核萌发和菌丝生长、侵入及子囊盘产生。因此，低温、湿度大或多雨的早春或晚秋有利于该病发生和流行，菌核形成时间短，数量多。连年种植葫芦科、茄科及十字花科蔬菜的田块、排水不良的低洼地、偏施氮肥或霜害、冻害条件下发病重。

5. 实验室鉴定

对监测中发现的可疑样本进行害虫形态观察、病原菌分离培养等，根据相应方法做出鉴定；如检疫机构所属实验室无法检测确定，应立即送相应专家进行鉴定。

6. 记录与档案管理

详细记录种植时间、栽培管理及有害生物监测数据，各项原始记录连同其他材料妥善保存于植物检疫机构。采集到的样品经鉴定为疫情的并有保存价值的，可制作成标本，保存于植物检疫机构。

三、百合种球隔离检疫情况记录表

<table>
<tr><td colspan="2">植物中文名称：百合（3～4号样品）</td><td>来源国：荷兰</td><td>种植数量：各品种3株</td></tr>
<tr><td colspan="4">隔离种植物类别：☑苗木 □种子 □试管苗 □其他（明确类别）：</td></tr>
<tr><td colspan="4">检疫审批单号：10201600433</td></tr>
<tr><td colspan="2">种植地点：普通隔离温室</td><td colspan="2">种植时间：2015年6月16日至2015年9月15日</td></tr>
<tr><td colspan="4">种植基础条件：
种植数量：每花盆种植3株
温度：25～30℃
湿度：50%～80%</td></tr>
<tr><td>时间（月/日）</td><td>生育期</td><td>栽培管理要点或有害生物发生情况记录</td><td>记录人</td></tr>
<tr><td>6/16</td><td>苗期</td><td>种球播种，每盆3株，温湿度分别为22℃，52%</td><td></td></tr>
<tr><td>6/22</td><td>苗期</td><td>6月19日，6月21日两次停电，隔离温室温度过高，种球有坏死现象。3号样品（索邦）、4号样品（西伯利亚）等无出苗</td><td></td></tr>
<tr><td>6/30</td><td>苗期</td><td>无出苗</td><td></td></tr>
<tr><td colspan="3">隔离温室温度过高，种球坏死，检疫提前结束</td><td></td></tr>
</table>

<table>
<tr><td colspan="2">植物中文名称：百合（5～6号样品）</td><td>来源国：荷兰</td><td>种植数量：各品种3株</td></tr>
<tr><td colspan="4">隔离种植物类别：☑苗木　□种子　□试管苗　□其他（明确类别）：</td></tr>
<tr><td colspan="4">检疫审批单号：10201600440</td></tr>
<tr><td colspan="3">种植地点：普通隔离温室</td><td>种植时间：2015年6月16日至2015年9月15日</td></tr>
<tr><td colspan="4">种植基础条件：
种植数量：每花盆种植2～3株
温度：25～30℃
湿度：50%～80%</td></tr>
<tr><td>时间（月/日）</td><td>生育期</td><td>栽培管理要点或有害生物发生情况记录</td><td>记录人</td></tr>
<tr><td>6/16</td><td>苗期</td><td>种球播种，每盆3株，温湿度分别为22℃，52%</td><td></td></tr>
<tr><td>6/22</td><td>苗期</td><td>6月19日、6月21日两次停电，无法启用空调，隔离温室温度过高，百合种球并未出苗</td><td></td></tr>
<tr><td>6/26</td><td>苗期</td><td>木门品种（6号样品）有两株出苗，但株型较小，另一株仍未出苗。西伯利亚品种（5号样品）仍未出苗</td><td></td></tr>
<tr><td>6/30</td><td>苗期</td><td>木门品种（6号样品）2株苗可能由于高温影响，呈缓苗状态，随后逐渐恢复正常生长状态；剩下1株仍未出苗，种球已死亡。西伯利亚品种（5号样品）仍未出苗，种球已死亡</td><td></td></tr>
<tr><td>7/2</td><td>苗期</td><td>植株长势良好</td><td></td></tr>
<tr><td>7/6</td><td>苗期</td><td>植株长势良好</td><td></td></tr>
<tr><td>7/10</td><td>苗期</td><td>植株长势良好</td><td></td></tr>
<tr><td>7/14</td><td>苗期</td><td>植株长势良好</td><td></td></tr>
<tr><td>7/18</td><td>苗期</td><td>植株长势良好</td><td></td></tr>
<tr><td>7/22</td><td>现蕾期</td><td>植株长势良好</td><td></td></tr>
<tr><td>7/26</td><td>现蕾期</td><td>未见花蕾形成，可能由于前期高温所致</td><td></td></tr>
<tr><td>7/28</td><td>现蕾期</td><td>未见花蕾形成</td><td></td></tr>
<tr><td>8/2</td><td>现蕾期</td><td>未见花蕾形成，其他正常</td><td></td></tr>
<tr><td>8/26</td><td>花期</td><td>未开花，其他正常</td><td></td></tr>
<tr><td>9/11</td><td>花期</td><td>下侧茎上有小鳞茎产生</td><td></td></tr>
<tr><td>9/15</td><td>花期</td><td>未开花</td><td></td></tr>
<tr><td colspan="3">由于种植的相对较密（每盆3株），植株后期早衰，整个生长周期内未发现检疫性有害生物（幼苗期由于夏季隔离温室温度相对室外偏高，有个别植株有类似生理病害的现象）</td><td></td></tr>
</table>

<table>
<tr><td colspan="2">植物中文名称：百合（7号样品）</td><td colspan="1">来源国：荷兰</td><td colspan="1">种植数量：3株</td></tr>
<tr><td colspan="4">隔离种植物类别：☑苗木　□种子　□试管苗　□其他（明确类别）：</td></tr>
<tr><td colspan="4">检疫审批单号：10201600441</td></tr>
<tr><td colspan="3">种植地点：普通隔离温室</td><td colspan="1">种植时间：2015年6月16日至2015年9月15日</td></tr>
<tr><td colspan="4">种植基础条件：
种植数量：一个花盆种植3株
温度：25～30℃
湿度：50%～80%</td></tr>
<tr><td>时间（月/日）</td><td>生育期</td><td>栽培管理要点或有害生物发生情况记录</td><td>记录人</td></tr>
<tr><td>6/16</td><td>苗期</td><td>种球播种，每盆3株，温湿度分别为22℃，52%</td><td></td></tr>
<tr><td>6/22</td><td>苗期</td><td>6月19日、6月21日两次停电，无法启用空调，隔离温室温度过高，百合种球出苗，但是长势较弱</td><td></td></tr>
<tr><td>6/26</td><td>苗期</td><td>浇水，植株长势有所好转</td><td></td></tr>
<tr><td>6/30</td><td>苗期</td><td>植株长势基本回转</td><td></td></tr>
<tr><td>7/2</td><td>苗期</td><td>浇水，植株长势良好</td><td></td></tr>
<tr><td>7/6</td><td>苗期</td><td>植株长势良好</td><td></td></tr>
<tr><td>7/10</td><td>苗期</td><td>植株长势良好</td><td></td></tr>
<tr><td>7/14</td><td>苗期</td><td>植株长势良好</td><td></td></tr>
<tr><td>7/18</td><td>苗期</td><td>植株长势良好</td><td></td></tr>
<tr><td>7/22</td><td>现蕾期</td><td>植株长势良好</td><td></td></tr>
<tr><td>7/26</td><td>现蕾期</td><td>植株长势良好</td><td></td></tr>
<tr><td>7/28</td><td>现蕾期</td><td>植株长势良好</td><td></td></tr>
<tr><td>8/2</td><td>现蕾期</td><td>植株长势良好</td><td></td></tr>
<tr><td>8/6</td><td>现蕾期</td><td>植株长势良好</td><td></td></tr>
<tr><td>8/2</td><td>现蕾期</td><td>植株长势良好</td><td></td></tr>
<tr><td>8/6</td><td>现蕾期</td><td>植株长势良好</td><td></td></tr>
<tr><td>8/10</td><td>现蕾期</td><td>植株长势良好</td><td></td></tr>
<tr><td>8/14</td><td>现蕾期</td><td>植株长势良好</td><td></td></tr>
<tr><td>8/18</td><td>现蕾期</td><td>植株花蕾形成</td><td></td></tr>
<tr><td>8/22</td><td>花期</td><td>植株长势良好</td><td></td></tr>
<tr><td>8/26</td><td>花期</td><td>花蕾良好</td><td></td></tr>
<tr><td>9/1</td><td>花期</td><td>植株长势良好</td><td></td></tr>
<tr><td>9/3</td><td>花期</td><td>下侧茎上有小鳞茎产生</td><td></td></tr>
<tr><td>9/7</td><td>花期</td><td>百合开花</td><td></td></tr>
<tr><td>9/11</td><td>花期</td><td>植株长势正常</td><td></td></tr>
<tr><td>9/15</td><td>花期</td><td>百合花正常</td><td></td></tr>
<tr><td colspan="3">由于种植的相对较密（每盆3株），植株后期早衰，整个生长周期内未发现检疫性有害生物（幼苗期由于夏季隔离温室温度相对室外偏高，有个别植株有类似生理病害的现象）</td><td></td></tr>
</table>

<table>
<tr><td colspan="2">植物中文名称：百合（8～10 号样品）</td><td>来源国：荷兰</td><td>种植数量：各品种 3 株</td></tr>
<tr><td colspan="4">隔离种植物类别：☑苗木　□种子　□试管苗　□其他（明确类别）：</td></tr>
<tr><td colspan="4">检疫审批单号：10201600442</td></tr>
<tr><td colspan="3">种植地点：普通隔离温室</td><td>种植时间：2015 年 6 月 16 日至 2015 年 9 月 15 日</td></tr>
<tr><td colspan="4">种植基础条件：
种植数量：一个花盆种植 3 株
温度：25～30℃
湿度：50%～80%</td></tr>
<tr><td>时间（月/日）</td><td>生育期</td><td>栽培管理要点或有害生物发生情况记录</td><td>记录人</td></tr>
<tr><td>6/16</td><td>苗期</td><td>种球播种，每盆 3 株，温湿度分别为 22℃，52%</td><td></td></tr>
<tr><td>6/22</td><td>苗期</td><td>6 月 19 日、6 月 21 日两次停电，无法启用空调，隔离温室温度过高，百合种球出苗，但是长势较弱</td><td></td></tr>
<tr><td>6/26</td><td>苗期</td><td>浇水，植株长势有所好转</td><td></td></tr>
<tr><td>6/30</td><td>苗期</td><td>植株长势基本回转</td><td></td></tr>
<tr><td>7/2</td><td>苗期</td><td>浇水，植株长势良好</td><td></td></tr>
<tr><td>7/6</td><td>苗期</td><td>植株长势良好</td><td></td></tr>
<tr><td>7/10</td><td>苗期</td><td>植株长势良好</td><td></td></tr>
<tr><td>7/14</td><td>苗期</td><td>植株长势良好</td><td></td></tr>
<tr><td>7/18</td><td>苗期</td><td>植株长势良好</td><td></td></tr>
<tr><td>7/22</td><td>现蕾期</td><td>植株长势良好</td><td></td></tr>
<tr><td>7/26</td><td>现蕾期</td><td>植株长势良好</td><td></td></tr>
<tr><td>7/28</td><td>现蕾期</td><td>植株长势良好</td><td></td></tr>
<tr><td>8/2</td><td>现蕾期</td><td>植株长势良好</td><td></td></tr>
<tr><td>8/6</td><td>现蕾期</td><td>植株长势良好</td><td></td></tr>
<tr><td>8/2</td><td>现蕾期</td><td>植株长势良好</td><td></td></tr>
<tr><td>8/6</td><td>现蕾期</td><td>植株长势良好</td><td></td></tr>
<tr><td>8/10</td><td>现蕾期</td><td>植株长势良好</td><td></td></tr>
<tr><td>8/14</td><td>现蕾期</td><td>植株长势良好</td><td></td></tr>
<tr><td>8/18</td><td>现蕾期</td><td>植株花蕾形成</td><td></td></tr>
<tr><td>8/22</td><td>花期</td><td>植株长势良好</td><td></td></tr>
<tr><td>8/26</td><td>花期</td><td>花蕾良好</td><td></td></tr>
<tr><td>9/1</td><td>花期</td><td>植株长势良好</td><td></td></tr>
<tr><td>9/3</td><td>花期</td><td>下侧茎上有小鳞茎产生</td><td></td></tr>
<tr><td>9/7</td><td>花期</td><td>百合开花</td><td></td></tr>
<tr><td>9/11</td><td>花期</td><td>植株长势正常</td><td></td></tr>
<tr><td>9/15</td><td>花期</td><td>百合花正常</td><td></td></tr>
<tr><td colspan="3">由于种植的相对较密（每盆 3 株），植株后期早衰，整个生长周期内未发现检疫性有害生物（幼苗期由于夏季隔离温室温度相对室外偏高，有个别植株有类似生理病害的现象）</td><td></td></tr>
</table>

<table>
<tr><td colspan="2">植物中文名称：百合（11号样品）</td><td colspan="2">来源国：荷兰</td><td>种植数量：3株</td></tr>
<tr><td colspan="5">隔离种植物类别：☑苗木　□种子　□试管苗　□其他（明确类别）：</td></tr>
<tr><td colspan="5">检疫审批单号：10201600442</td></tr>
<tr><td colspan="3">种植地点：普通隔离温室</td><td colspan="2">种植时间：2015年6月16日至2015年9月15日</td></tr>
<tr><td colspan="5">种植基础条件：
种植数量：每花盆种植3株
温度：25～30℃
湿度：50％～80％</td></tr>
<tr><td>时间（月/日）</td><td>生育期</td><td colspan="2">栽培管理要点或有害生物发生情况记录</td><td>记录人</td></tr>
<tr><td>6/16</td><td>苗期</td><td colspan="2">种球播种，每盆3棵，温湿度分别为22℃，52％</td><td></td></tr>
<tr><td>6/22</td><td>苗期</td><td colspan="2">6月19日，6月21日两次停电，隔离温室温度过高，种球有坏死现象，无出苗</td><td></td></tr>
<tr><td>6/30</td><td>苗期</td><td colspan="2">无出苗</td><td></td></tr>
<tr><td colspan="4">隔离温室温度过高，种球坏死，检疫提前结束</td><td></td></tr>
</table>

<table>
<tr><td colspan="2">植物中文名称：百合（12～14 号样品）</td><td>来源国：荷兰</td><td>种植数量：各品种 5 株</td></tr>
<tr><td colspan="4">隔离种植物类别：☑苗木　□种子　□试管苗　□其他（明确类别）：</td></tr>
<tr><td colspan="4">检疫审批单号：10201600924</td></tr>
<tr><td colspan="2">种植地点：普通隔离温室</td><td colspan="2">种植时间：2015 年 9 月 21 日至 2015 年 12 月 8 日</td></tr>
<tr><td colspan="4">种植基础条件：
种植数量：每花盆种植 5 株
温度：25～30℃
湿度：50%～80%</td></tr>
<tr><td>时间（月/日）</td><td>生育期</td><td>栽培管理要点或有害生物发生情况记录</td><td>记录人</td></tr>
<tr><td>9/21</td><td>苗期</td><td>种植百合种球</td><td></td></tr>
<tr><td>9/22</td><td>苗期</td><td>出苗，植株长势正常</td><td></td></tr>
<tr><td>9/26</td><td>苗期</td><td>浇水</td><td></td></tr>
<tr><td>9/30</td><td>苗期</td><td>植株长势正常</td><td></td></tr>
<tr><td>10/5</td><td>苗期</td><td>植株长势良好</td><td></td></tr>
<tr><td>10/10</td><td>苗期</td><td>植株长势良好</td><td></td></tr>
<tr><td>10/14</td><td>现蕾期</td><td>植株长势良好</td><td></td></tr>
<tr><td>10/18</td><td>现蕾期</td><td>植株长势良好</td><td></td></tr>
<tr><td>10/22</td><td>现蕾期</td><td>索邦品种有一株长势较弱，其他良好</td><td></td></tr>
<tr><td>10/26</td><td>现蕾期</td><td>索邦品种 5 株皆叶尖黄褐色，黄萎脱落无花蕾。木门品种 5 株皆叶片畸形斑驳。西伯利亚品种正常</td><td></td></tr>
<tr><td>10/28</td><td>现蕾期</td><td>索邦品种情况有所恶化，其中一株叶片只顶部未脱落。木门品种畸形无花蕾</td><td></td></tr>
<tr><td>11/4</td><td>现蕾期</td><td>索邦品种叶片中下部有斑驳的现象</td><td></td></tr>
<tr><td>11/12</td><td>现蕾期</td><td>木门品种和索邦品种由于发病未形成花蕾</td><td></td></tr>
<tr><td>11/20</td><td>现蕾期</td><td>索邦品种一株枯死</td><td></td></tr>
<tr><td>11/24</td><td>现蕾期</td><td>专家采样一个索邦品种 10cm 茎段和 9 片叶片</td><td></td></tr>
<tr><td>11/28</td><td>花期</td><td>索邦品种、木门品种未开花，西伯利亚品种待开花</td><td></td></tr>
<tr><td>12/8</td><td>花期</td><td>索邦品种和木门品种病状逐渐向上部叶片蔓延，多数已到顶叶，未见花蕾。西伯利亚品种待开花</td><td></td></tr>
<tr><td colspan="3">发现有类似病毒病症状，请专家采样检测</td><td></td></tr>
</table>

植物中文名称：百合（15～16号样品）		来源国：荷兰	种植数量：各品种5株
隔离种植物类别：☑苗木　□种子　□试管苗　□其他（明确类别）：			
检疫审批单号：10201600937			
种植地点：普通隔离温室		种植时间：2015年9月21日至2015年12月8日	
种植基础条件： 种植数量：每品种种植两个花盆，一个花盆3株，一个花盆2株 温度：25～30℃ 湿度：50％～80％			

时间（月/日）	生育期	栽培管理要点或有害生物发生情况记录	记录人
9/21	苗期	种植百合种球	
9/22	苗期	出苗，植株长势正常	
9/26	苗期	浇水	
9/30	苗期	植株长势正常	
10/5	苗期	植株长势良好	
10/10	苗期	植株长势良好	
10/14	现蕾期	植株长势良好	
10/18	现蕾期	植株长势良好	
10/22	现蕾期	植株长势良好	
10/26	现蕾期	木门品种有一株矮化、两株叶片斑驳未形成花蕾。西伯利亚品种有一株畸形矮化未形成花蕾	
10/28	现蕾期	木门品种有一株矮化、两株叶片斑驳未形成花蕾。西伯利亚品种有一株畸形矮化未形成花蕾，其他花蕾正常	
11/18	现蕾期	浇水，花蕾明显	
11/24	现蕾期	木门品种有一株矮化、两株叶片斑驳未形成花蕾。西伯利亚品种有一株畸形矮化未形成花蕾，其他花蕾正常。请专家观察	
11/28	花期	待开花	
12/2	花期	植株开花	
12/8	花期	木门品种有一株矮化、两株叶片斑驳未形成花蕾未开花。西伯利亚品种有一株畸形矮化未形成花蕾未开花，其他皆已开花	
木门品种有一株矮化、两株叶片斑驳未形成花蕾未开花，西伯利亚品种有一株畸形矮化未形成花蕾未开花。其他正常。请专家观察，此品种未采样			

<table>
<tr><td colspan="2">植物中文名称：百合（17 号样品）</td><td>来源国：荷兰</td><td>种植数量：5 株</td></tr>
<tr><td colspan="4">隔离种植物类别：☑苗木　□种子　□试管苗　□其他（明确类别）：</td></tr>
<tr><td colspan="4">检疫审批单号：10201600949</td></tr>
<tr><td colspan="2">种植地点：普通隔离温室</td><td colspan="2">种植时间：2015 年 9 月 21 日至 2015 年 12 月 8 日</td></tr>
<tr><td colspan="4">种植基础条件：
种植数量：种植两个花盆，一个花盆 3 株，一个花盆 2 株
温度：25～30℃
湿度：50%～80%</td></tr>
</table>

时间（月/日）	生育期	栽培管理要点或有害生物发生情况记录	记录人
9/21	苗期	种球播种	
9/22	苗期	出苗，植株长势正常	
9/26	苗期	浇水	
9/30	苗期	植株长势正常	
10/5	苗期	植株长势良好	
10/10	苗期	植株长势良好	
10/14	现蕾期	植株长势良好	
10/18	现蕾期	植株长势良好	
10/22	现蕾期	植株长势良好	
10/26	现蕾期	索邦品种有三株矮化畸形未形成花蕾	
10/28	现蕾期	三株矮化未形成花蕾。其他花蕾正常	
11/18	现蕾期	浇水，三株矮化畸形未形成花蕾，另两株花蕾明显	
11/24	现蕾期	专家采样一株，采 10cm 左右茎段	
11/28	花期	待开花	
12/2	花期	索邦品种 2 株开花	
12/8	花期	三株矮化畸形未开花	
发现有类似病毒病症状，请专家采样检测			

<table>
<tr><td colspan="2">植物中文名称：百合（18号样品）</td><td>来源国：荷兰</td><td>种植数量：5株</td></tr>
<tr><td colspan="4">隔离种植物类别：☑苗木　☐种子　☐试管苗　☐其他（明确类别）：</td></tr>
<tr><td colspan="4">检疫审批单号：10201600870</td></tr>
<tr><td colspan="3">种植地点：普通隔离温室</td><td>种植时间：2015年9月21日至2015年12月8日</td></tr>
<tr><td colspan="4">种植基础条件：
种植数量：一花盆种植3株，一个花盆种植2株
温度：25～30℃
湿度：50％～80％</td></tr>
<tr><td>时间（月/日）</td><td>生育期</td><td>栽培管理要点或有害生物发生情况记录</td><td>记录人</td></tr>
<tr><td>9/21</td><td>苗期</td><td>种植百合种球</td><td></td></tr>
<tr><td>9/22</td><td>苗期</td><td>出苗，植株长势正常</td><td></td></tr>
<tr><td>9/26</td><td>苗期</td><td>浇水</td><td></td></tr>
<tr><td>9/30</td><td>苗期</td><td>植株长势正常</td><td></td></tr>
<tr><td>10/5</td><td>苗期</td><td>植株长势良好</td><td></td></tr>
<tr><td>10/10</td><td>苗期</td><td>植株长势良好</td><td></td></tr>
<tr><td>10/14</td><td>现蕾期</td><td>植株长势良好</td><td></td></tr>
<tr><td>10/18</td><td>现蕾期</td><td>植株长势良好</td><td></td></tr>
<tr><td>10/22</td><td>现蕾期</td><td>植株长势良好</td><td></td></tr>
<tr><td>10/26</td><td>现蕾期</td><td>索邦品种两株少数叶片有斑驳现象，有一株叶片扭曲畸形未形成花蕾</td><td></td></tr>
<tr><td>10/28</td><td>现蕾期</td><td>索邦品种一株叶片扭曲畸形未形成花蕾。其他花蕾正常</td><td></td></tr>
<tr><td>11/18</td><td>现蕾期</td><td>浇水，索邦品种一株叶片扭曲畸形未形成花蕾。其他花蕾明显</td><td></td></tr>
<tr><td>11/24</td><td>现蕾期</td><td>专家采样索邦品种一段10cm茎段</td><td></td></tr>
<tr><td>11/28</td><td>花期</td><td>待开花</td><td></td></tr>
<tr><td>12/2</td><td>花期</td><td>除索邦品种一株未开花外，其他皆已开花</td><td></td></tr>
<tr><td>12/8</td><td>花期</td><td>索邦品种中有两株少数叶片斑驳的未影响开花。一株叶片扭曲畸形未形成花蕾</td><td></td></tr>
<tr><td colspan="3">发现有类似病毒病症状，请专家采样检测</td><td></td></tr>
</table>

>>> 第四章　玉米种子隔离种植情况

一、国内外玉米生产情况

玉米（*Zea mays* L.）又名玉蜀黍、包谷、苞米、棒子，属禾本科玉蜀黍属，一年生草本植物。玉米起源于美洲大陆，有数千年的栽培历史，是人类种植最广泛的谷类作物之一，也是产业链最长的粮食品种，玉米营养丰富、用途广泛，不仅可以直接食用和饲用，还可以进行深加工，目前美国玉米加工产品多达 3 500 余种。20 世纪中叶在发达国家玉米生产逐渐转为以饲料生产为主要目的，目前世界生产玉米的 70%左右作为饲料。随着化学工业的发展，玉米在食品、工业、发酵、医药、纺织、造纸等生产中制造出种类繁多的产品，因此玉米被称为粮食-经济-饲料三元作物。

1. 世界玉米种植与生产情况

世界上主要玉米生产国是美国和中国，2007 年两国的收获面积合计占到世界的 40%，生产了世界上 61.7%的玉米。在面积超过 100 万 hm^2 的国家中美国的单产水平最高，其他单产较高的国家主要为中东的约旦、科威特、以色列、卡塔尔等。2006 年世界主要玉米出口国是美国、阿根廷、法国和巴西等，其中美国生产量的 21.6%（5 788 万 t）用于出口，占世界出口量的 60%。主要进口国是日本、韩国、墨西哥、西班牙、埃及和马来西亚等，其中日本和韩国分别进口了贸易量的 18%和 9%。

据联合国粮食及农业组织 2015 年统计，玉米的种植面积不断增加，单产水平不断提高。尤其是近年来拉丁美洲、加勒比海、撒哈拉以南的非洲地区玉米种植面积和产量增长迅速，玉米成为世界产量第一位的主要粮食作物，排在小麦、水稻之前。美国是世界上最大的玉米生产国，玉米产量约占全世界产量的一半，是机械化、规模化高产高效生产管理技术先进国家。美国玉米生产技术简化有效，生产的关键环节和技术着重于播前准备、播种和收获，收获后施肥、处理秸秆与综合整地，生育期间基本上不进行田间管理。玉米田以深松为主，很少见到翻耕。玉米生产的土地耕作和培肥地力主要集中在收获后进行，为春季及时高质量播种和玉米生长发育创造了良好条件。采用大型联合机械收获玉米籽粒，机械收获玉米籽粒损失率一般在 3%～4%。

2. 我国玉米种植与生产情况

玉米大约 16 世纪中叶相继传入中国南北各省，17～18 世纪传遍全国各地，并较大面积种植。中国玉米种植历史较短，但发展速度较快。我国东起台湾和沿海各省，西至青藏高原和新疆，南起海南省，北至黑龙江省黑河地区都有玉米种植，是世界上唯一的春夏秋冬“四季玉米”之乡。玉米是近年来中国主要粮食作物中面积和产量增长最快的作物，已成为粮食增产的主力军。2004—2012 年，中国玉米种植面积增加了 1 088.1 万 hm^2，增幅为 45.2%，占粮食面积增量的 91.6%，玉米产量增加了 923 亿 kg，增幅为 79.7%，玉米增产对全国粮食增产的贡献率高达 58.1%。根据国家统计局对全国 31 个省份农业生产经营户的抽样调查和农业生产经营单位的全面统计，2015 年全国玉米播种面积、单位面积产量以及总产量分别为 3 811.7 万 hm^2、5 891.9kg/hm^2、22 458.0 万 t。

玉米在中国农业生产中占有重要地位，大力发展玉米生产对保障国家粮食安全具有重要的战略意义。新中国成立以来，玉米在我国农业生产中的地位日益凸显，种植面积和总产量占全国的比重分别由20世纪50年代的11.3%、10.7%提高到90年代的20.4%、23.4%。进入新世纪，我国玉米生产呈跨越式发展态势。中国东北、西北灌区、黄淮海平原基本适合玉米生长（37°～45°N），也是我国玉米的主产区。东北、黄淮海地区年降水量600～620mm，为湿润大陆气候，土壤肥沃，适宜玉米种植。我国幅员辽阔，但玉米生产地分布不均，受运输能力限制，成为世界上唯一的同时大量进口和出口玉米的国家，从进出口差值看已是净进口国。

我国玉米种植以春玉米和夏玉米为主。自2003年实施玉米优势区域规划以来，玉米生产布局日趋集中，品种和品质结构逐步优化，玉米生产能力稳定提高，主要有东北春玉米区、黄淮海夏玉米区、西南山地玉米区、西北旱地玉米区等四大优势产区。2007年东北和黄淮海两大产区玉米种植面积和产量分别占全国的70%和73%，西南地区玉米种植面积494.4万hm^2，成为国内玉米的又一个重要产区。鲜食玉米发展较快，东南沿海成为鲜食甜糯玉米的主产区。西南和内蒙古地区青贮玉米发展势头良好，促进了畜牧业发展和农业结构调整。目前玉米种植密度为每667m^2 3 500株左右，多粒播种，行距配置复杂多样，阻碍了机械化的发展。2007年东北春玉米、黄淮海夏玉米、西南山地三大玉米区平均行距61.3cm，比美国窄，变幅45～88cm；株距31.6cm，比美国长，变幅17～55cm，不利于玉米机械化作业。同时，我国玉米种植以家庭种植为主，不同农户在品种选择、播种、施肥和管理水平等方面存在较大差异，限制了我国玉米生产的规模化和机械化。在动力机械方面，仍以小型拖拉机为主。播种以小型机械式播种机为主，只能穴播2～3粒，不能单粒点播，作业速度慢。玉米收获时籽粒含水率约30%，一般采取摘穗方式。2008年我国玉米综合机械化水平51.8%，其中机耕水平73%，机播水平64.7%，机收水平10.6%。相当于先进国家20世纪70年代的水平，部分大型机械达到20世纪90年代水平。

3. 我国玉米种子引种情况

玉米是利用杂种优势时间最早、面积较大的作物，杂交玉米的培育和推广，是玉米种子商品发展史上的一个里程碑。新中国成立以来，玉米育种从常规育种技术发展到生物技术与诱变育种技术相结合，玉米杂种优势利用经历了农家品种评选、品种间杂交种、综合品种、双交种和单交种发展阶段。改革开放以来，以中单2号、丹玉13、掖单13、农大108和郑单958为典型代表的玉米主栽品种引领了中国玉米品种的5次大规模更新换代，这些品种具有较好的抗逆性和广泛的适应性，确立培育理想株型、增加密度、依靠群体获取高产的路径，代表中国玉米育种的方向。

玉米是一种生态广适性的世界性农作物，随着在粮食、饲料、工业等方面日益增长的经济价值以及杂交优势的应用，玉米种植面积持续扩大，产量持续增长，跨国种业公司几乎都无例外地以培育和经销杂交玉米为主业。很多国外种子公司通过合资经营、合作研究及种子贸易等多种形式进入中国玉米种子市场，培育出高产优质的玉米品种，如先玉335、正大号系列、迪卡号、德美亚等。随着种子市场开放，原分布于辽宁、河北、山西等地的玉米制种基地大举西迁，甘肃的河西走廊、宁夏、青海、内蒙古黄河灌区以及新近腹地凭借优越的地理位置和自然条件，已经发展成为全国规模最大、最具竞争力的玉米制种基地。

尽管如此，我国每年仍需从国外引进多个玉米品种，引进国家主要是阿根廷、法国、德国等（2014—2016年各个国家出口玉米种子量分别见图4-1、图4-2、图4-3），从表4-1可以看出，我国近年来引进玉米种子批次和数量基本稳定。

表4-1　我国近3年引进玉米种子量情况

	2014年	2015年	2016年（截至2016年10月）
引进批次（次）	201	194	184
引进量（t）	460.7	430.7	278.9

4. 我国玉米产业存在的问题

玉米种子是最基本的农业生产资料，玉米种子产业的良性发展关系到国家粮食安全和农业生产安

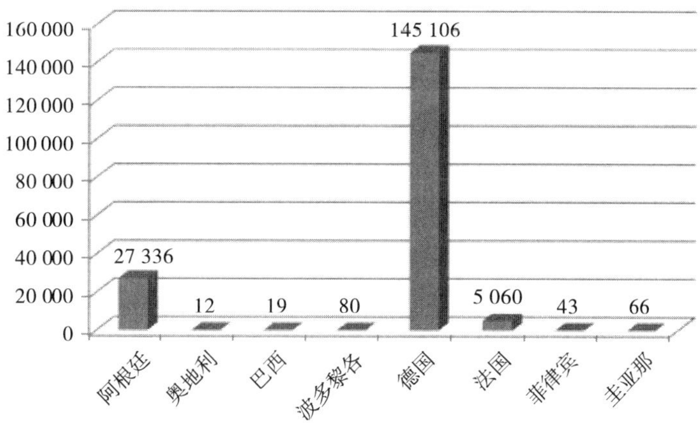

图 4-1　2014 年各个国家出口玉米种子量（kg）

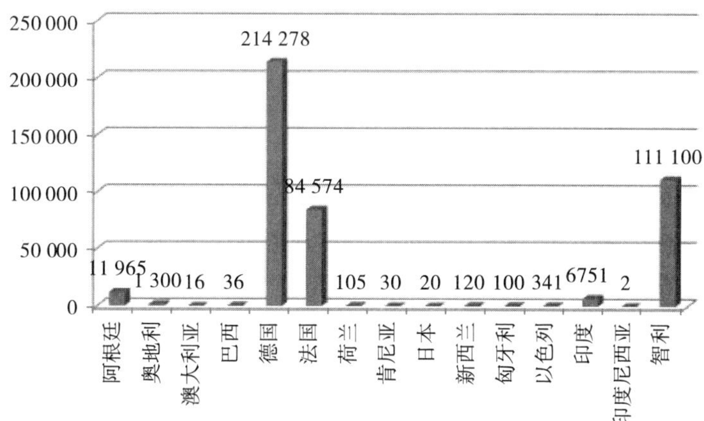

图 4-2　2015 年各个国家出口玉米种子量（kg）

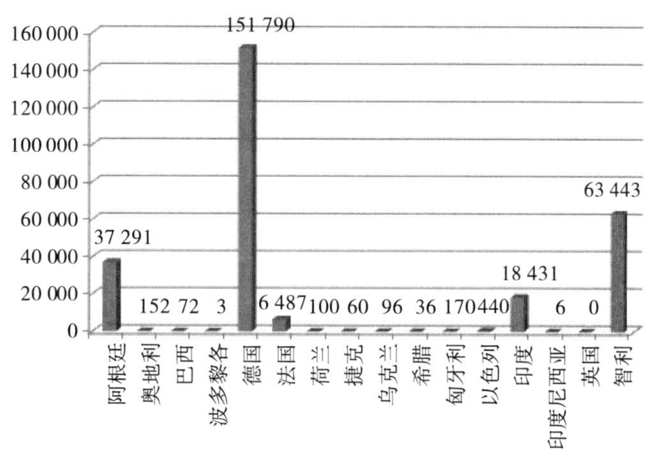

图 4-3　2016 年各个国家出口玉米种子量（kg）

全以及人们的生活水平。在品种方面，目前中国玉米种质遗传基础狭窄，育种材料创新力度不足，综合性状优良的骨干亲本材料匮乏，生产上缺乏突破性品种，玉米主产区品种多、乱、杂现象突出，多数品种不能适应高产、优质、多抗、广适和机械化作业的新需求，良种良法配套能力低。在田间生产方面，中国大多数玉米产区的农业基础设施较差，农业生态环境恶化，多年连作造成的土壤环境恶化，对玉米生产造成严重的不良影响。在病虫害方面，玉米病毒病、丝黑穗病、纹枯病、锈病和穗腐病、茎腐病等大面积发生，全国每年产量损失超过 1 000 万 t。在自然灾害方面，全国 70%以上的玉米经常遭受干旱威胁，每年因此造成的产量损失在 1 500 万 t 以上。在生产方式上，我国玉米生产从播种到收获机械化程度较低。

5. 主要有害生物

玉米有害生物很多，玉米细菌性枯萎病菌、玉米霜霉病菌、玉米晚枯病菌、玉米内州萎蔫病菌、玉米褪绿斑驳病毒、玉米褪绿矮缩病毒、玉米切根叶甲等有害生物是我国重点关注的检疫性有害生物。1997 年 12 月 29 日，中华人民共和国农业部发布公告，由于玉米细菌性枯萎病菌，我国禁止从亚洲的越南、泰国，欧洲的独联体成员、波兰、瑞士、意大利、罗马尼亚，美洲的加拿大、美国、墨西哥等国家或地区进口玉米种子。近年来，我国出入境检疫机构多次从德国进口的玉米种子中发现携带玉米褪绿斑驳病毒。

二、引进玉米种子隔离检疫计划

按照《全国农业技术推广服务中心关于组织开展国外引种隔离试种的通知》（农技植保函〔2016〕26 号）的要求，中心于 2016 年度重点对从国外引进的玉米、番茄、甜菜、多肉植物及百合等种苗进行隔离试种。根据《境外引进种苗隔离检疫规程》（NY/T 1217—2006）的要求，特制订境外引进玉米种子隔离检疫计划。

1. 隔离种植对象

中文名称：玉米。

学　　名：*Zea mays*。

全国农业技术推广服务中心植物检疫隔离场 2016 年度共收到国内 2 家企业需隔离种植的玉米样品 10 个，共计 7 批次。每品种拟种植数量为 100g。每个样品玉米品种名称、来源国家或地区、审批单号、引种单位名称等信息详见表 4-2。

拟种植时间：2016 年 5～10 月。

种植地点：全国农业技术推广服务中心植物检疫隔离场隔离温室。

表 4-2　2016 年隔离试种玉米种子信息

序号	检疫审批单号	品种	来源国家	引进单位	抽样单位	备注
1	10201500831	先正达超甜玉米（王朝）	智利	引种单位：吉林省保民种业有限公司 代理单位：北京奥立沃种业科技有限公司		企业送样
2	10201500491	CS710	阿根廷	引种单位：吉林省保民种业有限公司 代理单位：北京奥立沃种业科技有限公司		2015 年引进，企业送样
3	10201600354	CS710	阿根廷	引种单位：吉林省保民种业有限公司 代理单位：北京奥立沃种业科技有限公司		2016 年引进，企业送样
4	10201501394	益农玉10号母本(YN8-1)	法国	哈尔滨市益农种业有限公司	黑龙江省植检植保站	2016 年 3 月进口，8 月送样
5	23201500058	RAY101	法国	哈尔滨市益农种业有限公司	黑龙江省植检植保站	2015 年 12 月进口，8 月送样
6	23201500060	CHL201	法国	哈尔滨市益农种业有限公司	黑龙江省植检植保站	2015 年 12 月进口，8 月送样
7	23201500056	HY304	法国	哈尔滨市益农种业有限公司	黑龙江省植检植保站	2016 年 3 月进口，8 月送样
8	23201500060	CHL205	法国	哈尔滨市益农种业有限公司	黑龙江省植检植保站	2015 年 12 月进口，8 月送样
9	23201500056	HY303	法国	哈尔滨市益农种业有限公司	黑龙江省植检植保站	2016 年 3 月进口，8 月送样
10	23201500058	RAY102	法国	哈尔滨市益农种业有限公司	黑龙江省植检植保站	2015 年 12 月进口，8 月送样

2. 植物特点

玉米的根为须根系，除胚根外，还从茎节上长出节根：从地下节根长出的称为地下节根，一般

4～7层；从地上茎节长出的节根又称支持根、气生根，一般2～3层。株高1～4.5m，秆呈圆筒形。全株一般有叶15～22片，叶身宽而长，叶缘常呈波浪形。花为单性，雌雄同株。雄花生于植株顶端，圆锥花序；雌花生于植株中部叶腋内，肉穗花序。雄穗开花一般比雌花吐丝早3～5d。

3. 栽培与管理方法

同一批次的隔离种植物按照此计划集中种植，不同批次的隔离种植物必须相互隔离，以防止互相污染。

栽培前，隔离设施、介质、盆钵及专用器械应预先进行灭菌处理。且需记录隔离检疫环境的气候条件数据、田间管理情况等，有特殊要求的作物同时记载其他数据。

根据栽培种类的特点以及货主提供的植物栽培管理资料，采用适当的栽培管理措施。

具体栽培管理措施如下：

土壤温度稳定在10～12℃以上开始播种。合理密植使玉米植株群体发展适度，个体发育良好，充分利用光能和地力获得玉米高产的关键措施。密度的大小根据品种、土壤肥力条件、栽培制度来决定。一般大穗型、迟熟品种、春播套种、土壤肥力较高。一般每667m^2植2 800～3 000株。推选地膜覆盖栽培，起到增温保湿、保湿防旱、抑制杂草的作用。

4. 主要监测有害生物及监测方法

（1）生长管理与记录。玉米隔离试种生长期间，每周观察生长情况2次，定时记录生长状况，填写《隔离检疫情况记录表》，发现植株异常现象应在24h内报告专职检疫员。

（2）有害生物监测与记录。发现可疑植株应立即挂牌，并进行详细准确的描述和记录，将有害生物发生、发展过程记载于《隔离检疫情况记录表》中；发现可疑的检疫性有害生物，应立即取样送室内检验。

（3）主要监测有害生物。

玉米晚枯病菌［*Harpophora maydis*（Samra，Sabet & Hing.）W. Gams］

玉米晚枯病菌属真菌界（Fungi）子囊菌门（Ascomycota）粪壳菌纲（Sordariomycetes）巨座壳科（Magnaporthaccac）。在亚洲主要分布在印度，在欧洲主要分布在匈牙利，在非洲主要分布在埃及和肯尼亚。我国目前没有分布。

主要寄主为玉米，次要寄主为棉属（*Gossypium* spp.）和羽扇豆属（*Lupinus* spp.）。玉米晚枯病曾在埃及玉米生育后期大面积严重暴发，在部分地区田间发病率达到100%。茎秆受侵染后变干、凹陷、中空，维管束变为褐色。种子受侵染后表面无症状。在玉米生育后期，植株枯萎，叶片干枯暗绿，种子枯干，茎部维管束变色，茎干枯萎蔫。

该病菌在病残体内越冬，可在土壤内存活较长时间，孢子萌发的土壤最适温度为37℃。但土壤温度低、湿度大时，病害更易流行。病菌可耐高温，抗逆性强，可通过土壤和种子传播，种传率为11%。另外，该病菌还可以菌核的形态存活于病残体中。

玉米霜霉病菌（非中国种）（*Peronosclerospora* spp.）

玉米霜霉病菌属卵菌纲（Oomycetes）霜霉目（Peronosporales）霜霉科（Peronosporaceae）霜指霉属（*Peronosclerospora*），主要有4种病菌侵染玉米，分别是高粱霜指霉（蜀黍霜指霉）［*Peronosclerospora sorghi*（W. Weston & Uppal）C. G. Shaw］、甘蔗霜指霉［*Peronosclerospora sacchari*（T. Miyake）Shirai & Hara］、菲律宾霜指霉［*Peronosclerospora philippinensis*（W. Weston）C. G. Shaw］、玉蜀黍霜指霉（爪哇霜指霉）［*Peronosclerospora maydis*（Racib.）C. G. Shaw］。

高粱霜指霉主要寄主有玉米（*Zea mays* L.）、高粱（*Sorghum vulgare* Pers.）、须芒草属（*Andropogon*）、双花草属（*Dichanthium*）、假蜀黍属（*Euchlaena*）、黄芽属（*Heteropogon*）、黍属（*Panicum*）、狼尾草属（*Pennisetum*）、菅草属（*Themeda*）。病原菌为专性寄生菌，系统侵染兼局部侵染。主要分布在菲律宾、泰国、巴基斯坦、印度、孟加拉、尼泊尔、伊朗、以色列、也门；埃及、苏丹、加纳、尼日利亚、扎伊尔、肯尼亚、埃塞俄比亚、索马里、坦桑尼亚、赞比亚、乌干达、马拉维、津巴布韦、博茨瓦纳、南非；美国、墨西哥、危地马拉、洪都拉斯、萨尔瓦多、巴拿马、委内瑞拉、巴西、秘鲁、玻利维亚、阿根廷、乌拉圭；澳大利亚等。美国1961年首先在得克萨斯州发现此病，1970年扩大到11个州，1980年达到16个州。病菌引起的系统症状可出现在幼苗至开花期。玉米被系统侵染，病株第1片叶基部黄化，与健康部分之间有明显界限。此后各叶片发病部分扩大，以至整个叶片出现黄白色长条纹。在潮湿条件下，病叶正面和背面的褪绿条纹上长出白色霜霉状物。条纹可互相汇合，使叶片的下半部分或全部变为淡绿色至淡黄色，以致枯死。叶鞘与苞叶发病，症状与叶片相似。重病株矮小，叶片较窄而且直立，不能正常抽穗，或雌、雄花序畸形。在玉米上不产生卵孢子，而高粱叶片上则大量生成卵孢子使叶片破裂。高粱也可发生局部侵染，叶片上产生淡黄色长方形病斑，大小为（1～4）mm×（5～15）mm，多个病斑可相互汇合，叶片下表面生霉状物。该病菌在玉米上很少产生卵孢子，高粱叶片的褐色条斑中能产生大量卵孢子，这些卵孢子可附着在种子表面或随种子夹带的病残体传播。

甘蔗霜指霉主要寄生有玉米（*Zea mays* L.）、甘蔗（*Saccharum sinensis* Roxb.）、须芒草属（*Andropogon*）、孔颖草属（*Bothriochloa*）、稗属（*Echinochloa*）、蟋蟀草属（*Eleusine*）、假蜀黍属（*Euchlaena*）、金茅属（*Eulalia*）、芒属（*Miscanthus*）、黍属（*Panicum*）、棒头草属（*Polypogon*）、裂稃草属（*Schizachyrium*）、狗尾草属（*Setaria*）、高粱属（*Sorghum*）、摩擦禾属（*Tripsacum*）等多个属植物。该病菌在国外分布于印度、印度尼西亚、巴布亚新几内亚、日本、尼泊尔、菲律宾、泰国、越南、澳大利亚、斐济、尼日利亚，国内分布于云南、广西、台湾。是玉米和甘蔗上的严重病害，玉米最易感病。在玉米上，早期被侵染的幼苗矮小，死亡。一般在侵染后2～4d，叶片上生圆形褪绿病斑，病斑很小，以后发展成为系统症状，下部第3～6片叶产生若干条淡黄色至白色条纹或条斑，较宽，几乎与叶片等长。某些品种的叶片上，以及老叶上，条斑较窄且不连续。侵染较晚或中期侵染的病株，成熟前条斑可能消失。叶片两面以及叶鞘、苞叶上产生白色霜霉层。病株畸形，可产生多数小型不饱满的果穗，苞叶延长，雄花不正常，有些病株不育。玉米种子不传病，带菌的甘蔗插条是病害远距离传播的重要方式。

菲律宾霜指霉主要寄主有玉米（*Zea mays* L.）、燕麦（*Avena sativa*）、须芒草属（*Andropogon*）、孔颖草属（*Bothriochloa*）、假蜀黍属（*Euchlaena*）、金茅属（*Eulalia*）、芒属（*Miscanthus*）、甘蔗属（*Saccharum*）、裂稃草属（*Schizachyrium*）、高粱属（*Sorghum*）、摩擦禾属（*Tripsacum*）等多个属植物。国外分布于泰国、菲律宾、印度尼西亚、印度、日本、尼泊尔、巴基斯坦、毛里求斯、南非，美国及欧洲。国内报道在广西和台湾地区有分布。侵染寄主后，幼苗叶片失绿或产生褪绿条斑，后发展成为淡黄色或苍白色条斑，叶片背面生白色霜霉层。雄穗畸形，果穗全部或部分不育。早期发病植株矮小，枯死。田间罹病玉米、玉米以外的多年生寄主、杂草寄主提供主要的初侵染菌源，病原菌可在各季玉米以及不同寄主间交叉感染，辗转为害。分生孢子随风雨传播。玉米种子带菌，新鲜种子可以传病，但种子干燥后病原菌失活。

玉蜀黍霜指霉主要寄主有玉米（*Zea mays* L.）、羽高粱（*Sorghum plumosum*）、墨西哥假蜀黍（*Euchlaena mexicana*）以及狼尾草属（*Pennisetum*）、摩擦禾属（*Tripsacum*）植物。该病菌引起的玉米霜霉病是印度尼西亚玉米最严重的病害，年损失高达40%。幼苗发病后全株淡绿色、黄白色或白色，逐渐枯死。成株多自中部叶片的基部开始发病，逐渐向上发展。叶上初生淡绿色长条纹，可互相汇合，叶片下半部或全叶变为淡绿色、淡黄色。高湿条件下，褪绿条纹上长出白色霜霉层。叶鞘与苞叶发病，症状与叶片相似。病株矮小，偶尔抽雄，一般不结果穗，提早枯死。轻病株虽可抽雄结穗，但籽粒不饱满。在热带和亚热带病区病原菌在各季玉米之间交互感染，辗转为害。分生孢子不断再侵染。野生寄主也是重要侵染菌源。例如在澳大利亚昆士兰州多年生羽高粱上，病原菌在分蘖基部存活，度过旱季，成为下一季发病的菌源。田间排水不良，土壤黏重，高湿多露，氮肥过量等都有利于病害流行。

玉米褐条霜霉病菌（*Sclerophthora rayssiae* Kenneth，Kaltin et Wahl var. *zeae* Payak et Renfro）

玉米褐条霜霉病菌属藻菌界（Chromista）卵菌门（Oomycota）霜霉纲（Peronosporea）腐霉目（Pythiales）腐霉科（Pythiaceae）指梗疫霉属（*Sclerophthora*）。主要寄主为玉米（*Zea mays* L.）和马唐（*Digitaria sanguinalis*）。玉米褐条霜霉病最早于1962年在印度发生，1967年首次报道，发

生普遍，流行范围广，破坏性强，经济影响大。该病菌主要分布在亚洲的印度、缅甸、尼泊尔、巴基斯坦和泰国。发病初期，植株叶片病斑狭长，颜色为黄色或褪绿色，长度不一，宽3～7mm。受叶脉限制边缘明显，随后病斑变红紫色，使病叶似日灼状。病斑两面密布霜霉状物——病菌的孢子囊和孢囊梗。早期发病使籽粒发育受阻，种子不饱满，植株提前死亡。病菌可以卵孢子的形态在土壤内或在野生马唐草内越冬，在土壤病残体中至少存活3年，抗逆性强。该病菌可通过种苗、混杂于货物中的土壤颗粒和病残体远距离传播。

玉米褪绿斑驳病毒（*Maize chlorotic mottle virus*，MCMV）

玉米褪绿斑驳病毒属番茄丛矮病毒科（*Tombusviridae*）玉米褪绿斑驳病毒属（*Machlomovirus*）。

1973年秘鲁首次报道该病毒，此后美国相继报道该病毒的发生，1976年该病在堪萨斯州暴发，造成严重危害。该病毒主要分布于阿根廷、墨西哥、秘鲁、美国（堪萨斯州、内布拉斯加州、夏威夷）等地。该病毒的自然寄主有玉米、小麦、黍、大麦等。据报道，自然侵染情况下，玉米褪绿斑驳病毒可引起10%～15%的产量损失。

我国口岸机构从来自德国的玉米种子中检出该病毒。该病毒侵染玉米会引起叶片褪绿斑驳、节间变短、植株矮化、穗发育差或无穗、成熟前植株死亡等症状。通常受侵染的玉米植株越矮小发病越严重。该病毒能与其他病毒复合侵染，往往给农业生产造成更大损失。例如与玉米矮花叶病毒（*Maize dwarfmosaic virus*）、小麦条纹花叶病毒（*Wheat streak mosaic virus*）或甘蔗花叶病毒（*Sugar cane mosaic virus*）复合侵染，作物产量损失最高可达91%，平均损失75%。

该病毒主要通过昆虫、种子携带、机械传播等方式蔓延扩散。其中种子带毒是远距离传播的重要途径，且种子传毒率与种子的质量无相关性。

玉米褪绿矮缩病毒（*Maize chlorotic dwarf virus*，MCDV）

玉米褪绿矮缩病毒为小RNA病毒科（*Picornavirales*），水稻矮化病毒属（*Waikavirus*）。主要寄主有玉米（*Zea mays* L.）、玉蜀黍属（*Zea*）、谷子（*Setaria italica*）、苏丹草（*Sorghum sudanense*）、石茅（*Sorghum halepense*）、狗尾草属（*Setaria*）、蟋蟀草属（*Eleusine*）。主要分布在美国。为害寄主根、花、茎、枝、叶及种子。发病早期，在幼小叶片的叶轮处表现褪绿，被害叶不卷曲，在叶上的二级脉和三级脉之间褪绿条纹明显，叶片黄化或变红，节间中度至严重矮化。玉米染病后症状明显，黄化或变红，节间中度至严重矮化。若与玉米粗缩病毒（*Maize rough dwarf virus*，MRDV）复合侵染，为害更严重。在田间，叶蝉作为媒介传播病毒，主要传毒介体为黑脸叶蝉（*Graminella nigrifrons*）、*Graminella sonora* 和 *Exitianus exitiosus* 等，以半持久方式传播。昆虫蜕皮时病毒消失，病毒不在昆虫体内繁殖。雌、雄若虫都能传毒，卵不传递病毒。病毒不能通过虫体传给下一代。机械接种、植株间接触、种子、花粉均不能传播病毒。

小麦线条花叶病毒（*Wheat streak mosaic virus*，WSMV）

小麦线条花叶病毒为马铃薯Y病毒科（*Potyviridae*）小麦花叶病毒属（*Tritimovirus*）。主要寄主有玉米（*Zea mays* L.）、普通小麦（*Triticum aestivum*）、高粱（*Sorghum bicolor*）、谷子（*Setaria italica*）、黑麦（*Secale cereale*）、燕麦（*Avena sativa*）、大麦（*Hordeum vulgare*）、多花黑麦草（*Lolium multiflorum*）、黑麦草（*Lolium perenne*）、稻（*Oryza sativa*）、无芒雀麦（*Bromus inermis*）、稗（*Echinochloa crusgalli*）、毛线稗（*Panicum capillare*）、狗尾草（*Setaria viridis*）、倒刺狗尾草（*Setaria verticillata*）、稷（*Panicum miliaceum*）等。国外主要分布在美国、加拿大、墨西哥、澳大利亚、阿根廷、保加利亚、波兰、俄罗斯、克罗地亚、罗马尼亚、摩尔多瓦、塞尔维亚和黑山、斯洛伐克、乌克兰、匈牙利、意大利、土耳其、哈萨克斯坦、日本、乌兹别克斯坦、叙利亚、伊朗、印度、约旦。国内在甘肃、新疆有报道。病毒在田间可通过汁液和郁金香瘤螨（*Aceria tulipae*）传播，郁金香瘤螨在冬小麦上越冬，小麦返青后即在心叶为害产卵繁殖，抽穗后转入穗部，灌浆时转入小麦颖壳或麦粒表面，麦收后转入附近的玉米、高粱、糜子、狗尾草、冰草、芦苇及自生麦上，秋播小麦出苗后转入麦田，构成侵染循环，实现定殖。远距离传播主要靠带病小麦种子的调运。

玉米内州萎蔫病菌 [*Clavibacter michiganensis* subsp. *nebraskensis* (Vidaver et al.) Davis et al.]

玉米内州萎蔫病菌又名密执安棒形杆菌内布拉斯加亚种，属厚壁菌门（Firmicutes）厚壁菌纲（Firmibacteria）棒形杆菌属（*Clavibacter*）可为害玉米（*Zea mays* L.）、狗尾草（*Setaria viridis*）、稗（*Echinochloa crus-galli*）和甘蔗（*Saccharum sinensis* Roxb.）。主要分布在美国、加拿大等地区，是北美地区玉米上的严重病害。美国于1969年首次报道，该病是一种可造成玉米矮缩和枯萎的维管束病害，我国口岸机构曾在从美国进口的饲用玉米中检出该病菌。该病菌可随种子传播。

菊基腐病菌 [*Dickeya chrysanthemi* (Burkholder et al.) Samson et al.]

菊基腐病菌为细菌，属肠杆菌目（Enterobacteriales）肠杆菌科（Enterobacteriaceae）*Dickeya*属。菊基腐病菌寄主广泛，主要为害玉米（*Zea mays* L.）、美叶光萼荷（*Aechmea fasciata*）、亮丝草属（*Aglaonema*）、葱（*Allium fistulosum*）、洋葱（*Allium cepa*）、蒜（*Allium sativum*）、菠萝[*Ananas comosus*（Linn.）Merr.]、银莲花属（*Anemone*）、芹属（*Apium*）、天南星科（Araceae）、秋海棠属（*Begonia*）、臂形草属（*Brachiaria*）、青菜（*Brassica chinensis*）、野甘蓝（*Brassica oleracea*）、甘蓝（*Brassica oleracea* var. *capitata*）、美人蕉属（*Canna*）、辣椒属（*Capsicum*）、青葙（*Celosia argentea*）、茼蒿属（*Chrysanthemum*）、菊苣属（*Cichorium*）、芋头（*Colocasia esculenta*）、甜瓜（*Cucumis melo*）、葫芦科（Cucurbitaceae）、仙客来属（*Cyclamen*）、香附子（*Cyperus rotundus*）、大丽花属（*Dahlia*）、野胡萝卜（*Dahlia pinnata*）、胡萝卜（*Daucus carota* var. *sativa*）、石竹属（*Dianthus*）、花叶万年青属（*Dieffenbachia*）、缘叶龙血树（*Dracaena marginata*）、小豆蔻（*Elettaria cardamomum*）、一品红（*Euphorbia pulcherrima*）、向日葵（*Helianthus annuus*）、风信子属（*Hyacinthus*）、白茅（*Imperata cylindrica*）、番薯（*Ipomoea batatas*）、长寿花（*Kalanchoe blossfeldana*）、莴苣（*Lactuca sativa*）、番茄（*Lycopersicon esculentum*）、紫苜蓿（*Medicago sativa*）、大蕉（*Musa paradisiaca*）、蕉麻（*Musa textilis*）、烟草（*Nicotiana tabacum*）、瘤瓣兰属（*Oncidium*）、仙人掌属（*Opuntia*）、稻（*Oryza sativa*）、大黍（*Panicum maximum*）、灰白银胶菊（*Parthenium argentatum*）、雀稗属（*Paspalum*）、洋香葵（*Pelargonium capitatum*）、马蹄纹天竺葵杂种（*Pelargonium zonale* hybrids）、象草（*Pennisetum purpureum*）、碧冬茄（*Petunia hybrida*）、蝶兰属（*Phalaenopsis*）、蝴蝶兰（*Phalaenopsis aphrodite*）、喜林芋属（*Philodendron*）、报春花属（*Primula*）、西洋梨（*Pyrus communis*）、萝卜属（*Raphanus*）、甘蔗（*Saccharum officinarum*）、非洲紫苣苔（*Saintpaulia ionantha*）、蝎子掌（*Sedum spectabile*）、茄（*Solanum melongena*）、马铃薯（*Solanum tuberosum*）、高粱属（*Sorghum*）、合果芋（*Syngonium podophyllum*）、菊蒿（*Tanacetum parthenium*）、郁金香属（*Tulipa*）、多枝臂形草（*Urochloa mutica*）、可可芋（*Xanthosoma caracu*）。主要分布在美国、加拿大、海地、澳大利亚、新西兰、南非、巴西、奥地利、比利时、波兰、德国、俄罗斯、法国、丹麦、荷兰、罗马尼亚、葡萄牙、挪威、瑞典、瑞士、塞尔维亚和黑山、苏格兰、西班牙、希腊、匈牙利、意大利、英国、叙利亚、以色列、印度、日本等国家。

该病菌是一种易侵染根、块茎、扦插条及肥厚叶片等多汁、肉质植物器官的软腐病菌，也可以造成维管束萎蔫。病菌在木质部内繁殖，造成系统侵染，特别是当进行无性繁殖时，病菌可潜伏在繁殖植物中并通过插条传播，马铃薯块茎是重要的病原传播源。该病菌能造成菊花、玉米、花叶万年青、猩猩木、香蕉茎腐，喜林芋、非洲紫苣苔、广东万年青叶腐，马铃薯及大丽花萎蔫、矮缩及块茎腐烂，石竹枯萎、矮缩。病菌可在土壤中的植物碎片上存活，寄生于作物残体上，通过病薯茎、枝繁殖和种薯的假植繁苗使病害传播和扩散。

玉米细菌性枯萎病菌 [*Pantoea stewartii* subsp. *stewartii* (Smith) Mergaert et al.]

玉米细菌性枯萎病又称斯氏细菌枯萎病（Stewart's disease），是由斯氏泛菌斯氏亚种引起的，病菌属肠杆菌目（Enterobacteriales）肠杆菌科（Enterobacteriaceae）泛菌属（*Pantoea*）。1895年Stewart首次在美国长岛的甜玉米上发现该病。该病主要侵染玉米，特别是甜玉米，同时也侵染马齿玉米、粉质玉米、硬粒玉米和爆裂玉米。主要分布在北美洲的加拿大、美国和墨西哥，南美洲的巴西和秘鲁，中美洲和加勒比海地区的哥斯达黎加和波多黎各。

玉米细菌性枯萎病在玉米的各个生育期均能发生为害，是一种典型的维管束病害。最初的症状表现为叶片出现灰绿色至黄色线状条斑，有不规则形或波浪形的边缘，与叶脉平行，严重的可延伸到全叶。这些条斑迅速变黄褐干枯，在近地面处茎的髓部变为中空。细菌通过维管束扩展，有时从维管束切口处流出黄色细菌脓液。有的还能进入籽粒。受害株变矮或雄花过早变白死亡。在田间，带菌媒介昆虫是重要的传播途径，远距离扩散传播的主要途径为带菌种子的调运。

玉米胞囊线虫（*Heterodera zeae* Koshy er al）

玉米胞囊线虫属垫刃目（Tylenchida）异皮线虫亚科（Heteroderinae）异皮线虫属（*Heterodera*）。主要为害玉米、普通小麦、大麦、高粱、燕麦、洋葱、柑橘属（*Citrus*）、甘蔗、谷子、苏丹草（*Sorghum sudanense*）、墨西哥假蜀黍（*Zea mexicana*）。主要在美国、印度等地发生为害。

玉米胞囊线虫在根部为害，整株植物矮化，早期植物衰老，叶片颜色不正常，茎发育迟缓，根部发育不完全，胞囊伏在根的表面。该线虫自然传播有限，主要是通过机械、土壤、水、昆虫等进行传播。

豚草（属）（*Ambrosia* spp.）

豚草属为双子叶植物纲（Dicotyledoneae）菊目（Asterales）菊科（Compositae），是世界公认的广布型恶性害草。国外主要分布在日本、韩国、印度、俄罗斯、阿塞拜疆、土耳其、奥地利、比利时、克罗地亚、捷克、法国、德国、匈牙利、意大利、立陶宛、卢森堡、摩尔多瓦、波兰、葡萄牙、罗马尼亚、斯洛伐克、瑞典、瑞士、英国、乌克兰、毛里求斯、加拿大、美国、墨西哥、古巴、瓜德罗普、危地马拉、牙买加、马提尼克、阿根廷、玻利维亚、巴西、智利、哥伦比亚、巴拉圭、秘鲁、乌拉圭、澳大利亚和新西兰。

豚草为一年生草本植物，种子多，生长繁茂，消耗水、肥超过作物数倍，严重影响作物的生长。花粉能引起人皮炎和枯草高热病。主要随人类的活动裹挟传播扩散，果实顶端的尖角会刺入轮胎或其他物品，随交通工具带入散布；也沿交通线扩散传播；豚草种子还可随流水传播，也可借鸟类和牲畜携带传播。我国口岸机构曾在美国、加拿大、土耳其进口小麦，美国、加拿大、阿根廷、澳大利亚、俄罗斯进口大豆，韩国进口波斯菊，美国、加拿大、日本进口玉米，澳大利亚进口羊毛及俄罗斯进口荞麦，美国进口亚麻籽中发现。

不实野燕麦（*Avena sterilis* L.）

不实野燕麦为莎草目（Cyperales）禾本科（Gramineae）燕麦属（*Avena*）。主要在谷类田间为害。分布在美国、澳大利亚、新西兰、阿尔及利亚、埃及、埃塞俄比亚、肯尼亚、摩洛哥、突尼斯、阿根廷、秘鲁、法国、葡萄牙、希腊、英国、阿富汗、巴基斯坦、朝鲜、黎巴嫩、以色列等国家。

不实野燕麦为一年生草本，种子繁殖，易混生于粮食作物播种地，是最常见和最密集的杂草，曾经被当作牧草种植。如今在北非、西班牙南部、意大利、黎巴嫩、土耳其和希腊，是为害冬小麦最严重的杂草。不实野燕麦主要以种子繁殖，种子产量高，生命力强，生长快，具有极强的竞争性，能快速形成优势种。一旦进入农田，很难防治，且影响机械化收割作业。我国口岸结构曾多次在进口货物中截获不实野燕麦种子。

蒺藜草属（非中国种）（*Cenchrus* spp.）

蒺藜草属隶属于禾本科黍族蒺藜草亚族，约有23种，分布于全世界热带和温带地区，主要在美洲和非洲温带的干旱地区，如亚洲南部和西部到澳大利亚有分布。蒺藜草属（非中国种）是谷物、甘蔗、棉花、大豆、紫花苜蓿、咖啡、可可和果园、葡萄园的有害杂草，刺苞还直接伤害人、畜，是很难防治的一类杂草。

据统计，2009—2011年在全国进境货物中共截获蒺藜草属8种，主要有印度蒺藜草（*Cenchrus biflorus*）、美洲蒺藜草（*Cenchrus ciliaris*）、刺蒺藜草（*Cenchrus echinatus*）、疏花蒺藜草（*Cenchrus pauciflorus*）等。2013年，我国口岸机构首次截获鼠尾蒺藜草（*Cenchrus myosuroides*）。鼠尾蒺藜草为多年生杂草，在我国没有发生分布，主要分布于美国南部、墨西哥、加勒比海地区和阿根廷，整个南美洲更常见。该杂草是进口阿根廷大麦双边议定书上重点关注的检疫对象。鼠尾蒺藜草识别特征：小穗一枚生于刺状总苞内，刺状总苞近圆筒形，长约 5.5mm，具多枚硬刺状刚毛，基部具短而粗的总梗；刚毛圆形，仅基部合生，表面具小倒刺，边缘无毛，直立或斜向上分散；结实小花外稃革质，背面平坦，先端尖，长约 4.5mm，宽约 1.7mm，5 脉；内稃革质，具 2 脉。颖果卵形，两侧扁，长 2.34mm，宽 1.37mm，胚大，占颖果总长度的 2/3。

匍匐矢车菊（*Centaurea repens* L.）

匍匐矢车菊属菊目（Asterales）菊科（Asteraceae）矢车菊属（*Centaurea*），是多年生杂草，具有发达的匍匐状根系，主根能深入土壤（超过 10m）并以根系快速定植、繁殖和扩散。根系分泌的化感物质严重影响其他作物生长，化学防治和土壤处理也非常困难，是一种能造成田园荒芜的恶性杂草。主要分布在加拿大、特立尼达和多巴哥、澳大利亚、美国、南非、阿根廷、土耳其、阿富汗、伊朗、印度等国家。

果实及种子形态特征：瘦果倒卵形，长 3～4mm，宽 2～3mm，顶端较宽而截平，中央具 1 短喙，喙长约 0.3mm，果皮表面乳白色，约有 10 条不清楚的纵肋条，有蜡状光泽。果内含 1 粒种子，呈棕红色，胚体大，直生，无胚乳。

匍匐矢车菊主要随粮食和牧草等携带远距离传播。我国口岸曾在进口小麦、大豆、玉米中均有截获，广西口岸在 2013 年首次从进口澳大利亚燕麦中截获匍匐矢车菊。

银毛龙葵（*Solanum elaeagnifolium* Cay.）

银毛龙葵属于茄科（Solanaceae）茄属（*Solanum*），是一种竞争力和危害性极强的杂草。原产美国西南部和墨西哥北部，现已蔓延到美国全境，被 21 个州列为有害杂草。20 世纪以来相继在其原产地以外的地区被发现，目前已扩散到大洋洲、欧洲、中南美洲、亚洲、非洲的 36 个国家。银毛龙葵在全球的扩散始于 20 世纪初期，最早于 1901 年在澳大利亚新南威尔士州发现，此后相继在阿根廷和智利（1903 年）、巴基斯坦（1905 年）、南非（1905 年）、古巴（1918 年）、瑞典（1929 年）、哥伦比亚（1927 年）、波多黎各（1935 年）、法国（1955 年）、塞浦路斯（1958 年）、以色列（1969 年）、伊拉克和荷兰（1970 年）、日本和巴哈马（1979 年）、西班牙（1982 年）、芬兰（1985 年）、印度（1986 年）、科威特（1993 年）、摩洛哥（1999 年）、克罗地亚（2010 年）、中国台湾（2002）和山东（2012）等地发现。

银毛龙葵环境适应性和竞争能力极强且能够分泌化感物质，这促使其在与其他物种竞争时取得优势，形成单优势群落，进而对入侵地的自然环境和农业生产造成极大危害。例如，银毛龙葵对干旱和盐渍的土壤有很强的适应力，已成为草地、荒野、路边，尤其是人工干扰较强的农田、牧场的主要杂草。此外，银毛龙葵繁殖能力极强，可通过营养体和种子双重方式进行繁殖扩散，可产生大量种子（每株 1 500～7 200 粒）且其种子具有休眠特性，可在土壤中存活 10 年。银毛龙葵已成为世界性的恶性杂草，被许多国家列为重点防控的检疫性有害生物，但是其仍在全球范围内不断扩散蔓延。

北美刺龙葵（*Solanum carolinense* L.）

北美刺龙葵属茄科（Solanaceae）茄属（*Solanum*），是多年生草本植物，原产美国东南部伊利诺伊州、马萨诸塞州、佛罗里达州和得克萨斯州等地区。当前，北美刺龙葵已扩散至美国全境以及大洋洲、欧洲、中南美洲、亚洲、非洲的 36 个国家和地区。北美刺龙葵最早于 1901 年扩散到加拿大安大略省。此后，相继在新西兰（1934 年）、日本（1950 年）、韩国（1969 年）、巴西（1974 年）、英国（1975 年）、克罗地亚（1978 年）、芬兰（1981 年）、荷兰（1982 年）、挪威（1987）、澳大利亚（1992）、西班牙（1997 年）、奥地利（2005 年）、中国（2006 年）、意大利（2008 年）、德国（2010 年）等国家发现分布记录。此外，印度、尼泊尔、孟加拉也有分布报道，但入侵时间和分布地点不详。

北美刺龙葵入侵定植后极易通过分泌化感物质等途径形成单优势群落，对当地农业生产和生物多样性保护构成极大威胁，如入侵农田后可造成农作物减产 35%～60%。北美刺龙葵还是农作物病虫害的寄主，对牲畜和人类有毒。北美刺龙葵具有极强的繁殖能力，每株每年可产生 1 500～7 200 粒种子，种子可随风、水流、动物、交通工具等途径进行自然和人为因素主导的扩散蔓延。种子扩散到新地区后，其休眠特性（休眠期可达10年）能极大地提高定植能力。

假高粱［*Sorghum halepense*（L.）］

假高粱属莎草目（Cyperales）禾本科（Gramineae）高粱属（*Sorghum*），著名的恶性杂草之一，原产地中海地区，现主要分布在多米尼加共和国、古巴、洪都拉斯、加拿大、美国（阿肯色州、北卡罗来纳州、宾夕法尼亚州、得克萨斯州、俄亥俄州、俄克拉荷马州、俄勒冈州、佛罗里达州、弗吉尼亚州、加利福尼亚州、堪萨斯州、康涅狄格州、科罗拉多州、肯塔基州、路易斯安那州、罗德岛州、马里兰州、马萨诸塞州、密苏里州、密西西比州、密歇根州、内布拉斯加州、内华达州、南卡罗来纳州、纽约州、特拉华州、田纳西州、西弗吉尼亚州、新墨西哥州、新泽西州、亚拉巴马州、亚利桑那州、伊利诺伊州、艾奥瓦州、印第安纳州、犹他州、佐治亚州等）、墨西哥、尼加拉瓜、萨尔瓦多、危地马拉、牙买加、亚速尔群岛、澳大利亚、巴布亚新几内亚、斐济、夏威夷群岛、新西兰、埃及、贝宁、几内亚、马拉维、摩洛哥、莫桑比克、纳米比亚、南非、尼日利亚、塞内加尔、斯威士兰、坦桑尼亚、阿根廷、巴拉圭、巴西、波多黎各、玻利维亚、哥伦比亚、秘鲁、委内瑞拉、乌拉圭、智利、阿尔巴尼亚、奥地利、白俄罗斯、保加利亚、波兰、俄罗斯、法国、捷克、斯洛伐克、克罗地亚、罗马尼亚、葡萄牙、瑞士、塞尔维亚和黑山、土耳其、西班牙、希腊、匈牙利、意大利、阿富汗、阿曼、巴基斯坦、巴林、菲律宾、韩国、黎巴嫩、孟加拉国、缅甸、沙特阿拉伯、斯里兰卡、泰国、伊拉克、伊朗、以色列、印度、印度尼西亚、约旦等国家或地区。高粱属全世界约30种，对各国的农业生产造成严重危害。

假高粱为多年生草本，秆直立，高1～3m，直径约0.5cm。叶片阔线状披针形，长25～80cm，宽1～4cm；基部有白色绢状疏柔毛；叶舌长约1.8mm，具缘毛。圆锥花序长20～50cm，淡紫色至紫黑色；小穗成对，一具柄，一无柄；只有顶端为三生小穗，一无柄，两个有柄。果实带颖片，椭圆形，长约1.4mm，暗紫色，被柔毛；第二颖基部带有一枝小穗轴节段和一枚有柄小穗的小穗柄，二者均具纤毛；去颖的颖果倒卵形至椭圆形，长2.6～3.2mm，宽1.5～2.0mm，棕褐色，顶端圆，具2枚宿存花柱。王建书和李扬汉的研究表明，假高粱根状茎4月上旬萌发出土，6月以前营养生长，6～9月抽穗开花，初花为黄色，后变橙色；10月果实成熟；11月上旬地上部分枯死。

异株苋亚属（Subgen *Acnida* L.）

异株苋亚属植物是原产北美洲的特有苋种，共有10个种，其中代表性种类有长芒苋（*Amaranthus palmeri* S. Wats.）、西部苋（*Amaranthus rudis* J. D. Sauer）、糙果苋［*Amaranthus tuberculatus*（Moq.）Sauer］。长芒苋分布于美国南部地区的棉花、玉米和大豆产区。糙果苋和西部苋及两者杂交种的多态性类群（Waterhemp复合群）则是美国中西部棉田和豆田的主要有害杂草。

长芒苋隶属于苋科（Amaranthaceae）苋属（*Amaranthus* L.）异株苋亚属（Subgen *Acnida* L.）。原产美国西南部至墨西哥北部，目前主要分布在瑞典、奥地利、德国、法国、丹麦、挪威、芬兰、英国、日本、美国、墨西哥、澳大利亚。一年生草本。高0.8～2m（原产地可高达3m）。茎直立，粗壮，具棱角，黄绿色，具绿色条纹，有时变淡红褐色，无毛或上部被稀疏柔毛，分枝斜生。叶无毛，叶片卵形至菱状卵形，茎上部叶呈披针形，长2～8cm，宽0.5～4cm，先端钝、急尖或微凹，常具小突尖；基部楔形，略下延，边缘全缘。穗状花序生于茎顶和侧枝顶部，直立或俯垂，长7～25cm，宽1～1.2cm，下部花序也见团簇状。苞片长4～6cm，雄花中脉伸出呈芒刺状，雄花花被片5，内侧花被片长2.5～3mm，钝状至微凹，外侧花被片长3.5～4mm，渐尖，具显著伸出的中脉；雄蕊5；雌花苞片更坚硬，雌花花被片5，略外展，不等长，最外一片具宽阔中脉，倒披针形，长3～4mm，先端急尖，其余花被片匙形，长2～2.5mm，先端截形至微凹，有时呈啮齿状；花柱2（3）。胞果近球形，长1.5～2mm，果皮膜质，周裂。种子近圆形或宽椭圆形，直径1～1.2mm，深红褐色，具光泽。

长芒苋为害热带、亚热带地区种植的几乎所有重要作物，与作物争夺生长空间和资源，导致作物严重减产。同时因其抗多种常用除草剂，目前已成为美国农业生产中（棉花和大豆）的主要问题，经济损失难以评估。长芒苋通过种子扩散传播，一旦传入并定植，每株雌株可产生高达几万粒种子，通过风力或人类活动、粮谷调运扩散传播的风险大。

糙果苋隶属于苋科（Amaranthaceae）苋属（*Amaranthus* L.）异株苋亚属（Subgen *Acnida* L.）。原产美国密西西比河流域东部地区，从印第安纳州东部至俄亥俄州，现分布区域还有加拿大魁北克和英国。一年生草本。茎直立，稀斜生或平卧，高 0.4～1.5m，叶深绿色；叶柄长为叶片的1/4～1/2；叶片形态多变，较小的叶片通常长圆形或匙形，较大的宽卵形至披针形，长 1.5～4cm，宽 0.5～1.5cm，基部楔形，边缘全缘，先端钝至急尖，具小短尖。圆锥花序顶生，上部弯曲或俯垂，雄花花序长约 5cm，排列稀疏，常不具叶；雌花花序长 1～2cm，顶生花序常具叶。雄花苞片长 1～1.5mm，具极细的中脉；雌花苞片具不明显龙骨突，长 1～2mm，先端渐尖。雄花花被片 5，花被等长或不等长，长 2～3mm，先端钝至急尖或渐尖或具不明显短尖；雄蕊 5；雌花花被片缺失；柱头分枝近直立。胞果深褐色至红褐色，不具纵棱，倒卵状至近球状，长 1.5～2mm，壁薄，近平滑或不规则皱缩，不开裂、不规则开裂或周裂。种子直径 0.7～1mm，深红褐色至深褐色，具光泽。

糙果苋为害热带、亚热带地区栽培的重要作物，与作物争夺生长空间和资源，导致作物严重减产。在美国，Waterhemp 复合群可导致玉米减产 13%～74%，与大豆同期生长时可致大豆减产 56%，在豆田晚期时可致大豆减产 10%。其他为害状况与长芒苋相似。此外糙果苋还是花粉致敏病中重要的过敏原。糙果苋属风媒传粉植物，雄株产生花粉，风携带花粉从雄株传到雌株，由雌株结出果实。雌株可产生种子近一百万个（在全光照条件下）。生长速度快，有效地与作物争夺阳光、水、营养和空间。与长芒苋一样，糙果苋在作物收获过程中，也易同作物一起收割，混入农产品通过调运扩散，或通过国际贸易跨境传播。还可通过河流与风力扩散传播，或通过鸟粪扩散。在作物生长季 Waterhemp 复合群种子萌发和种苗生长还有延迟现象，与作物错开生长旺期，规避了除草剂的风险。

西部苋隶属于苋科（Amaranthaceae）苋属（*Amaranthus* L.）异株苋亚属（Subgen *Acnida* L.）。原产美国密西西比河西部流域，分布于内布拉斯加州、得克萨斯州、艾奥瓦州、伊利诺伊州和密苏里州，现还分布于英国。一年生草本。茎直立，常分枝，分枝直立或斜生，高 1～2m，淡绿色，常变绿色。叶柄为叶片的 1/4～1/2；叶片长圆形、卵状披针形至披针形，长 5～15.5cm，基部狭楔形，先端长，渐尖，有时顶端钝，具短尖头。圆锥花序挺直，长 10～23cm，无叶段较松散，有时花簇间断，下部常具叶。雄花苞片长 1.5～2mm，先端具雌花苞片，长约 2mm，中脉外延成小尖头。雄花花被片 5，内侧花被片约 2.5mm，先端钝或微凹，外侧花被片长约 3mm，先端渐尖，具显著伸出的尖头；雄蕊 5；雌花花被片 1～2，最短的一个常不完全发育，最长的约 2mm，狭披针形，先端渐尖，具伸出的尖头。胞果卵球形，长约 1.5mm，膜质，无棱，中部周裂，微皱缩，常带红色。种子圆形，双凸透镜状，直径 0.7～1mm，深红褐色。

与长芒苋类似，西部苋的生长较作物和其他杂草强势，并具抗杂草剂特性，已进化出对五种除草剂具抗性的生物型。有报道表明，对除草剂具抗性的西部苋与除草剂敏感型的同株苋亚属（Subgen *Amaranthus* L.）植物杂交，产生具除草剂抗性的杂种。这些杂种具有的除草剂抗性基因可通过花粉和种子传播，使除草剂敏感型苋属杂草演变成具除草剂抗性的种类，增加了有害杂草的扩散风险和经济危害。危害情况与糙果苋类似。有报道发现，每一米栽培垄间西部苋发生株数为 8 株时，大豆减产 56%，而反枝苋减产 38%。

5. 实验室鉴定

对监测中发现的可疑样本进行虫害形态观察、病原菌分离培养等，根据相应方法做出鉴定；如检疫机构所属实验室无法检测确定，应立即送相应专家进行鉴定。

6. 记录与档案管理

详细记录种植时间、栽培管理及有害生物监测数据，各项原始记录连同其他材料妥善保存于植物检疫机构。采集到的样品经鉴定为疫情的并有保存价值的，可制作成标本，保存于植物检疫机构。

三、玉米种子隔离检疫情况记录表

<table>
<tr><td colspan="2">植物中文名称：玉米</td><td>来源国：智利</td><td>种植数量：约 100g</td></tr>
<tr><td colspan="4">隔离种植物类别：□苗木　☑种子　□试管苗　□其他（明确类别）：</td></tr>
<tr><td colspan="4">检疫审批单号：10201500831</td></tr>
<tr><td colspan="2">种植地点：普通隔离温室</td><td colspan="2">种植时间：2016 年 7 月 11 日至 2016 年 10 月 11 日</td></tr>
<tr><td colspan="4">种植基础条件：
种植方法：花盘基质种植，每盆 10 棵
温湿度：25～30℃，湿度 50%～80%</td></tr>
<tr><td>时间（月/日）</td><td>生育期</td><td>栽培管理要点或有害生物发生情况记录</td><td>记录人</td></tr>
<tr><td>7/11</td><td>出苗期</td><td>播种</td><td></td></tr>
<tr><td>7/15</td><td>出苗期</td><td>出苗良好</td><td></td></tr>
<tr><td>7/19</td><td>拔节期</td><td>玉米长势较弱</td><td></td></tr>
<tr><td>7/26</td><td>拔节期</td><td>植株长势正常</td><td></td></tr>
<tr><td>7/30</td><td>拔节期</td><td>植株长势正常</td><td></td></tr>
<tr><td>8/4</td><td>拔节期</td><td>植株长势正常（35℃，湿度 38%）</td><td></td></tr>
<tr><td>8/8</td><td>拔节期</td><td>植株长势正常</td><td></td></tr>
<tr><td>8/12</td><td>大喇叭口期</td><td>植株长势正常</td><td></td></tr>
<tr><td>8/16</td><td>大喇叭口期</td><td>植株长势正常</td><td></td></tr>
<tr><td>8/20</td><td>大喇叭口期</td><td>植株长势正常</td><td></td></tr>
<tr><td>8/24</td><td>大喇叭口期</td><td>植株长势正常</td><td></td></tr>
<tr><td>8/28</td><td>大喇叭口期</td><td>植株长势正常</td><td></td></tr>
<tr><td>9/2</td><td>大喇叭口期</td><td>植株长势正常</td><td></td></tr>
<tr><td>9/6</td><td>抽雄期</td><td>植株长势正常</td><td></td></tr>
<tr><td>9/10</td><td>抽雄期</td><td>植株长势正常</td><td></td></tr>
<tr><td>9/14</td><td>抽雄期</td><td>植株长势正常</td><td></td></tr>
<tr><td>9/18</td><td>抽雄期</td><td>植株长势正常</td><td></td></tr>
<tr><td>9/22</td><td>吐丝期</td><td>植株长势正常</td><td></td></tr>
<tr><td>9/26</td><td>吐丝期</td><td>由于种植的相对较密，植株皆有早衰迹象。其他正常</td><td></td></tr>
<tr><td>10/1</td><td>吐丝期</td><td>植株长势正常</td><td></td></tr>
<tr><td>10/7</td><td>成熟期</td><td>植株长势正常</td><td></td></tr>
<tr><td>10/11</td><td>成熟期</td><td>植株长势正常</td><td></td></tr>
<tr><td colspan="3">由于种植相对较密，植株皆有早衰迹象，雌穗的抽丝率较低，均在 20%～30%。整个检疫周期内未发现检疫性病虫害</td><td></td></tr>
</table>

<table>
<tr><td colspan="2">植物中文名称：玉米</td><td>来源国：阿根廷</td><td>种植数量：约 100g</td></tr>
<tr><td colspan="4">隔离种植物类别：□苗木 ☑种子 □试管苗 □其他（明确类别）：</td></tr>
<tr><td colspan="4">检疫审批单号：10201600491</td></tr>
<tr><td colspan="3">种植地点：普通隔离温室</td><td>种植时间：2016 年 7 月 11 日至 2016 年 10 月 11 日</td></tr>
<tr><td colspan="4">种植基础条件：
种植方法：花盘基质种植，每盆 10 棵
温湿度：25～30℃，湿度 50%～80%</td></tr>
<tr><td>时间
（月/日）</td><td>生育期</td><td>栽培管理要点或有害生物发生情况记录</td><td>记录人</td></tr>
<tr><td>7/11</td><td>出苗期</td><td>播种</td><td></td></tr>
<tr><td>7/15</td><td>出苗期</td><td>出苗良好</td><td></td></tr>
<tr><td>7/19</td><td>拔节期</td><td>玉米长势良好</td><td></td></tr>
<tr><td>7/26</td><td>拔节期</td><td>植株长势正常</td><td></td></tr>
<tr><td>7/30</td><td>拔节期</td><td>植株长势正常</td><td></td></tr>
<tr><td>8/4</td><td>拔节期</td><td>植株长势正常（35℃，湿度 38%）</td><td></td></tr>
<tr><td>8/8</td><td>拔节期</td><td>植株长势正常</td><td></td></tr>
<tr><td>8/12</td><td>大喇叭口期</td><td>植株长势正常</td><td></td></tr>
<tr><td>8/16</td><td>大喇叭口期</td><td>植株长势正常</td><td></td></tr>
<tr><td>8/20</td><td>大喇叭口期</td><td>植株长势正常</td><td></td></tr>
<tr><td>8/24</td><td>大喇叭口期</td><td>植株长势正常</td><td></td></tr>
<tr><td>8/28</td><td>大喇叭口期</td><td>植株长势正常</td><td></td></tr>
<tr><td>9/2</td><td>大喇叭口期</td><td>植株长势正常</td><td></td></tr>
<tr><td>9/6</td><td>抽雄期</td><td>植株长势正常</td><td></td></tr>
<tr><td>9/10</td><td>抽雄期</td><td>植株长势正常</td><td></td></tr>
<tr><td>9/14</td><td>抽雄期</td><td>植株长势正常</td><td></td></tr>
<tr><td>9/18</td><td>抽雄期</td><td>植株长势正常</td><td></td></tr>
<tr><td>9/22</td><td>吐丝期</td><td>植株长势正常</td><td></td></tr>
<tr><td>9/26</td><td>吐丝期</td><td>由于种植相对较密，植株皆有早衰迹象。其他正常</td><td></td></tr>
<tr><td>10/1</td><td>吐丝期</td><td>植株长势正常</td><td></td></tr>
<tr><td>10/7</td><td>成熟期</td><td>植株长势正常</td><td></td></tr>
<tr><td>10/11</td><td>成熟期</td><td>植株长势正常</td><td></td></tr>
<tr><td colspan="3">由于种植相对较密，植株皆有早衰迹象，雌穗的抽丝率较低，均在 20%～30%。整个检疫周期内未发现检疫性病虫害</td><td></td></tr>
</table>

植物中文名称：玉米	来源国：阿根廷	种植数量：约 100g
隔离种植物类别：□苗木　☑种子　□试管苗　□其他（明确类别）：		
检疫审批单号：10201600354		
种植地点：普通隔离温室	种植时间：2016 年 7 月 11 日至 2016 年 10 月 11 日	
种植基础条件： 种植方法：花盘基质种植，每盆 10 棵 温湿度：25～30℃，湿度 50%～80%		

时间（月/日）	生育期	栽培管理要点或有害生物发生情况记录	记录人
7/11	出苗期	播种	
7/15	出苗期	出苗良好	
7/19	拔节期	玉米长势良好	
7/26	拔节期	植株长势正常	
7/30	拔节期	植株长势正常	
8/4	拔节期	植株长势正常（35℃，湿度 38%）	
8/8	拔节期	植株长势正常	
8/12	大喇叭口期	植株长势正常	
8/16	大喇叭口期	植株长势正常	
8/20	大喇叭口期	植株长势正常	
8/24	大喇叭口期	植株长势正常	
8/28	大喇叭口期	植株长势正常	
9/2	大喇叭口期	植株长势正常	
9/6	抽雄期	植株长势正常	
9/10	抽雄期	植株长势正常	
9/14	抽雄期	植株长势正常	
9/18	抽雄期	植株长势正常	
9/22	吐丝期	植株长势正常	
9/26	吐丝期	由于种植相对较密（每盆 5～10 棵），植株皆有早衰迹象。其他正常	
10/1	吐丝期	植株长势正常	
10/7	成熟期	植株长势正常	
10/11	成熟期	植株长势正常	
由于种植相对较密（每盆 5～10 棵），植株皆有早衰迹象，雌穗的抽丝率较低，均在 20%～30%。整个检疫周期内未发现检疫性病虫害			

<table>
<tr><td colspan="2">植物中文名称：玉米</td><td>来源国：法国</td><td>种植数量：10 盆</td></tr>
<tr><td colspan="4">隔离种植物类别：□苗木 ☑种子 □试管苗 □其他（明确类别）：</td></tr>
<tr><td colspan="4">检疫审批单号：15017825</td></tr>
<tr><td colspan="3">种植地点：普通隔离温室</td><td>种植时间：2016 年 8 月 18 日至 2016 年 11 月 10 日</td></tr>
<tr><td colspan="4">种植基础条件：
种植方法：花盘基质种植，每盆 5 棵
温湿度：25～30℃，湿度 50%～80%</td></tr>
<tr><td>时间（月/日）</td><td>生育期</td><td>栽培管理要点或有害生物发生情况记录</td><td>记录人</td></tr>
<tr><td>8/18</td><td>出苗期</td><td>播种</td><td></td></tr>
<tr><td>8/22</td><td>出苗期</td><td>出苗良好，出苗率 80%以上，未见苗期病害</td><td></td></tr>
<tr><td>8/26</td><td>拔节期</td><td>植株长势正常</td><td></td></tr>
<tr><td>8/30</td><td>拔节期</td><td>植株长势正常</td><td></td></tr>
<tr><td>9/2</td><td>拔节期</td><td>植株长势正常</td><td></td></tr>
<tr><td>9/6</td><td>拔节期</td><td>植株长势正常（35℃，湿度 38%）</td><td></td></tr>
<tr><td>9/12</td><td>拔节期</td><td>植株长势正常</td><td></td></tr>
<tr><td>9/16</td><td>大喇叭口期</td><td>植株长势正常</td><td></td></tr>
<tr><td>9/20</td><td>大喇叭口期</td><td>植株长势正常</td><td></td></tr>
<tr><td>9/24</td><td>大喇叭口期</td><td>植株长势正常</td><td></td></tr>
<tr><td>9/28</td><td>大喇叭口期</td><td>植株长势正常</td><td></td></tr>
<tr><td>10/2</td><td>大喇叭口期</td><td>植株长势正常</td><td></td></tr>
<tr><td>10/6</td><td>大喇叭口期</td><td>植株长势正常</td><td></td></tr>
<tr><td>10/10</td><td>抽雄期</td><td>植株长势正常</td><td></td></tr>
<tr><td>10/14</td><td>抽雄期</td><td>植株长势正常</td><td></td></tr>
<tr><td>10/18</td><td>抽雄期</td><td>植株长势正常</td><td></td></tr>
<tr><td>10/22</td><td>吐丝期</td><td>植株长势正常</td><td></td></tr>
<tr><td>10/26</td><td>吐丝期</td><td>由于种植相对较密，植株皆有早衰迹象。其他正常</td><td></td></tr>
<tr><td>10/30</td><td>吐丝期</td><td>植株长势正常</td><td></td></tr>
<tr><td>11/7</td><td>成熟期</td><td>植株长势正常</td><td></td></tr>
<tr><td>11/10</td><td>成熟期</td><td>植株长势正常</td><td></td></tr>
<tr><td colspan="3">由于种植相对较密，植株皆有早衰迹象，雌穗的抽丝率较低，均在 20%～30%。整个检疫周期内未发现检疫性病虫害</td><td></td></tr>
</table>

<table>
<tr><td colspan="2">植物中文名称：玉米（5号、10号样品）</td><td>来源国：法国</td><td>种植数量：10盆</td></tr>
<tr><td colspan="4">隔离种植物类别：□苗木　☑种子　□试管苗　□其他（明确类别）：</td></tr>
<tr><td colspan="4">检疫审批单号：0009883</td></tr>
<tr><td colspan="3">种植地点：普通隔离温室</td><td>种植时间：2016年8月18日至2016年11月10日</td></tr>
<tr><td colspan="4">种植基础条件：
种植方法：花盘基质种植，每盆5棵
温湿度：25～30℃，湿度50%～80%</td></tr>
<tr><td>时间（月/日）</td><td>生育期</td><td>栽培管理要点或有害生物发生情况记录</td><td>记录人</td></tr>
<tr><td>8/18</td><td>出苗期</td><td>播种</td><td></td></tr>
<tr><td>8/22</td><td>出苗期</td><td>出苗良好，出苗率80%以上，未见苗期病害</td><td></td></tr>
<tr><td>8/26</td><td>拔节期</td><td>植株长势正常</td><td></td></tr>
<tr><td>8/30</td><td>拔节期</td><td>植株长势正常</td><td></td></tr>
<tr><td>9/2</td><td>拔节期</td><td>植株长势正常</td><td></td></tr>
<tr><td>9/6</td><td>拔节期</td><td>植株长势正常（35℃，湿度38%）</td><td></td></tr>
<tr><td>9/12</td><td>拔节期</td><td>植株长势正常</td><td></td></tr>
<tr><td>9/16</td><td>大喇叭口期</td><td>植株长势正常</td><td></td></tr>
<tr><td>9/20</td><td>大喇叭口期</td><td>植株长势正常</td><td></td></tr>
<tr><td>9/24</td><td>大喇叭口期</td><td>植株长势正常</td><td></td></tr>
<tr><td>9/28</td><td>大喇叭口期</td><td>植株长势正常</td><td></td></tr>
<tr><td>10/2</td><td>大喇叭口期</td><td>植株长势正常</td><td></td></tr>
<tr><td>10/6</td><td>大喇叭口期</td><td>植株长势正常</td><td></td></tr>
<tr><td>10/10</td><td>抽雄期</td><td>植株长势正常</td><td></td></tr>
<tr><td>10/14</td><td>抽雄期</td><td>植株长势正常</td><td></td></tr>
<tr><td>10/18</td><td>抽雄期</td><td>植株长势正常</td><td></td></tr>
<tr><td>10/22</td><td>吐丝期</td><td>植株长势正常</td><td></td></tr>
<tr><td>10/26</td><td>吐丝期</td><td>由于种植相对较密，植株皆有早衰迹象。其他正常</td><td></td></tr>
<tr><td>10/30</td><td>吐丝期</td><td>植株长势正常</td><td></td></tr>
<tr><td>11/7</td><td>成熟期</td><td>植株长势正常</td><td></td></tr>
<tr><td>11/10</td><td>成熟期</td><td>植株长势正常</td><td></td></tr>
<tr><td colspan="3">由于种植相对较密，植株皆有早衰迹象，雌穗的抽丝率较低，均在20%～30%。整个检疫周期内未发现检疫性病虫害</td><td></td></tr>
</table>

<table>
<tr><td colspan="2">植物中文名称：玉米（6号、8号样品）</td><td>来源国：法国</td><td>种植数量：10盆</td></tr>
<tr><td colspan="4">隔离种植物类别：□苗木　☑种子　□试管苗　□其他（明确类别）：</td></tr>
<tr><td colspan="4">检疫审批单号：0009886</td></tr>
<tr><td colspan="3">种植地点：普通隔离温室</td><td>种植时间：2016年8月18日至2016年11月10日</td></tr>
<tr><td colspan="4">种植基础条件：
种植方法：花盘基质种植，每盆5棵
温湿度：25～30℃，湿度50%～80%</td></tr>
<tr><td>时间
（月/日）</td><td>生育期</td><td>栽培管理要点或有害生物发生情况记录</td><td>记录人</td></tr>
<tr><td>8/18</td><td>出苗期</td><td>播种</td><td></td></tr>
<tr><td>8/22</td><td>出苗期</td><td>出苗良好，出苗率80%以上，未见苗期病害</td><td></td></tr>
<tr><td>8/26</td><td>拔节期</td><td>植株长势正常</td><td></td></tr>
<tr><td>8/30</td><td>拔节期</td><td>植株长势正常</td><td></td></tr>
<tr><td>9/2</td><td>拔节期</td><td>植株长势正常</td><td></td></tr>
<tr><td>9/6</td><td>拔节期</td><td>植株长势正常（35℃，湿度38%）</td><td></td></tr>
<tr><td>9/12</td><td>拔节期</td><td>植株长势正常</td><td></td></tr>
<tr><td>9/16</td><td>大喇叭口期</td><td>植株长势正常</td><td></td></tr>
<tr><td>9/20</td><td>大喇叭口期</td><td>植株长势正常</td><td></td></tr>
<tr><td>9/24</td><td>大喇叭口期</td><td>植株长势正常</td><td></td></tr>
<tr><td>9/28</td><td>大喇叭口期</td><td>植株长势正常</td><td></td></tr>
<tr><td>10/2</td><td>大喇叭口期</td><td>植株长势正常</td><td></td></tr>
<tr><td>10/6</td><td>大喇叭口期</td><td>植株长势正常</td><td></td></tr>
<tr><td>10/10</td><td>抽雄期</td><td>植株长势正常</td><td></td></tr>
<tr><td>10/14</td><td>抽雄期</td><td>植株长势正常</td><td></td></tr>
<tr><td>10/18</td><td>抽雄期</td><td>植株长势正常</td><td></td></tr>
<tr><td>10/22</td><td>吐丝期</td><td>植株长势正常</td><td></td></tr>
<tr><td>10/26</td><td>吐丝期</td><td>由于种植相对较密，植株皆有早衰迹象。其他正常</td><td></td></tr>
<tr><td>10/30</td><td>吐丝期</td><td>植株长势正常</td><td></td></tr>
<tr><td>11/7</td><td>成熟期</td><td>植株长势正常</td><td></td></tr>
<tr><td>11/10</td><td>成熟期</td><td>植株长势正常</td><td></td></tr>
<tr><td colspan="3">由于种植相对较密，植株皆有早衰迹象，雌穗的抽丝率较低，均在20%～30%。整个检疫周期内未发现检疫性病虫害</td><td></td></tr>
</table>

<table>
<tr><td colspan="2">植物中文名称：玉米（7号、9号样品）</td><td>来源国：法国</td><td>种植数量：10盆</td></tr>
<tr><td colspan="4">隔离种植物类别：☐苗木　☑种子　☐试管苗　☐其他（明确类别）：</td></tr>
<tr><td colspan="4">检疫审批单号：0009888</td></tr>
<tr><td colspan="3">种植地点：普通隔离温室</td><td>种植时间：2016年8月18日至2016年11月10日</td></tr>
<tr><td colspan="4">种植基础条件：
种植方法：花盘基质种植，每盆5棵
温湿度：25～30℃，湿度50%～80%</td></tr>
<tr><td>时间（月/日）</td><td>生育期</td><td>栽培管理要点或有害生物发生情况记录</td><td>记录人</td></tr>
<tr><td>8/18</td><td>出苗期</td><td>播种</td><td></td></tr>
<tr><td>8/22</td><td>出苗期</td><td>出苗良好，出苗率80%以上，未见苗期病害</td><td></td></tr>
<tr><td>8/26</td><td>拔节期</td><td>植株长势正常</td><td></td></tr>
<tr><td>8/30</td><td>拔节期</td><td>植株长势正常</td><td></td></tr>
<tr><td>9/2</td><td>拔节期</td><td>植株长势正常</td><td></td></tr>
<tr><td>9/6</td><td>拔节期</td><td>植株长势正常（35℃，湿度38%）</td><td></td></tr>
<tr><td>9/12</td><td>拔节期</td><td>植株长势正常</td><td></td></tr>
<tr><td>9/16</td><td>大喇叭口期</td><td>植株长势正常</td><td></td></tr>
<tr><td>9/20</td><td>大喇叭口期</td><td>植株长势正常</td><td></td></tr>
<tr><td>9/24</td><td>大喇叭口期</td><td>植株长势正常</td><td></td></tr>
<tr><td>9/28</td><td>大喇叭口期</td><td>植株长势正常</td><td></td></tr>
<tr><td>10/2</td><td>大喇叭口期</td><td>植株长势正常</td><td></td></tr>
<tr><td>10/6</td><td>大喇叭口期</td><td>植株长势正常</td><td></td></tr>
<tr><td>10/10</td><td>抽雄期</td><td>植株长势正常</td><td></td></tr>
<tr><td>10/14</td><td>抽雄期</td><td>植株长势正常</td><td></td></tr>
<tr><td>10/18</td><td>抽雄期</td><td>植株长势正常</td><td></td></tr>
<tr><td>10/22</td><td>吐丝期</td><td>植株长势正常</td><td></td></tr>
<tr><td>10/26</td><td>吐丝期</td><td>由于种植相对较密，植株皆有早衰迹象。其他正常</td><td></td></tr>
<tr><td>10/30</td><td>吐丝期</td><td>植株长势正常</td><td></td></tr>
<tr><td>11/7</td><td>成熟期</td><td>植株长势正常</td><td></td></tr>
<tr><td>11/10</td><td>成熟期</td><td>植株长势正常</td><td></td></tr>
<tr><td colspan="3">由于种植相对较密，植株皆有早衰迹象，雌穗的抽丝率较低，均在20%～30%。整个检疫周期内未发现检疫性病虫害</td><td></td></tr>
</table>

>>> 第五章　番茄种子隔离种植情况

一、国内外番茄生产情况

番茄（*Lycopersicon esculentum* Mill.）又名西红柿，属茄科（Solanaceae）番茄属（*Lycopersicon*），一年生蔓性草本植物。茎、叶淡绿或浓绿，表面有细毛和油腺，分泌一种液体，发出臭味。果实为浆果，花为黄色，种子小，形扁，色淡绿，有淡灰色的茸毛。果实形状有扁圆、高圆、长圆，果实颜色有红、粉、粉红等，果实口感有甜、酸甜等口味。番茄品种类型丰富，既可作鲜食蔬菜又可作水果，还可加工成种类多样的番茄制品，例如番茄酱、沙司、果汁、果脯、干粒等。此外，番茄富含维生素C、番茄红素和矿物质，抗癌防衰，提高人体免疫力。同时在遗传学、细胞生物学、生物工程、分子生物学和基因组学等科学研究领域具有重要研究价值。番茄是世界上栽培最广、消费量最大的蔬菜作物，特别是近几年新鲜番茄和番茄酱贸易量增速迅猛，番茄生产在世界农业生产和贸易中占有举足轻重的地位。目前，美国、意大利、中国是世界上番茄的主要生产国。

1. 国外番茄种植与生产情况

番茄原产美洲，墨西哥驯化栽培较早。16世纪中叶传到欧洲，17世纪传到菲律宾，后传到其他亚洲国家，18世纪传入北美洲和日本。1768年Miller首次对番茄做出植物学描述、分类和定名。番茄从最开始作为一种观赏植物，直到19世纪后作为一种世界性蔬菜得到长足发展。从世界番茄种植布局来看，各大洲均有种植，但主要集中在亚洲、欧洲和北美洲。总的来看，世界番茄的种植面积和生产总量呈逐年递增的趋势。

世界番茄加工联合会（WPTC）是一个重要的番茄组织，对世界番茄生产和加工及贸易有着积极的促进作用。世界番茄加工联合会是来自创建成员的专业组织，中国于2002年加入。世界番茄大会每年举行一次。番茄作为一个重要的产业，一些发达国家非常重视。美国有专门的番茄生产、贸易服务和研究机构，如加州番茄种植协会（CTGA）和加州食品加工联盟（CFLP）提供番茄生产技术、番茄生产状况，引导番茄企业健康发展。加拿大每年都会出版番茄产业发展报告，其数据及资料都比较详细，主要涉及番茄贸易等方面。此外，加拿大安大略食品加工协会也对该国的番茄产业发展提供良好的外部环境。

在进出口方面，番茄及其制品的进出口流向主要是从亚洲、非洲和北美洲向欧洲和南美洲，其发展趋势表现为从发展中国家流向发达国家。新鲜番茄主要的出口大国有西班牙、荷兰、墨西哥、土耳其等。主要进口国有美国、俄罗斯、法国、加拿大、意大利等。番茄酱主要出口国有意大利、中国、土耳其、美国等，主要进口国有德国、英国、加拿大、日本等。亚洲已经成为继欧洲和北美洲之后的世界第三大番茄贸易区。在国外，番茄种子都是由专业的育种公司培育和提供，单产较高。在番茄加工方面，先进的番茄制品加工设备，以生产高档次、精加工的番茄制品为主导，其产品在世界上享有很高的知名度，并且其加工量也很大。

2. 我国番茄种植与生产情况

番茄于明末引种到我国后，长期作为观赏植物，传播速度缓慢且有一定的间断性。20世纪60年代以前，中国基本上没有自己的番茄品种，主要是国外引进品种，番茄只是作为新奇的蔬菜作物种植。60年代后开始杂交育种。60年代末70年代初，由于烟草花叶病毒（TMV）的危害，中国又进入第2轮引种阶段。随着番茄制种技术的引进与推广，90年代后，人们开始关注番茄的品质水平，如外观品质和耐储运品质，随着生活水平的提高，优良的风味及品质正成为鲜食番茄消费人群的渴求。

在栽培上，中国番茄在栽培设施上不断发展，最初的番茄生产以露地为主。到20世纪70年代后期，随着农用塑料薄膜的应用与发展，番茄生产开始进入设施栽培阶段，地膜覆盖、小拱棚、大拱棚、塑料大棚、温室、连栋温室陆续发展起来。20世纪末，保护地栽培成为番茄的主要种植模式，番茄生产从只可露地春播发展至一年四季均可种植，茬口及品种的多样性大大满足了人们的需求。同时栽培技术水平也不断提高，育苗的工厂化以及定植绑蔓的机械化大大降低了种植风险和劳动成本。根据番茄营养需求和土壤营养条件进行测土施肥、智能配肥、膜下滴灌、机械卷帘，以致基于物联网的人工智能温室大棚控制技术大大提高了劳动生产效率。种植规模从零星种植到集中连片，从一家一户的管理模式向合作社、家庭农场和规模型番茄种植基地发展。

随着番茄保护地生产的发展，番茄逐渐发展成为全国性的主要蔬菜，主要表现在传播区域和种植面积不断扩大，单产不断提高，其中种植收益提升是番茄单产不断增加的一个关键因素。目前中国是世界最大的番茄生产和消费国家之一，番茄生产成为农民增收致富和出口创汇的重要途径。番茄产业逐渐成为我国很多地方的主导优势产业，如广西资源县自1995年开始种植，贵州独山县2001年规模性生产番茄，我国出口番茄产地主要集中在西北、东北地区的新疆、内蒙古、甘肃、宁夏、黑龙江等省份，其中新疆是主要生产地。中国番茄贸易在世界番茄及产品中的地位不断上升，其中番茄酱贸易占据中国番茄及制品贸易的主导地位，出口贸易势头强劲，我国已成为世界番茄酱贸易大国。中国番茄贸易在其他产品上也有一定的潜力，番茄及制品的出口地区不断扩大，鲜番茄贸易地缘性强，主要为周边贸易，番茄酱贸易地域较广，但出口地区集中。

2013年，中国番茄种业联盟成立，主要联合著名高校、科研单位、种子企业、番茄生产和加工企业等单位，为科研院校和企业对接搭建平台。联盟将通过把市场需求与科研成果双向有机对接，促进番茄新品种、新技术的研发、推广，结合科技创新团队，共同做强中国番茄种子行业。

3. 我国番茄种子引种情况

随着番茄种植规模和生产总量不断扩大，番茄品种越来越多，同时随着我国蔬菜生产方式的变化，我国的番茄育种技术发展也在随之加快。新品种表现为抗病性好、连续结果能力强、产量高、商品性好。但是中国番茄生产水平不高，番茄育种理论、育种技术、育种设施等与世界先进水平尚有较大的差距。高档高价位种子掌控在外资公司手中。国外番茄普遍产量高，性状好，主要表现在单果质量、果型、果色、果实品质等商品性能较好。我国主要的番茄种子来源国家有以色列、美国、法国、意大利、荷兰、泰国、秘鲁、印度等，2014—2016年我国引进番茄种子量和批次见表5-1，2014—2016年各个国家向我国出口番茄种子批次和量分别见表5-2、图5-1、图5-2、图5-3。

表5-1　我国2014—2016年引进番茄种子量和批次

	2014年	2015年	2016年（截至2016年10月）
引进批次（次）	466	544	396
引进数量（t）	18.9	16.6	15.8

表5-2　2014—2016年主要国家（或地区）向我国出口番茄种子批次情况

	2014年（次）	2015年（次）	2016年(截至2016年10月)(次)
以色列	123	132	105
意大利	20	35	16
泰国	44	34	29
美国	37	46	17
法国	27	33	16

（续）

	2014 年（次）	2015 年（次）	2016 年(截至 2016 年 10 月)(次)
荷兰	30	46	22
秘鲁	16	18	21
印度	12	14	11

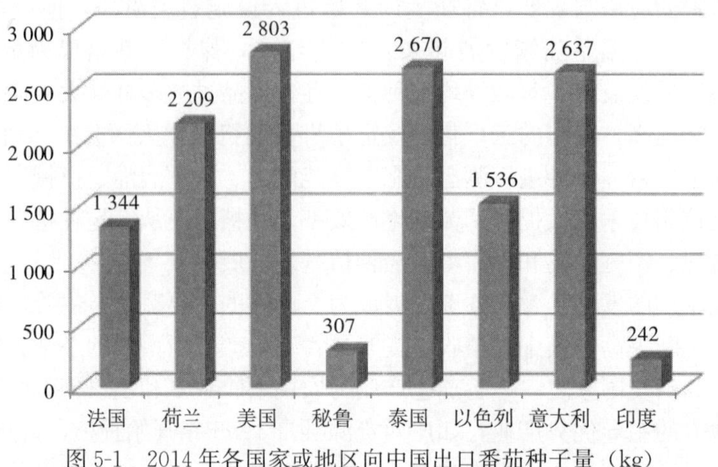

图 5-1　2014 年各国家或地区向中国出口番茄种子量（kg）

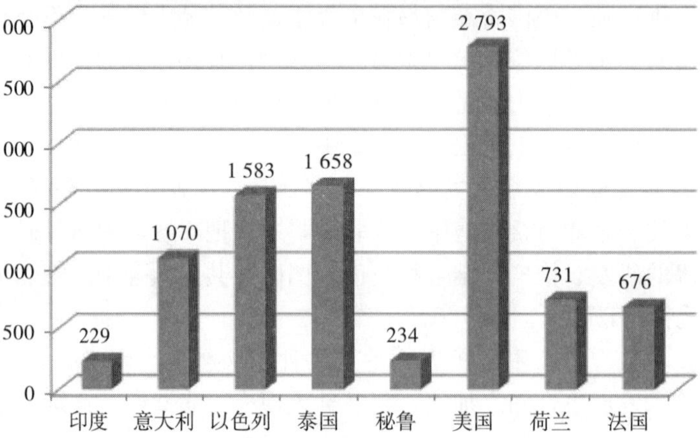

图 5-2　2015 年各国家或地区向中国出口番茄种子量（kg）

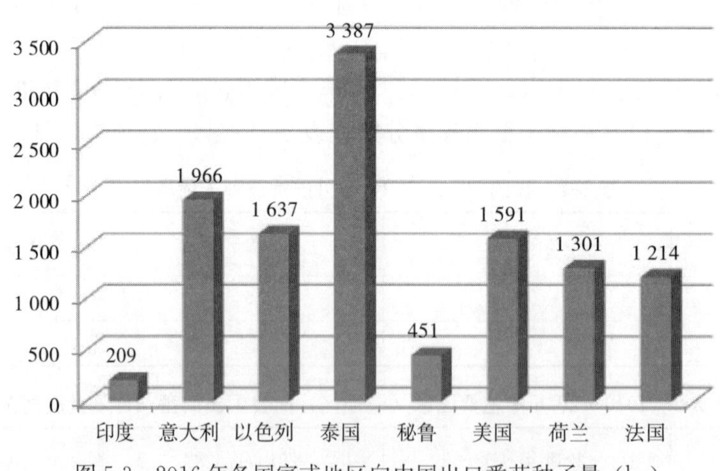

图 5-3　2016 年各国家或地区向中国出口番茄种子量（kg）

4. 番茄病虫害

我国番茄种植以保护地为主，所以病害严重。番茄烟草花叶病毒、番茄黄化曲叶病毒、番茄斑萎病毒、根结线虫等是我国目前番茄上发生严重的有害生物。近年来，番茄斑萎病毒、番茄灰叶斑病毒、番茄褪绿病毒等相继暴发，番茄种子安全事件时有发生，番茄种业成为高危行业。番茄细菌性溃疡病菌、马铃薯环腐病菌、烟草霜霉病菌、番茄亚隔孢壳茎腐病菌、棉花黄萎病菌、马铃薯纺锤块茎类病毒、烟草环斑病毒、番茄黑环病毒、番茄环斑病毒、番茄斑萎病毒、根结线虫属（非中国种）、异常珍珠线虫、拟毛刺线虫属（传毒种类）、短体线虫属（非中国种）、番茄细菌性叶斑病菌等均是我国引进番茄种子上重点关注的进境检疫性有害生物。

二、引进番茄种子隔离检疫计划

根据《境外引进种苗隔离检疫规程》（NY/T 1217—2006）的要求，特制订境外引进番茄种子隔离检疫计划。

1. 隔离种植对象

中文名称：番茄。

学　　名：*Lycopersicon esculentum*。

全国农业技术推广服务中心植物检疫隔离场2016年度共收到1家公司送来的需要隔离种植的番茄种子5个品种。每个品种拟种植数量为50株，具体品种名称、原产地、引进单位和审批单号详见表5-3。

拟种植时间：2016年4～10月。

种植地点：全国农业技术推广服务中心植物检疫隔离场隔离温室。

表5-3　2016年隔离试种番茄种子信息

序号	原产地	引进单位	审批单号
1	以色列	山东金种子农业发展有限公司	37201600237
2	越南	山东金种子农业发展有限公司	37201600859
3	泰国	山东金种子农业发展有限公司	37201600531
4	秘鲁	山东金种子农业发展有限公司	37201600483
5	西班牙	山东金种子农业发展有限公司	37201600439

2. 植物特点

番茄属于茄科番茄属，俗称西红柿。一年生草本，性喜温。植株分有限生长和无限生长两种类型，浆果呈扁圆、长圆、圆或樱桃形等，有红、黄、粉红等不同颜色。由于风味可口、营养丰富、果色艳丽，既可作为蔬菜熟食和生食，又可作为水果，极受欢迎。

3. 栽培与管理方法

同一批次的隔离种植物按照此计划集中种植，不同批次的隔离种植物必须相互隔离，以防止互相污染。

栽培前，隔离设施、介质、盆钵及专用器械应预先进行灭菌处理。且需记录隔离检疫环境的温度、空气湿度数据，有特殊要求的作物同时记载其他数据。

根据栽培种类的特点以及货主提供的植物栽培管理资料，采用适当的栽培管理措施。具体栽培管理措施如下：

番茄对土壤条件要求不太严格，是短日照植物，在由营养生长转向生殖生长过程中基本要求短日照。苗期以营养生长为主，土壤水分状况对番茄株高的影响比较明显。

4. 主要监测有害生物及监测方法

（1）生长管理与记录。番茄隔离试种生长期间，每周观察生长情况2次，定时记录生长状况，填写《隔离检疫情况记录表》，发现植株异常现象应在24h内报告专职检疫员。

（2）有害生物监测与记录。发现可疑植株应立即挂牌，并进行详细准确的记录和描述，将有害生物发生、发展过程记载于《隔离检疫情况记录表》中；发现可疑的检疫性有害生物，应立即取样送室内检验。

（3）主要监测有害生物。

番茄细菌性溃疡病菌［*Clavibacter michiganensis* subsp. *michiganensis* (Smith) Davis et al.］

番茄细菌性溃疡病菌属原核生物界（Procaryota）厚壁菌门（Firmicutes）棒形杆菌属（*Clavibacter*）。自然寄主主要是番茄、向日葵、龙葵、裂叶茄、小麦、大麦、黑麦、燕麦、西瓜、黄瓜等。国外主要分布在加拿大、美国、墨西哥、多米尼加共和国、古巴、哥斯达黎加、巴拿马、格林纳达、瓜德罗普、马提尼克、哥伦比亚、秘鲁、巴西、智利、阿根廷、日本、印度、黎巴嫩、以色列、土耳其、挪威、芬兰、苏联、波兰、匈牙利、德国、奥地利、瑞士、荷兰、比利时、英国、爱尔兰、法国、葡萄牙、意大利、罗马尼亚、保加利亚、希腊、肯尼亚、突尼斯、摩洛哥、乌干达、赞比亚、马达加斯加、津巴布韦、南非、澳大利亚、新西兰、汤加等国家或地区。

番茄细菌性溃疡病是一种维管束系统病害。病原菌的远距离传播主要靠带菌种子，番茄种子内、外层都可带菌。在田间和温室，该病菌主要通过灌溉水、雨水、修枝剪、培养料等传播，由伤口、气孔和自然孔口侵入寄主组织。病菌在土壤和病残体组织中可存活 2～3 年。

菊基腐病菌（*Erwinia chrysanthemi* Burkhodler et al.）

菊基腐病菌为细菌，属肠杆菌目（Enterobacteriales）肠杆菌科（Enterobacteriaceae）*Dickeya* 属。菊基腐病菌寄主广泛，主要为害玉米（*Zea mays* L.）、美叶光萼荷（*Aechmea fasciata*）、亮丝草属（*Aglaonema*）、葱（*Allium fistulosum*）、洋葱（*Allium cepa*）、蒜（*Allium sativum*）、菠萝［*Ananas comosus*（Linn.）Merr.］、银莲花属（*Anemone*）、芹属（*Apium*）、天南星科（Araceae）、秋海棠属（*Begonia*）、臂形草属（*Brachiaria*）、青菜（*Brassica chinensis*）、野甘蓝（*Brassica oleracea*）、甘蓝（*Brassica oleracea* var. *capitata*）、美人蕉属（*Canna*）、辣椒属（*Capsicum*）、青葙（*Celosia argentea*）、茼蒿属（*Chrysanthemum*）、菊苣属（*Cichorium*）、苣荬菜（*Cichorium endivia*）、菊苣（*Cichorium intybus*）、芋头（*Colocasia esculenta*）、甜瓜（*Cucumis melo*）、葫芦科（Cucurbitaceae）、仙客来属（*Cyclamen*）、香附子（*Cyperus rotundus*）、大丽花属（*Dahlia*）、石竹属（*Dianthus*）、花叶万年青属（*Dieffenbachia*）、缘叶龙血树（*Dracaena marginata*）、小豆蔻（*Elettaria cardamomum*）、一品红（*Euphorbia pulcherrima*）、向日葵（*Helianthus annuus*）、风信子属（*Hyacinthus*）、白茅（*Imperata cylindrica*）、番薯（*Ipomoea batatas*）、长寿花（*Kalanchoe blossfeldana*）、莴苣（*Lactuca sativa*）、番茄（*Lycopersicon esculentum*）、紫苜蓿（*Medicago sativa*）、大蕉（*Musa paradisiaca*）、蕉麻（*Musa textilis*）、烟草（*Nicotiana tabacum*）、瘤瓣兰属（*Oncidium*）、仙人掌属（*Opuntia*）、稻（*Oryza sativa*）、大黍（*Panicum maximum*）、灰白银胶菊（*Parthenium argentatum*）、雀稗属（*Paspalum*）、洋香葵（*Pelargonium capitatum*）、马蹄纹天竺葵杂种（*Pelargonium zonale* hybrids）、象草（*Pennisetum purpureum*）、碧冬茄（*Petunia hybrida*）、蝶兰属（*Phalaenopsis*）、蝴蝶兰（*Phalaenopsis aphrodite*）、喜林芋属（*Philodendron*）、报春花属（*Primula*）、西洋梨（*Pyrus communis*）、萝卜属（*Raphanus*）、甘蔗（*Saccharum officinarum*）、非洲紫苣苔（*Saintpaulia ionantha*）、蝎子掌（*Sedum spectabile*）、茄（*Solanum melongena*）、马铃薯（*Solanum tuberosum*）、高粱属（*Sorghum*）、合果芋（*Syngonium podophyllum*）、菊蒿（*Tanacetum parthenium*）、郁金香属（*Tulipa*）、多枝臂形草（*Urochloa mutica*）、可可芋（*Xanthosoma caracu*）。主要分布在美国、加拿大、海地、澳大利亚、新西兰、南非、巴西、奥地利、比利时、波兰、德国、俄罗斯、法国、丹麦、荷兰、罗马尼亚、葡萄牙、挪威、瑞典、瑞士、塞尔维亚和黑山、苏格兰、西班牙、希腊、匈牙利、意大利、英国、叙利亚、以色列、印度、日本等国家。

该病菌是一种易侵染根、块茎、扦插条及肥厚叶片等多汁、肉质植物器官的软腐病菌，也可以造成维管束萎蔫。病菌在木质部内繁殖，造成系统侵染，特别是当进行无性繁殖时，病菌可潜伏在繁殖植物中并通过插条传播，马铃薯块茎是重要的病原传播源。该病菌能造成菊花、玉米、花叶万年青、猩猩木、香蕉的茎腐，喜林芋、非洲紫苣苔、广东万年青叶腐，马铃薯及大丽花萎蔫、矮缩及块茎腐烂，石竹枯萎、矮缩。病菌可在土壤中的植物碎片上存活，寄生于作物残体上，通过病薯茎、枝繁殖和种薯的假植繁苗使病害传播和扩散。

马铃薯环腐病菌［*Clavibacter michiganensis* subsp. *sepedonicus* (Spieckermann et Kotthoff) Davis et al.］

马铃薯环腐病菌又叫密执安棒形杆菌环腐亚种，属放线菌目（Actinomycetales）微杆菌科（Microbacteriaceae）棍状杆菌属（*Clavibacter*）。为害番茄（*Lycopersicon esculentum*）、茄（*Solanum melongena*）和马铃薯（*Solanum tuberosum*）。分布在北美洲的加拿大、美国，欧洲的爱

沙尼亚、奥地利、白俄罗斯、波兰、丹麦、德国、俄罗斯、芬兰、荷兰、捷克、拉脱维亚、立陶宛、挪威、瑞典、斯洛伐克、乌克兰、希腊和英国，亚洲的朝鲜、哈萨克斯坦、韩国、尼泊尔、日本、塞浦路斯、乌兹别克斯坦以及中国台湾。

植株受侵染后，可造成死苗、死株甚至引起烂窖。感病植株的典型症状是植株萎蔫和块茎维管束呈环状腐烂。植株从下部叶片开始叶缘褪绿、梢内卷，似缺水状，之后自下而上萎蔫，植株倒伏枯死，但叶片不脱落，茎秆仍为绿色。感病块茎切开后可见维管束变为黄色至黑褐色，用手挤压可见乳白色、乳酪状菌脓溢出，皮层与髓部之间易于分离。病株的根、茎部维管束常变褐，有时溢出乳白色或黄色菌脓。病株还可出现枯斑型症状：部分叶片的尖端或叶缘呈褐色，叶脉间呈黄绿色或灰绿色，叶脉仍为绿色，产生明显的斑驳。以后叶尖干枯并向内卷，逐渐向上蔓延，最后全株枯死。地上部枯斑和萎蔫两种症状常同时出现，依品种不同有主次之分。病菌主要通过种薯远距离传播。病菌的传播主要靠切薯块的刀具和盛放种薯的容器，还可通过伤口传播。灌水、昆虫对病害传播作用不大。

番茄细菌性叶斑病菌［*Pseudomonas syringae* pv. *tomato* (Okabe) Young et al.］

番茄细菌性叶斑病菌是丁香假单胞菌番茄致病变种，为假单胞菌目（Pseudomonadales）假单胞菌科（Pseudomonadaceae）假单胞菌属（*Pseudomonas*）。主要为害番茄（*Lycopersicon esculentum*）和辣椒（*Capsicum annuum*），包括幼苗、叶片、茎和果实等，也能侵染黄瓜、西瓜、冬瓜、甜瓜等葫芦科植物，以及豇豆、菜豆、大白菜、水萝卜等其他豆科和十字花科植物。主要分布在美国、英国、俄罗斯、加拿大、法国、南非、澳大利亚、保加利亚、日本、土耳其、希腊、古巴、智利等国家，在我国吉林、辽宁、黑龙江、河北、天津、甘肃、新疆、福建、广西、台湾等地有报道。

病菌主要为害叶片，也可为害茎、花、叶柄和果实。在各种茄科植物的幼苗上症状相似，在叶片上产生深褐色至黑色斑点，不规则，直径2～4mm，斑点周围有黄色晕圈。茎和叶柄产生黑色斑点。果实呈黑色隆起的小斑点，果实中央形成木栓化疮痂。

病菌在种子、病残体、土壤和杂草上越冬。远距离传播主要通过人为的引种、商品的流通，播种带菌种子，幼苗即可染病。病苗定植后开始传入大田，并通过雨水飞溅或整枝、打杈、采收等农事操作进行传播或再侵染。

番茄亚隔孢壳茎腐病菌（*Didymella lycopersici* Klebahn）

番茄亚隔孢壳茎腐病菌属格孢腔菌目（Pleosporales）黑星菌科（Venturiaceae）亚隔孢壳属（*Didymella*）。主要寄主有番茄、辣椒、颠茄、茄、龙葵、马铃薯、天仙子。在欧洲的阿尔巴尼亚、奥地利、白俄罗斯、比利时、保加利亚、塞浦路斯、丹麦、爱沙尼亚、芬兰、法国、德国、希腊、爱尔兰、意大利、立陶宛、摩尔多瓦、荷兰、挪威、波兰、罗马尼亚、西班牙、瑞典、乌克兰、英国，北美洲的巴巴多斯、古巴、多米尼加、海地、巴拿马、波多黎各、特立尼达和多巴哥、加拿大、墨西哥、美国，南美洲的巴西、委内瑞拉，亚洲的亚美尼亚、文莱、印度、以色列、日本、约旦、马来西亚，非洲的科特迪瓦、摩洛哥、尼日利亚、多哥、乌干达，大洋洲的法属波利尼西亚、新喀里多尼亚、新西兰、巴布亚新几内亚、汤加有发生报道。

该病菌主要引起番茄、茄、辣椒的茎及果实腐烂。在地面以上的植株部分都能被侵染，尤其是茎。在近地表处茎上出现一圈向内的凹陷，叶片黄化，植株萎蔫。在病组织处出现许多黑色的分生孢子器，最后植株死亡。病斑可以出现在果实的任何部位，以果蒂处最多。病斑以同心圆向外扩大，黑色，水渍状，凹陷。最后整个果实被风干。叶片被侵染后出现棕色的同心圆病斑，中心一般会浅一些，病叶一般会死亡，病斑可以脱落，发生再侵染。病死植株皱缩，入侵点缢缩。病菌以病残体在土壤、堆肥及植物铺垫物中越冬，在土壤中可营腐生生活10个月，通过常规修整枝造成的新鲜伤口侵入植株，也能通过气孔侵入。在田间或温室，可通过风、雨、灌溉、培养料和农事操作等传播，主动侵入植物组织，使寄主植物罹病。远距离传播主要随种子的调运进行。

苜蓿黄萎病菌（*Verticillium albo-atrum* Reinke et Berthold）

苜蓿黄萎病菌属丛梗孢目（Moniliales）丛梗孢科（Moniliaceae）轮枝霉属（*Verticillium*）。主要寄主有向日葵（*Helianthus annuus* var. *marcocarpus*）、苜蓿属（*Medicago*）、挪威槭（*Acer* platanoides）、中华猕猴桃（*Actinidia chinensis*）、落花生（*Arachis hypogaea*）、甜菜（*Beta vulgaris*）、鹰嘴豆（*Cicer arietinum*）、西瓜（*Citrullus lanatus*）、罗马甜瓜（*Cucumis melo* var. *canatalupensis*）、黄瓜（*Cucumis sativus*）、柠檬桉（*Eucalyptus citriodora*）、草莓（*Fragaria ananassa*）、大豆属（*Glycine*）、地中海岩黄芪（*Hedysarum coronarium*）、律草属（*Humulus*）、啤酒花（*Humulus lupulus*）、羽扇豆属（*Lupinus*）、番茄（*Lycopersicon esculentum*）、草木樨属（*Melilotus*）、驴喜豆（*Onobrychis viciaefolia*）、菜豆属（*Phaseolus*）、豌豆属（*Pisum*）、石榴（*Punica granatum*）、马铃薯（*Solanum tuberosum*）、红车轴草（*Trifolium pratense*）、白车轴草（*Trifolium repens*）、蚕豆（*Vicia faba*）等。主要分布在日本及欧洲各国、加拿大（不列颠哥伦比亚、阿尔伯特、萨斯喀彻温、安大略、新斯科舍、爱德华王子岛、新布瑞斯威克等省）、美国（华盛顿、俄勒冈、爱达荷、蒙大拿、威斯康星、明尼苏达、宾夕法尼亚、纽约、怀俄明等州）、墨西哥、新西兰。

发病早期病株上部叶片在温度较高时表现暂时性萎蔫，继而中、下部叶片失绿变黄，严重时变枯白色，整株萎凋，横切病株茎部可见维管束变褐。发病后期植株因生育停滞而严重矮化。该病重要诊断特征还有：(1) 小叶顶端出现V形黄色坏死斑块，严重时病叶卷缩扭曲。(2) 病株叶片枯萎，但茎部在较长时间内仍保持绿色。(3) 在潮湿条件下，枯死茎表面附生灰色霉状物，即病菌的分生孢子梗。

苜蓿黄萎病菌传播途径较多，种子带菌是其远距离传播、特别是传入无病地区的主要途径。病区种子普遍带菌。带菌方式包括种子表面带菌和混杂的病株残片带菌，此外种子内部也可以带菌。

棉花黄萎病菌（*Verticillium dahliae* Kleb.）

大丽轮枝菌属半知菌亚门（Deutermycotina）淡色菌科（Mmonilaceae）轮枝菌属（*Verticillium*），是棉花黄萎病的主要致病菌。该病菌寄主范围很广，包括大田作物和田间杂草，主要为害棉花、向日葵、茄子、辣椒、番茄、烟草、马铃薯、甜瓜、西瓜、黄瓜、花生、菜豆、绿豆、大豆、芝麻、甜菜等农作物。

该菌菌丝体白色，分生孢子梗直立，长110～130μm，呈轮状分枝，每轮3～4个分枝，分枝大小为（13.7～21.4）μm×（2.3～9.1）μm，轮枝顶端或顶枝着生分生孢子，分生孢子长卵圆形，单胞无色，大小为（2.3～9.1）μm×（1.5～3.0）μm。孢壁增厚形成黑褐色的厚垣孢子，许多厚壁细胞结合成近球形微菌核，大小30～50μm。该菌在不同地区，不同品种上致病力有差异。美国分化有T型和SS-4型（非落叶型）2个生理小种。T型引起的症状是顶叶向下卷曲褪绿，迅速脱落，后顶端枯死。SS-4型引致叶片主脉间呈黄色斑驳，向上稍卷，病叶脱落略缓，植株矮化。T型比后者致病力高10倍。苏联分为0号小种、1号小种、2号小种，其中2号小种致病力强。我国分为3个生理型，生理型1号致病力最强，以陕西泾阳菌系为代表；生理型2号致病力弱，以新疆和田菌系为代表；生理型3号在江苏发现，与美国T菌系相似。

大丽轮枝菌可为害景天科石莲花属多肉植物，可随多肉植物远距离运输传播。在我国入境的多肉植物中，景天科石莲花属多肉植物占据较大的比例。病株各部位的组织均可带菌，病叶作为病残体存在于土壤中是该病传播的重要菌源。病菌在土壤中直接侵染根系，病菌穿过皮层细胞进入导管并在其中繁殖，产生的分生孢子及菌丝体堵塞导管。我国各邮检口岸截获的多肉植物多为带根整株植物，且部分非法邮寄进境的多肉植物带有土壤，该病菌随多肉植物入境可能性高。

该病菌主要随种子带菌进行远距离传播。通过病残体和土壤带菌近距离传播，带菌的种子是发病的主要条件。土壤带菌、连茬种植、施肥不合理、偏施氮肥，则发病较重。

马铃薯丛枝植原体（*Potato witches broom phytoplasma*）

马铃薯丛枝植原体为细菌界（Bacteria）硬壁菌门（Firmicutes）柔膜菌纲（Mollicutes）非固醇菌原体目（Acholeplasmatales）非固醇菌原体科（Aeholeplasmataceae）植原体属（*Phytoplasma*），自然寄主有番茄、马铃薯和大豆等，主要分布在美国、加拿大、澳大利亚、汤加、保加利亚、意大利、波兰、乌克兰、日本、乌兹别克斯坦和印度。感病马铃薯植株徒长，顶部叶片变紫色并卷曲，花变绿色、僵化，露出土表的马铃薯部分长出很多枝芽，并长出许多匍匐枝，土表下的马铃薯块茎长出许多根，上部植株角质化，茎干细小，马铃薯个体小、产量低，病害后期植株维管束死亡，植株枯死。在田间，叶蝉是传播媒介。远距离传播主要随马铃薯种薯及组培苗的调运进行。

马铃薯纺锤块茎类病毒（*Potato spindle tuber viroid*，PSTVd）

马铃薯纺锤块茎类病毒属马铃薯纺锤形块茎类病毒科（*Pospiviroidae*）马铃薯纺锤形块茎类病毒属（*Pospiviroid*）。为害番茄、马铃薯、龙葵、星茄藤、茄属、鳄梨、番薯、菊科等植物。主要分布在美国、澳大利亚、新西兰、白俄罗斯、波兰、德国、俄罗斯、英国、印度等国家。

该病毒为害寄主作物根、茎、枝、芽、叶，引起番茄和马铃薯发育迟缓，上偏性和叶片多皱性。番茄感病后，顶端叶起皱向下垂，接着小叶中脉产生坏死，中部叶变黄。在严重的褪绿阶段，整个植株矮缩，顶端叶小，紧密，中部叶片死亡。该病毒通过植物种子和番茄及马铃薯的花粉传播。

烟草环斑病毒（*Tobacco ringspot virus*，TRSV）

烟草环斑病毒属豇豆花叶病毒科（*Comoviridae*）线虫传多面体病毒属（*Nepovirus*）。国外主要分布在美国（阿肯色州、北卡罗来纳州、宾夕法尼亚州、得克萨斯州、俄亥俄州、佛蒙特州、弗吉尼亚州、华盛顿州、怀俄明州、堪萨斯州、康涅狄格州、肯塔基州、路易斯安那州、马里兰州、马萨诸塞州、密苏里州、密西西比州、密歇根州、明尼苏达州、内布拉斯加州、南达科他州、南卡罗来纳州、纽约州、特拉华州、田纳西州、威斯康星州、西弗吉尼亚州、新泽西州、亚拉巴马州、伊利诺伊州、艾奥瓦州、印第安纳州、佐治亚州等）、加拿大（安大略省、不列颠哥伦比亚省、魁北克省、新布伦瑞克省等）、墨西哥、澳大利亚、巴布亚新几内亚、新西兰、埃及、刚果民主共和国、津巴布韦、马拉维、摩洛哥、尼日利亚、扎伊尔、阿根廷、巴西、秘鲁、委内瑞拉、乌拉圭、奥地利、保加利亚、比利时、波兰、丹麦、德国、俄罗斯、法国、荷兰、捷克、立陶宛、罗马尼亚、葡萄牙、瑞士、塞尔维亚和黑山、土耳其、乌克兰、西班牙、匈牙利、意大利、英国、阿曼、朝鲜、格鲁吉亚、吉尔吉斯斯坦、日本、沙特阿拉伯、斯里兰卡、伊朗、印度、印度尼西亚等国家或地区。

主要症状因感染寄主而异。一般在生长季节初始阶段，幼嫩植株上的症状较严重，而在生长季节后期不大显著。通常 TRSV 侵染的植株呈现的症状为：叶片出现环状或线状纹，褪绿斑或斑驳、坏死斑；根腐烂；茎顶枯；结果少，或所结的果畸形；节间缩短及全株矮缩；个别产量降低，树干木质部有凹陷孔和沟，韧皮部增厚并呈海绵状。

TRSV 侵染寄主植物的所有组织，包括分生组织细胞。病毒粒体存在于细胞质和液泡中，分散或聚集成群，有的形成结晶体。在分生组织细胞中也可看到病毒粒体，其他细胞器无变化，而在叶肉细胞中则产生显著病变，包括细胞质中大的膜状内含体的形成、叶绿体基质中植物蛋白的积聚、叶绿体的环绕、细胞膜和液泡膜的囊泡化及瓦解，其中形成的内含体可能是病毒复制的场所。

TRSV 的传播途径多样，病毒从植株到植株可通过种子、嫁接、机械接种、媒介传播。机械接种可用感染植株汁液接种完成，纯化病毒粒体或病毒基因组 RNA 为一种接种体。病毒的致死温度为 60～65℃，稀释终点为 10^{-3}～10^{-4}，体外存活期 1～2 周。

番茄黑环病毒（*Tomato black ring virus*，TBRV）

番茄黑环病毒属豇豆花叶病毒科（*Comoviridae*）线虫传多面体病毒属（*Nepovirus*）。番茄黑环病毒在欧洲发生很普遍，主要分布在捷克、丹麦、芬兰、法国、德国、希腊、匈牙利、爱尔兰、意大利、摩尔多瓦、荷兰、挪威、波兰、葡萄牙、罗马尼亚、俄罗斯、西班牙、瑞典、英国、苏格兰、丹麦、芬兰、印度、日本、土耳其、肯尼亚、摩洛哥以及美洲的巴西、加拿大、圣马丁岛、美国等国家或地区。

番茄黑环病毒的寄主范围很广，能够广泛侵染单子叶和双子叶植物，最主要的寄主是悬钩子属、茶属、草莓属和李属植物中的一些种（特别是桃），如番茄、韭菜、芹菜、甜菜、莴苣、菜豆、大豆、蚕豆、马铃薯、黄瓜、朝鲜蓟、剑百合花、黑莓、覆盆子、茄、辣椒、葡萄、黑醋栗、桃、芜菁甘蓝、芜菁、水仙、洋葱、胡椒、草莓、烟草等植物。能使番茄上产生黑色环斑，菜豆、甜菜、莴苣、悬钩子上引起环斑，还引起芹菜的黄脉，马铃薯的“花束和假珊瑚状”，桃的新枝矮缩等症状。该病毒主要随繁殖材料的调运进行远距离传播。

番茄环斑病毒（*Tomato ringspot virus*，ToRSV）

番茄环斑病毒寄主范围广，可侵染35科105属157种以上单子叶和双子叶植物。常见的自然寄主有葡萄、桃、李、樱桃、苹果、榆树等及果园杂草。病菌在种子和病残体上越冬，成为下茬或翌年病害的主要初侵染源。种子上的病菌一般可存活到翌年的生长季节；在土壤和田间病残体中的病菌可存活2～3年；在其他废弃物中能存活10个月左右，也可随多年生茄科杂草寄主存活。

ToRSV粒体为等轴对称球状二十面体，直径20nm。经蔗糖梯度离心纯化，分成3个组分，即上、中、下层。上、中、下组分沉降系数（S20，w）分别为53S、119S、127S。上层为无RNA的蛋白外壳，中、下层比例为1∶1，经密度梯度离心和氯化铯沉降后，中、下组分形成两条近距离条带。

番茄环斑病毒是一种直径约28nm的等轴颗粒和含有RNA二重基因组的病毒，其沉降物含有三种成分。番茄环斑病毒容易被树液接种传播。并且其宿主范围较广，包括木本和草本植物。它通过美洲剑线虫和其他密切相关的剑线虫传播。自然传播的报道很大程度上局限于北美洲，但感染病毒已经传播到许多其他国家的植物。病毒在自然界主要发生在多年生作物上。在线虫病害也发生的北美地区会导致严重的后果。最严重的是桃或其他李属的黄芽花叶。大多数被感染的植物会表现出毁灭性的症状和反应。慢性感染植物通常不会有明显的症状，但在生产上会表现出一定量的衰退。

番茄斑萎病毒（*Tomato spotted wilt virus*，TSWV）

番茄斑萎病毒属于布尼安病毒科（*Bunyaviridae*）番茄斑萎病毒属（*Tospovirus*）。寄主非常广泛，据文献报道有70科925种植物，包括7个单子叶植物科。为害的重要作物有花生、番茄、烟草、辣椒、西瓜、大豆、甜菜、番木瓜、马铃薯等。几乎遍布世界温带和亚热带地区。有报道的国家和地区有：日本、印度、阿富汗、苏联、奥地利、比利时、捷克、斯洛伐克、丹麦、法国、德国、希腊、爱尔兰、意大利、荷兰、挪威、波兰、西班牙、瑞典、瑞士、英国、美国、加拿大、墨西哥、牙买加、圭亚那、波多黎各、玻利维亚、阿根廷、巴西、乌拉圭、智利、澳大利亚、新西兰、巴布亚新几内亚、马达加斯加、毛里求斯、塞内加尔、南非、坦桑尼亚、乌干达、津巴布韦、保加利亚、科特迪瓦、塞浦路斯、中国、埃及、伊朗、以色列、马来群岛、马耳他、尼泊尔、尼日利亚、巴基斯坦、葡萄牙、罗马尼亚、斯里兰卡、泰国、土耳其、扎伊尔等。

番茄感病后，叶片呈青铜色向上卷曲，叶背沿叶脉呈紫色，植株矮缩，幼果畸形，果实有杂色坏死斑块。红色或黄色番茄成熟时表皮出现暗红色或黄色块斑。坏死严重时能导致植株死亡。该病毒在田间传播的媒介主要是昆虫。曾有报道种子传毒率为1%，仅携带于种皮上。

菊花滑刃线虫［*Aphelenchoides ritzemabosi*（Schwartz）Steiner et Buhrer］

菊花滑刃线虫通常又被称为菊花叶枯线虫或腋芽滑刃线虫。其寄主范围非常广，能寄生观赏植物、蔬菜、小果类植物和杂草等200多种植物，菊花（*Dendranthema morifolium*）是其典型寄主，其他重要的寄主有大丽花、福禄考、金丝桃、绣线菊、秋海棠、大岩桐、薄包花、草莓、烟草、西瓜、莴苣、番茄、芹菜等。在全球广泛分布，在全世界已有70多个国家或地区发现此病害；是菊花的重要病害，病害发生导致经济价值降低，严重的导致死亡；为害草莓造成减产，严重时损失可达65%，在法国曾严重为害烟草，造成烟叶产量及品质严重下降。

此病害在美国、日本是菊花的毁灭性病害。菊花叶枯线虫主要为害植物地上部的花、叶、芽。线虫在叶片脉间取食，致使叶片在脉间形成黄褐色角斑或扇形斑，病斑最后变为深褐色、枯死，病叶自下而上枯死，枯死叶片下垂不脱落。花和芽受害则畸形、变小或不开花、枯死，表面有褐色伤痕。若幼苗末梢生长点被害，则植株生长发育受阻，严重的很快死亡。

腐烂茎线虫（*Ditylenchus destructor* Thorne）

腐烂茎线虫属垫刃目（Tylenchida）粒线虫科（Anguinidae）茎线虫属（*Ditylenchus*）。在国外主要分布于加拿大、美国、澳大利亚、墨西哥、新西兰、埃及、摩洛哥、南非、巴西、厄瓜多尔、秘鲁、阿尔巴尼亚、爱尔兰、爱沙尼亚、奥地利、白俄罗斯、保加利亚、比利时、波兰、丹麦、德国、俄罗斯、法国、芬兰、荷兰、捷克、拉脱维亚、立陶宛、卢森堡、罗马尼亚、摩尔多瓦、挪威、瑞典、瑞士、斯洛伐克、苏格兰、土耳其、乌克兰、西班牙、希腊、匈牙利、意大利、英国、阿塞拜疆、巴基斯坦、朝鲜、哈萨克斯坦、韩国、吉尔吉斯斯坦、马来西亚、孟加拉国、日本、沙特阿拉伯、塔吉克斯坦、乌兹别克斯坦、伊朗、印度、海地等国家或地区。

形态特征：雌、雄虫呈线形（或蠕虫形），热杀死后虫体略向腹面弯，侧线 6 条；头部低平、略缢缩；背食道腺开口位于口针基部球后附近；中食道球纺锤形、有瓣，后食道腺短，覆盖肠的背面；尾圆锥形，通常腹弯，端圆。雌虫体长 0.69～1.89mm，体长与体宽的比值为 18～49；口针长 10～14μm；单卵巢、前伸，阴门位于体后部（头端到阴门的长度/体长：V＝77～84），后阴子宫囊长度是肛门距阴门长度的 40%～98%；尾长是肛门处体宽的 3～5 倍。雄虫体长 0.63～1.35mm，体长与体宽的比值为 24～50；口针长 10～12μm，交合刺长 24～27μm，交合伞向尾部伸展长度是尾长的 50%～90%。

腐烂茎线虫寄主作物种类多，除了为害甘薯和马铃薯外，还为害洋葱、大蒜、胡萝卜、欧芹、芹菜、番茄和黄瓜等蔬菜以及甜菜和花生等经济作物。目前在我国主要为害甘薯。

腐烂茎线虫严重为害寄主植物地下部分，是迁移性的植物内寄生线虫，主要侵染植物的各种地下组织或器官，如块茎、球茎、匍匐茎、根状茎和根等，以各种虫态在植物病组织内越冬，或以成虫和卵在土壤内越冬。在田间缺少栽培作物寄主时，该线虫可以在田间的杂草和土壤中的真菌寄主上存活。根据漆永红等通过在自然环境条件下对腐烂茎线虫采用人工接种的方式对侵入甘薯部位以及在甘薯植株内的种群动态的研究，表明腐烂茎线虫自甘薯秧苗的基部侵入，逐步向上迁移为害。在移栽后 4 周，线虫仅在地下茎下部 3cm 处为害；移栽后 8 周，线虫扩展到地下茎接近地面部位；移栽后 10 周，线虫扩展到地上茎部分；移栽后 12 周，线虫已转移到新结的甘薯块根上为害；但未发现线虫侵入甘薯须根。

马铃薯白线虫（*Globodera pallida*）

马铃薯白线虫属垫刃总科（Tylenchoidea）异皮线虫科（Heteroderidae）球胞囊线虫属（*Globodera*），首先由 Stone 在 1972 年发现，是一种重要的毁灭性病原线虫。寄主范围较窄，主要的农业寄主作物仅有马铃薯、茄和番茄。在欧洲主要分布在奥地利、比利时、保加利亚、丹麦、斯洛伐克、爱沙尼亚、法国、德国、希腊、冰岛、爱尔兰、意大利、卢森堡、荷兰、英国、挪威、葡萄牙、俄罗斯、西班牙、瑞典、瑞士、白俄罗斯、波兰等国家，在亚洲主要分布在塞浦路斯、印度和巴基斯坦，在非洲主要分布在阿尔及利亚、突尼斯和南非，在大洋洲分布在新西兰，在北美洲和加勒比海地区分布在加拿大，中美洲和南美洲主要分布在阿根廷、玻利维亚、智利、哥伦比亚、巴拿马、厄瓜多尔、秘鲁、委内瑞拉及整个安第斯山脉地区。

在田间，当马铃薯白线虫群体密度低时，为害很小，最初在小范围引起生长不良，作物长势变坏，表现变黄，萎蔫，顶端生长差，导致作物产量损失。再扩大范围，增加不良的生长点。对根的典型伤害是植株的萎蔫与矮化，番茄受侵染后和马铃薯症状相似，只是根部有轻微的膨胀，像根结线虫为害造成的根结一样。马铃薯白线虫是一种固着内寄生线虫，卵受寄主根分泌物的刺激孵化出二龄幼虫，侵入寄主根部，在中柱鞘附近建立取食位点，雌虫交配后，卵留在雌虫体内，雌虫死后变成胞囊，从根部脱落，留于土壤。近距离传播主要是通过风雨、灌溉水和人、畜在田间的活动以及农机具操作等。远距离传播主要是胞囊随污染的马铃薯种薯、黏附在种薯上的病土以及其他带根的繁殖材料调运进行传播。2006 年 7 月，青岛检验检疫局曾从俄罗斯籍货运船上的带土马铃薯上截获马铃薯白线虫。

马铃薯金线虫（*Globodera rostochiensis*）

马铃薯金线虫和马铃薯白线虫一样，属垫刃总科（Tylenchoidea）异皮线虫科（Heteroderidae）球胞囊线虫属（*Globodera*）。最主要的农业寄主植物是马铃薯、番茄和茄等茄科植物，此外，还有曼陀罗（*Datura stramonium*）、天仙子（*Hyoscyamus niger*）、藜（*Chenopodium album*）、金鱼草（*Antirrhinum majus*）、偃麦草（*Elymus repens*）、酢浆草（*Oxalis tuberosa*）、光龙葵（*Solanum borealisinense*）、欧白英（*Solanum dulcamara*）、龙葵（*Solanum nigrum*）、青杞（*Solanum septemlobum*）等植物。目前报道在全世界 5 大洲 72 个国家有发生和分布。在欧洲有阿尔巴尼亚、奥地利、白俄罗斯、比利时、保加利亚、捷克、丹麦、爱沙尼亚、法罗群岛、芬兰、法国、德国、希腊、匈牙利、冰岛、爱尔兰、意大利、拉脱维亚、立陶宛、卢森堡、马耳他、荷兰、挪威、波兰、葡萄牙、西班牙、俄罗斯、斯洛伐克、英国、瑞典、瑞士、乌克兰等国家和地区，在亚洲有亚美尼亚、印度、以色列、日本、黎巴嫩、巴基斯坦、菲律宾、斯里兰卡、塔吉克斯坦、塞浦路斯，非洲有阿尔及利亚、摩洛哥、塞拉利昂、南非、突尼斯、埃及、利比亚，大洋洲有澳大利亚和新西兰，北美洲有加拿大、美国和墨西哥，中美洲和加勒比海地区有哥斯达黎加、巴拿马，南美洲有阿根廷、玻利维亚、巴西、秘鲁、智利、哥伦比亚、委内瑞拉、厄瓜多尔。

马铃薯金线虫为害寄主植物的根系，地上部分无特殊识别症状，根系受害引起植物逆境反应，使水分和营养物质的吸收能力降低，地上部分表现为矮化、发黄和其他失绿症状。马铃薯金线虫为固着内寄生线虫。卵受寄主根分泌物的刺激孵化出二龄幼虫，侵入寄主根部，在中柱鞘附近建立取食位点，雌虫交配后，卵留在雌虫体内，雌虫死后变成胞囊，从根部脱落，留于土壤。胞囊可含 500 粒卵，卵在胞囊中可存活 25～28 年。近距离传播主要是通过风雨、灌溉水和人、畜在田间的活动以及农机具操作等。远距离传播主要是胞囊随污染的马铃薯种薯、黏附在种薯上的病土以及其他带根的繁殖材料调运进行传播。我国口岸机构曾多次截获马铃薯金线虫。

长针线虫属（传毒种类）[*Longidorus* (Filipjev) Micoletzky]

长针线虫属传毒种类属长针线虫科（Longidoridae），已知长针线虫属有 133 个种，有 13 个种为传毒线虫，分别是阿普尔长针线虫（*L. apulus*）、阿瑟长针线虫（*L. arthensis*）、浙狭长针线虫（*L. attenuatus*）、短环长针线虫（*L. breviannulatus*）、草皮长针线虫（*L. caespiticola*）、折环长针线虫（*L. diadecturus*）、移去长针线虫（*L. elongatus*）、卫矛长针线虫（*L. euonymus*）、横带长针线虫（*L. fasciatus*）、瘦头长针线虫（*L. leptocephalus*）、*L. profundorum*、大体长针线虫（*L. macrosoma*）、马丁长针线虫（*L. Martini*）。其中有 6 个种只传播 1 种病毒，另外 7 个种传播多种病毒。移去长针线虫可传播 8 种病毒，是重要的植物寄生线虫，广泛分布于世界各温带地区，为害植物的根部，造成典型的根部膨大或形成根结，导致根系发育迟缓甚至坏死，是樱桃和番茄等多种植物的寄生线虫。

根结线虫属（非中国种）（*Meloidogyne* Goeldi）

根结线虫属种类繁多，是一类世界性分布的，在经济上极为重要的植物专性寄生线虫，其分布广、为害严重，引起世界各国的广泛关注，同时也是我国最重要的病原线虫之一。1885 年，英国科学家 Berkeley 在温室黄瓜上发现作物根系产生的根结是由病原线虫引起的。随后在其他作物上相继发现该线虫。直到 1887 年，Goeldi 在巴西咖啡树上发现了同样的线虫，定名为 *Meloidogyne exigua*，即根结线虫。

在热带和亚热带雨量充沛的地区，根结线虫的为害比胞囊线虫更为严重。根结线虫是世界上分布最广、为害最重的植物病原线虫之一。到目前为止已报道的根结线虫有多种，其中为害最重的是南方根结线虫。根结线虫分为以下四类：南方根结线虫（*Meloidogyne incognita*）、花生根结线虫（*M. arenaria*）、北方根结线虫（*M. hapla*）和爪哇根结线虫（*M. javanica*）。

异常珍珠线虫（*Nacobbus abberrans*）

异常珍珠线虫属线虫门（Nematoda）侧尾腺纲（Secernentea）垫刃目（Tylenchida）垫刃亚目（Tylenchina）垫刃总科（Tylenchoidea）短体线虫科（Pratylenchidae）珍珠线虫亚科（Nacobbinae）珍珠线虫属（*Nacobbus*）。最初是从美国密叶滨藜（*Atriplex confertifolia*）上分离到的。此线虫主要分布在北美和南美的温带和热带地区，具体分布地区有美国、墨西哥、阿根廷、巴西、玻利维亚、厄瓜多尔、秘鲁、智利、俄罗斯、荷兰、英国、印度等，我国目前尚无分布。异常珍珠线虫曾导致拉丁美洲安第斯地区的马铃薯减产 65%，造成墨西哥的番茄减产 55%，致使美国内布拉斯加州和怀俄明州的甜菜减产 10%～20%。

该线虫的寄主范围很广，包括仙人掌科（Cactaceae）、藜科（Chenopodiaceae）、十字花科（Cruci ferae）、葫芦科（Cucurbitaceae）、茄科（Solanaceae）、豆科（Leguminosae）和伞形花科（Apiaceae）的植物。其中重要的寄主包括马铃薯（*Solanum tuberosum*）、甜菜（*Beta vulgaris*）、芥菜（*Brassica juncea*）、甘薯（*Ipomoea batatas*）、甘蓝（*Brassica oleracea*）、莴苣（*Lactuca sativa*）、球根金莲花（*Tropaeolum tuberosum*）、西葫芦（*Cucurbita pepo*）、辣椒（*Capsicum* annuum)、笋瓜（*Cucurbi tamaxima*）、菠菜（*Spinacia oleracea*）、烟草（*Nicotiana tabacum*）、芜菁（*Brassica rapa*）、黄瓜（*Cucumis sativus*）、番茄（*Lycopersicon esculentum*）、茄子（*Solanum melongena*）、豌豆（*Pisum sativum*）、胡萝卜（*Daucus carota*）。

鉴于异常珍珠线虫对多种农作物造成的巨大经济损失，许多国家和地区如阿根廷、巴西、保加利亚、哥伦比亚、欧盟、冰岛、印度尼西亚、日本、摩洛哥、挪威、巴拉圭、韩国、泰国、突尼斯和乌拉圭都将其列为检疫性对象。异常珍珠线虫主要以幼虫在土壤中或成虫和卵在病根的根瘤内越冬，通过带病土壤、根、块茎、苗木等作远距离传播。该线虫一旦传入我国，势必对我国的农业生产造成重大危害。

形态特征：

成熟雌虫：虫体乳白色，膨大呈椭圆形，头部和尾部通常渐细。头架发育好，唇环3～4个。口针细长，口针基部球小，球状。中食道球和食道腺发育良好，食道腺覆盖肠的前端。卷曲的单个卵巢充满大部分体腔，仅在卵巢后部可见到卵，卵被胶质的基质包裹。阴门和肛门开口于亚尾端。

未成熟雌虫：蠕虫形，尾钝圆，10～17个体环。侧区有4条刻线。头部缢缩，唇环3～4个。口针强壮，基部球球状。食道腺覆盖肠的前端。阴门开口于尾前部35个体环处。侧尾腺位于肛门后部。

雄虫：虫体蠕虫状，尾短弓形，长同肛门处体宽。交合伞从交合刺前端开始包裹整个尾部。侧区有4条刻线。头部缢缩，有4个唇环，头架圆形，高度骨化。口针基部球强壮，中食道球显著，食道腺覆盖肠的前端。半月体靠近排泄孔位置。交合刺属典型的垫刃类型，引带简单。

二龄幼虫：虫体蠕虫状，角质膜有规则的环化，侧区有4条刻线。头部缢缩，有3个唇环。口针强壮，基部球球状。半月体位于排泄孔前部。侧尾腺开口小，位于肛门后部，尾钝圆。

植物被异常珍珠线虫为害后，其地上部分在受害较轻时通常无症状表现，受害较严重时，症状表现为矮化或者黄化。地下部分症状较为典型，根部形成单个的球形根结或根瘤，像串在线上的珍珠。剖开根结可见椭圆形的雌虫。异常珍珠线虫主要以幼虫在土壤中或成虫和卵在病根的根瘤内越冬，翌年气温升到13 ℃左右时，越冬卵开始孵化为幼虫。线虫的传播途径主要是病土和灌溉水，还有人、畜、农具等作近距离传播，带病土壤、根、块茎、苗木等作远距离传播。

拟毛刺线虫属（传毒种类）（*Paratrichodorus* Siddiqi）

拟毛刺线虫属传毒种类属毛刺线虫科（Trichodoridae），在已知的49个拟毛刺线虫种中，有9个为传毒种类，分别为葱拟毛刺线虫（*P. allius*）、银莲花拟毛刺线虫（*P. anemones*）、多变拟毛刺线虫（*P. divergens*）、西班牙拟毛刺线虫（*P. hispanus*）、较小拟毛刺线虫（*P. minor*）、短小拟毛刺线虫（*P. nanus*）、厚皮拟毛刺线虫（*P. pachydermus*）、光滑拟毛刺线虫（*P. teres*）、突尼斯拟毛刺线虫（*P. tunisiensis*）。其中有6个种只传播1种病毒，另外3个种传播多种病毒。拟毛刺线虫属传毒种类食性杂，为多年生植物的根部外寄生线虫，不但直接取食为害寄主植物，还因其具有传毒能力而造成更大的危害。

短体线虫属（非中国种）（*Pratylenchus* Filipjev）

短体线虫隶属于线虫门（Nematoda）色矛纲（Chromadorea）色矛亚纲（Chromadoria）小杆目（Rhabditida）垫刃亚目（Tylenchina）垫刃次目（Tylenchomorpha）垫刃总科（Tylenchoidea）。短体线虫属可对多种作物造成危害，能引起根系表皮破损和内部组织腐烂，且能诱发真菌或细菌的二次侵染。据报道，目前短体线虫属中有效种为75种。一般认为，除咖啡短体线虫（*P. coffeae*）、穿刺短体线虫（*P. penetrans*）、伤残短体线虫（*P. vulnus*）、玉米短体线虫（*P. zeae*）、艾短体线虫（*P. artemisiae*）和山药短体线虫（*P. dioscoreae*）等6个种在我国有较多报道，可作为中国种外，属内其他线虫都被列入检疫对象。

2012—2013年，我国宁波、北京、深圳和浙江口岸检疫员在进境的树木、种球、介质及航班旅客携带物中，检疫分离到9个短体属线虫群体，鉴定为8种短体线虫。其中，宁波口岸截获的日本短体线虫（*P. japonicus*）和伤残短体线虫（*P. vulnus*）分离自进境的日本鸡爪槭树木根际介质，卢斯短体线虫（*P. loosi*）分离自日本茶梅，穿刺短体线虫（*P. penetrans*）分离自荷兰百合；北京口岸截获的玻利维亚短体线虫（*P. bolivianus*）分离自新西兰麻，假草地短体线虫（*P. pseudopratensis*）

分离自俄罗斯航班旅客携带的带土植物；深圳口岸从香港航班旅客携带的芋头中分离到咖啡短体线虫（*P. coffeae*）；浙江口岸和宁波口岸分别从日本邮寄的鸡爪槭和进境的以色列孤挺花种球中截获朱顶红短体线虫（*P. hippeastri*）。其中玻利维亚短体线虫、朱顶红短体线虫、日本短体线虫和假草地短体线虫这 4 个种属于国内口岸首次截获。

形态特征：虫体粗短（L<1mm，a=20～30，偶尔 a=40），侧区 4～6 条侧线，侧尾腺孔在尾中部；唇区低，前端平，偶尔圆，头架骨化显著；口针粗短，基部球发达，呈圆形，前端平或凹陷；中食道球卵圆形至圆形；食道腺腹面覆盖肠；阴口位置靠后（V=70～90）；雌虫单生殖管，前伸，有后阴子宫囊；授精囊大而圆；雌虫尾近圆柱形至圆锥形，通常是肛口处体宽的 2～3 倍，尾末端光滑或有环纹；雄虫交合伞延伸至尾末端，引带简单，不伸出泄殖腹。

香蕉穿孔线虫（*Radopholus imiles*）

香蕉穿孔线虫属于垫刃目（Tylenchida）短体科（Pratylenchidae）短体线虫亚科（Pratylenchinae）穿孔线虫属（*Radopholus*）。首次发现于斐济的香蕉根部。香蕉穿孔线虫的寄主范围广泛，主要为害的栽培植物有香蕉、芭蕉、胡椒、柑橘、柠檬、柚子、椰子树、槟榔树、可可、芒果、菠萝、咖啡、茶树、美洲柿、鳄梨、油柿、生姜、姜黄、花生、胡萝卜、大豆、高粱、甘蔗、烟草、茄子、番茄、马铃薯、甘薯、西瓜、薯蓣、酸豆、小豆蔻、蚕豆、油棕、山葵、王棕以及天南星科、芭蕉科、竹芋科、棕榈科和凤梨科的观赏植物等。

香蕉穿孔线虫是对全球作物为害最重的 10 种植物病原线虫之一，是导致全球香蕉产量损失的主要因素，其为害香蕉通常可造成香蕉减产 30%～60%；对胡椒的为害也是毁灭性的，在印度尼西亚的邦加岛，曾造成 90%的胡椒树死亡，20 年内毁掉2 200万株胡椒树。

形态特征：雌、雄虫呈线形（或蠕虫形），热杀死后虫体直或略向腹面弯。雌虫体侧区有 4 条侧线；头部低，前端圆，偶尔平，头架骨化强；口针强壮，基部球发达，口针长 12～20μm；食道发育正常，中食道球瓣明显，后食道腺从背面覆盖肠；阴门位于虫体中后部（头端到阴门的长度/体长：V=55～61），双生殖腺，对伸，受精囊圆形，有杆状的精子；尾通常呈长圆锥形，偶尔呈近圆柱形，尾的平均长度通常超过 52μm，尾的透明区平均长度一般超过 9μm，尾端部多数呈规则或不规则圆锥形，末端钝，少数有一指状突。雄虫头部高圆，呈球形，显著缢缩，头架骨化不明显；口针弱，长 12～17μm，基部球不明显；食道显著退化；单精巢，前伸，交合刺长 19～22μm，引带长 8～12μm，交合伞伸到尾部约 2/3 处至近尾端；尾形似雌虫。

香蕉穿孔线虫可以在被侵染的寄主植物根、球茎和块茎等组织内长期存活，在无任何植物的土壤中也可存活数月，所以带虫的种植材料以及所黏附的土壤是新病区的主要初侵染源，也是病区再次蔓延的重要途径。在田间，该线虫还可以通过植物根系伸长和相互交织接触传染，水流、农事操作和线虫自身的活动也可以传播。

毛刺线虫属（传毒种类）（*Trichodorus* spp.）

毛刺线虫属传毒种类隶属于毛刺线虫科（Trichodoridae），毛刺线虫属至今已发现有 56 种为多年生草本或木本植物的根部迁移性外寄生线虫，不但直接取食植物根系造成根系粗短、肿大、侧根增多，还引起植物营养不良和生长失调等。更严重的是已知 4 种毛刺线虫种类能传播病毒，分别是圆筒毛刺线虫（*T. cylindricus*）、原始毛刺线虫（*T. primitivus*）、相似毛刺线虫（*T. similis*）、具毒毛刺线虫（*T. viruliferus*）。圆筒毛刺线虫（*T. cylindricus*）和相似毛刺线虫（*T. similis*）只传播 1 种病毒，原始毛刺线虫（*T. primitivus*）和具毒毛刺线虫（*T. viruliferus*）传播多种病毒。

5. 实验室鉴定

对监测中发现的可疑样本进行害虫形态观察、病原菌分离培养等，根据相应方法做出鉴定；如检疫机构所属实验室无法确定，应立即送相应专家进行鉴定。

6. 记录与档案管理

详细记录种植时间、栽培管理及有害生物监测数据，各项原始记录连同其他材料妥善保存于植物检疫机构。采集到的样品经鉴定有疫情的并有保存价值的，可制作成标本，保存于植物检疫机构。

三、番茄种子隔离检疫情况记录表

<table>
<tr><td colspan="2">植物中文名称：番茄</td><td>来源国：秘鲁</td><td>种植数量：5 盆</td></tr>
<tr><td colspan="4">隔离种植物类别：□苗木 ☑种子 □试管苗 □其他（明确类别）：</td></tr>
<tr><td colspan="4">检疫审批单号：37201600483</td></tr>
<tr><td colspan="2">种植地点：普通隔离温室</td><td colspan="2">种植时间：2016 年 7 月 12 日至 2016 年 11 月 6 日</td></tr>
<tr><td colspan="4">种植基础条件：
种植方法：花盘基质种植，每盆 3 棵
温湿度：25～30℃，湿度 50%～80%</td></tr>
<tr><td>时间（月/日）</td><td>生育期</td><td>栽培管理要点或有害生物发生情况记录</td><td>记录人</td></tr>
<tr><td>7/12</td><td>发芽期</td><td>播种</td><td></td></tr>
<tr><td>7/16</td><td>发芽期</td><td>环境条件正常</td><td></td></tr>
<tr><td>7/20</td><td>幼苗期</td><td>出苗，植株长势正常</td><td></td></tr>
<tr><td>7/24</td><td>幼苗期</td><td>浇水，植株长势正常</td><td></td></tr>
<tr><td>7/28</td><td>幼苗期</td><td>植株长势正常</td><td></td></tr>
<tr><td>8/6</td><td>幼苗期</td><td>植株长势正常</td><td></td></tr>
<tr><td>8/10</td><td>幼苗期</td><td>植株长势正常</td><td></td></tr>
<tr><td>8/14</td><td>幼苗期</td><td>植株长势正常</td><td></td></tr>
<tr><td>8/18</td><td>幼苗期</td><td>植株长势正常</td><td></td></tr>
<tr><td>8/22</td><td>幼苗期</td><td>植株长势正常</td><td></td></tr>
<tr><td>8/26</td><td>幼苗期</td><td>植株长势正常</td><td></td></tr>
<tr><td>9/1</td><td>幼苗期</td><td>植株长势正常</td><td></td></tr>
<tr><td>9/5</td><td>开花期</td><td>出现花蕾</td><td></td></tr>
<tr><td>9/9</td><td>开花期</td><td>待开花，植株长势正常</td><td></td></tr>
<tr><td>9/13</td><td>开花期</td><td>开花</td><td></td></tr>
<tr><td>9/18</td><td>开花期</td><td>植株长势正常</td><td></td></tr>
<tr><td>9/22</td><td>开花期</td><td>植株长势正常</td><td></td></tr>
<tr><td>9/26</td><td>开花期</td><td>植株长势正常</td><td></td></tr>
<tr><td>9/29</td><td>结果期</td><td>青果，果型正常</td><td></td></tr>
<tr><td>10/8</td><td>结果期</td><td>植株长势正常</td><td></td></tr>
<tr><td>10/12</td><td>结果期</td><td>进入青熟期，长势正常，相对外界环境长势较弱</td><td></td></tr>
<tr><td>10/16</td><td>结果期</td><td>植株长势正常</td><td></td></tr>
<tr><td>10/20</td><td>结果期</td><td>植株长势正常</td><td></td></tr>
<tr><td>10/24</td><td>结果期</td><td>植株长势正常</td><td></td></tr>
<tr><td>10/28</td><td>结果期</td><td>成熟，其他正常</td><td></td></tr>
<tr><td>11/2</td><td>结果期</td><td>植株长势正常，但每盆种 3 棵，种植密度相对过大，已有早衰现象</td><td></td></tr>
<tr><td>11/6</td><td>结果期</td><td>果实果型正常，检疫种植观察结束</td><td></td></tr>
<tr><td colspan="3">由于种植相对较密（每盆 3 棵），植株皆有早衰迹象，整个检疫周期内未发现检疫性病虫害（幼苗期由于夏季隔离温室温度相对室外偏高，有个别植株有类似生理病害的现象）</td><td></td></tr>
</table>

<table>
<tr><td colspan="2">植物中文名称：番茄</td><td>来源国：泰国</td><td>种植数量：5 盆</td></tr>
<tr><td colspan="4">隔离种植物类别：□苗木　☑种子　□试管苗　□其他（明确类别）：</td></tr>
<tr><td colspan="4">检疫审批单号：37201600531</td></tr>
<tr><td colspan="2">种植地点：普通隔离温室</td><td colspan="2">种植时间：2016 年 7 月 12 日至 2016 年 11 月 6 日</td></tr>
<tr><td colspan="4">种植基础条件：
种植方法：花盘基质种植，每盆 3 棵
温湿度：25～30℃，湿度 50%～80%</td></tr>
<tr><td>时间
（月/日）</td><td>生育期</td><td>栽培管理要点或有害生物发生情况记录</td><td>记录人</td></tr>
<tr><td>7/12</td><td>发芽期</td><td>播种</td><td></td></tr>
<tr><td>7/16</td><td>发芽期</td><td>环境条件正常</td><td></td></tr>
<tr><td>7/20</td><td>幼苗期</td><td>出苗，植株长势正常</td><td></td></tr>
<tr><td>7/24</td><td>幼苗期</td><td>浇水，植株长势正常</td><td></td></tr>
<tr><td>7/28</td><td>幼苗期</td><td>植株长势正常</td><td></td></tr>
<tr><td>8/6</td><td>幼苗期</td><td>植株长势正常</td><td></td></tr>
<tr><td>8/10</td><td>幼苗期</td><td>植株长势正常</td><td></td></tr>
<tr><td>8/14</td><td>幼苗期</td><td>植株长势正常</td><td></td></tr>
<tr><td>8/18</td><td>幼苗期</td><td>植株长势正常</td><td></td></tr>
<tr><td>8/22</td><td>幼苗期</td><td>植株长势正常</td><td></td></tr>
<tr><td>8/26</td><td>幼苗期</td><td>植株长势正常</td><td></td></tr>
<tr><td>9/1</td><td>幼苗期</td><td>植株长势正常</td><td></td></tr>
<tr><td>9/5</td><td>开花期</td><td>出现花蕾</td><td></td></tr>
<tr><td>9/9</td><td>开花期</td><td>待开花，植株长势正常</td><td></td></tr>
<tr><td>9/13</td><td>开花期</td><td>开花</td><td></td></tr>
<tr><td>9/18</td><td>开花期</td><td>植株长势正常</td><td></td></tr>
<tr><td>9/22</td><td>开花期</td><td>植株长势正常</td><td></td></tr>
<tr><td>9/26</td><td>开花期</td><td>植株长势正常</td><td></td></tr>
<tr><td>9/29</td><td>结果期</td><td>青果，果型正常</td><td></td></tr>
<tr><td>10/8</td><td>结果期</td><td>植株长势正常</td><td></td></tr>
<tr><td>10/12</td><td>结果期</td><td>进入青熟期，长势正常，相对外界环境长势较弱</td><td></td></tr>
<tr><td>10/16</td><td>结果期</td><td>植株长势正常</td><td></td></tr>
<tr><td>10/20</td><td>结果期</td><td>植株长势正常</td><td></td></tr>
<tr><td>10/24</td><td>结果期</td><td>植株长势正常</td><td></td></tr>
<tr><td>10/28</td><td>结果期</td><td>成熟，其他正常</td><td></td></tr>
<tr><td>11/2</td><td>结果期</td><td>植株长势正常，但每盆种 3 棵，种植密度相对过大，已有早衰现象</td><td></td></tr>
<tr><td>11/6</td><td>结果期</td><td>果实果型正常，检疫种植观察结束</td><td></td></tr>
<tr><td colspan="3">由于种植相对较密（每盆 3 棵），植株皆有早衰迹象，整个检疫周期内未发现检疫性病虫害（幼苗期由于夏季隔离温室温度相对室外偏高，有个别植株有类似生理病害的现象）</td><td></td></tr>
</table>

<table>
<tr><td colspan="2">植物中文名称：番茄</td><td>来源国：西班牙</td><td>种植数量：5 盆</td></tr>
<tr><td colspan="4">隔离种植物类别：□苗木　☑种子　□试管苗　□其他（明确类别）：</td></tr>
<tr><td colspan="4">检疫审批单号：37201600439</td></tr>
<tr><td colspan="3">种植地点：普通隔离温室</td><td>种植时间：2016 年 7 月 12 日至 2016 年 11 月 6 日</td></tr>
<tr><td colspan="4">种植基础条件：
种植方法：花盆基质种植，每盆 3 棵
温湿度：25～30℃，湿度 50%～80%</td></tr>
<tr><td>时间（月/日）</td><td>生育期</td><td>栽培管理要点或有害生物发生情况记录</td><td>记录人</td></tr>
<tr><td>7/12</td><td>发芽期</td><td>播种</td><td></td></tr>
<tr><td>7/16</td><td>发芽期</td><td>环境条件正常</td><td></td></tr>
<tr><td>7/20</td><td>幼苗期</td><td>出苗，植株长势正常</td><td></td></tr>
<tr><td>7/24</td><td>幼苗期</td><td>浇水，植株长势正常</td><td></td></tr>
<tr><td>7/28</td><td>幼苗期</td><td>植株长势正常</td><td></td></tr>
<tr><td>8/6</td><td>幼苗期</td><td>植株长势正常</td><td></td></tr>
<tr><td>8/10</td><td>幼苗期</td><td>植株长势正常</td><td></td></tr>
<tr><td>8/14</td><td>幼苗期</td><td>植株长势正常</td><td></td></tr>
<tr><td>8/18</td><td>幼苗期</td><td>植株长势正常</td><td></td></tr>
<tr><td>8/22</td><td>幼苗期</td><td>植株长势正常</td><td></td></tr>
<tr><td>8/26</td><td>幼苗期</td><td>植株长势正常</td><td></td></tr>
<tr><td>9/1</td><td>幼苗期</td><td>植株长势正常</td><td></td></tr>
<tr><td>9/5</td><td>开花期</td><td>出现花蕾</td><td></td></tr>
<tr><td>9/9</td><td>开花期</td><td>待开花，植株长势正常</td><td></td></tr>
<tr><td>9/13</td><td>开花期</td><td>开花</td><td></td></tr>
<tr><td>9/18</td><td>开花期</td><td>植株长势正常</td><td></td></tr>
<tr><td>9/22</td><td>开花期</td><td>植株长势正常</td><td></td></tr>
<tr><td>9/26</td><td>开花期</td><td>植株长势正常</td><td></td></tr>
<tr><td>9/29</td><td>结果期</td><td>青果，果型正常</td><td></td></tr>
<tr><td>10/8</td><td>结果期</td><td>植株长势正常</td><td></td></tr>
<tr><td>10/12</td><td>结果期</td><td>进入青熟期，长势正常，相对外界环境长势较弱</td><td></td></tr>
<tr><td>10/16</td><td>结果期</td><td>植株长势正常</td><td></td></tr>
<tr><td>10/20</td><td>结果期</td><td>植株长势正常</td><td></td></tr>
<tr><td>10/24</td><td>结果期</td><td>植株长势正常</td><td></td></tr>
<tr><td>10/28</td><td>结果期</td><td>成熟，其他正常</td><td></td></tr>
<tr><td>11/2</td><td>结果期</td><td>植株长势正常，但每盆种 3 棵，种植密度相对过大，已有早衰现象</td><td></td></tr>
<tr><td>11/6</td><td>结果期</td><td>果实果型正常，检疫种植观察结束</td><td></td></tr>
<tr><td colspan="3">由于种植相对较密（每盆 3 棵），植株皆有早衰迹象，整个检疫周期内未发现检疫性病虫害（幼苗期由于夏季隔离温室温度相对室外偏高，有个别植株有类似生理病害的现象）</td><td></td></tr>
</table>

<table>
<tr><td colspan="2">植物中文名称：番茄</td><td>来源国：越南</td><td>种植数量：5 盆</td></tr>
<tr><td colspan="4">隔离种植物类别：□苗木 ☑种子 □试管苗 □其他（明确类别）：</td></tr>
<tr><td colspan="4">检疫审批单号：37201600859</td></tr>
<tr><td colspan="2">种植地点：普通隔离温室</td><td colspan="2">种植时间：2016 年 7 月 12 日至 2016 年 11 月 6 日</td></tr>
<tr><td colspan="4">种植基础条件：
种植方法：花盘基质种植，每盆 3 棵
温湿度：25～30℃，湿度 50%～80%</td></tr>
<tr><td>时间（月/日）</td><td>生育期</td><td>栽培管理要点或有害生物发生情况记录</td><td>记录人</td></tr>
<tr><td>7/12</td><td>发芽期</td><td>播种</td><td></td></tr>
<tr><td>7/16</td><td>发芽期</td><td>环境条件正常</td><td></td></tr>
<tr><td>7/20</td><td>幼苗期</td><td>出苗，植株长势正常</td><td></td></tr>
<tr><td>7/24</td><td>幼苗期</td><td>浇水，植株长势正常</td><td></td></tr>
<tr><td>7/28</td><td>幼苗期</td><td>植株长势正常</td><td></td></tr>
<tr><td>8/6</td><td>幼苗期</td><td>植株长势正常</td><td></td></tr>
<tr><td>8/10</td><td>幼苗期</td><td>植株长势正常</td><td></td></tr>
<tr><td>8/14</td><td>幼苗期</td><td>植株长势正常</td><td></td></tr>
<tr><td>8/18</td><td>幼苗期</td><td>植株长势正常</td><td></td></tr>
<tr><td>8/22</td><td>幼苗期</td><td>植株长势正常</td><td></td></tr>
<tr><td>8/26</td><td>幼苗期</td><td>植株长势正常</td><td></td></tr>
<tr><td>9/1</td><td>幼苗期</td><td>植株长势正常</td><td></td></tr>
<tr><td>9/5</td><td>开花期</td><td>出现花蕾</td><td></td></tr>
<tr><td>9/9</td><td>开花期</td><td>待开花，植株长势正常</td><td></td></tr>
<tr><td>9/13</td><td>开花期</td><td>开花</td><td></td></tr>
<tr><td>9/18</td><td>开花期</td><td>植株长势正常</td><td></td></tr>
<tr><td>9/22</td><td>开花期</td><td>植株长势正常</td><td></td></tr>
<tr><td>9/26</td><td>开花期</td><td>植株长势正常</td><td></td></tr>
<tr><td>9/29</td><td>结果期</td><td>青果，果型正常</td><td></td></tr>
<tr><td>10/8</td><td>结果期</td><td>植株长势正常</td><td></td></tr>
<tr><td>10/12</td><td>结果期</td><td>进入青熟期，长势正常，相对外界环境长势较弱</td><td></td></tr>
<tr><td>10/16</td><td>结果期</td><td>植株长势正常</td><td></td></tr>
<tr><td>10/20</td><td>结果期</td><td>植株长势正常</td><td></td></tr>
<tr><td>10/24</td><td>结果期</td><td>植株长势正常</td><td></td></tr>
<tr><td>10/28</td><td>结果期</td><td>成熟，其他正常</td><td></td></tr>
<tr><td>11/2</td><td>结果期</td><td>植株长势正常，但每盆种 3 棵，种植密度相对过大，已有早衰现象</td><td></td></tr>
<tr><td>11/6</td><td>结果期</td><td>果实果型正常，检疫种植观察结束</td><td></td></tr>
<tr><td colspan="3">由于种植相对较密（每盆 3 棵），植株皆有早衰迹象，整个检疫周期内未发现检疫性病虫害（幼苗期由于夏季隔离温室温度相对室外偏高，有个别植株有类似生理病害的现象）</td><td></td></tr>
</table>

>>> 第六章　多肉植物隔离种植情况

一、国内外多肉植物生产情况

多肉植物亦称多浆植物、肉质植物，在园艺上有时称多肉花卉，主要是指植物营养器官的某一部分，如茎或叶或根（少数种类兼有两部分）具有发达的薄壁组织用以储藏水分和养分，在外形上显得肥厚多汁的一类植物。多肉植物家族庞大、种类繁多，其独特的肉质化器官及退化叶是重要的观赏特点，也是识别多肉植物不同品种的重要依据。多肉植物的范畴有广义和狭义两种解释，通常说的一万余种就是指广义的多肉植物，包括了仙人掌科、番杏科的全部种类。狭义的多肉植物主要指番杏科（Aizoaceae）、景天科（Crassulaceae）、百合科（Liliaceae）、大戟科（Euphorbiaceae）、萝藦科（Asclepiadaceae）、龙舌兰科（Agavaceae）、夹竹桃科（Apocynaceae）、马齿苋科（Portulacaceae）等。

1. 多肉植物种类概况

多肉植物按肉质变态部位不同，可分为叶多肉植物、茎多肉植物和茎干状多肉植物 3 种。叶多肉植物是指植物的叶由于长期适应干旱环境进化变态为发达的薄壁储水器官，这类植物常不见茎或茎短小，老茎易木质化，如景天科宝石花、番杏科生石花等。茎多肉植物是指植物的茎由于长期适应干旱环境进化变态为发达的薄壁储水器官，这类植物往往叶片细小、早落甚至刺状，如仙人掌科金琥和龙树科亚龙木等。茎干状多肉植物是指植物的茎基本呈枝干状，在原产地常为乔木，但茎干异常粗大呈纺锤状或酒瓶状，如龙舌兰科酒瓶兰和夹竹桃科沙漠玫瑰等。

随着多肉植物产业的发展，除原来的种以外，栽培者不断培育新品种，因此，出现了很多变种或杂交种。变种以及一些杂交种在保持亲本良好特性的前提下，出现一些“锦化”“坠化”“石化”或是其他形态上的变异，从而在原品种的基础上增加新的特性，使品种更具观赏性。如景天科部分属亲缘关系较近，生殖隔离现象不典型，甚至一些跨属杂交仍能保留育性。因而景天科中存在很多变种、栽培种和杂交种。多肉植物的这种特性也给分类及拉丁名命名带来困难。

景天科是多肉植物中的一个大科，共 34 属 1 500 种以上，品种丰富多样，对环境条件要求不高，比较容易栽培，形态优美，也是花卉市场销售的主要种类。常见的有长生草属、费菜属、风车草属、伽蓝菜属、厚叶草属、景天属、莲花掌属、魔南景天属、拟石莲花属、青锁龙属、天锦章属、瓦松属、银波锦属以及多种杂交类。百合科多肉植物主要有芦荟属、鲨鱼掌属、十二卷属。番杏科植物又叫日中花科植物，全科约 100 属 2 000 种，做观赏植物培养的主要有生石花属、肉锥花属、春桃玉属、天女属、对叶花属、棒叶花属、碧光环属、光玉属等，多为小型多肉植物。夹竹桃科主要有沙漠玫瑰属。马齿苋科主要有回欢草属、马齿苋属。

龙舌兰科多肉植物种类繁多，共 400 余种，广泛分布于全球的热带和亚热带地区，其形态大小、生态习性各异，在我国栽培较多的有龙舌兰属（*Agave*）、万年兰属（*Furcraea*）、丝兰属（*Yucca*）、福克兰属、虎尾兰属、酒瓶兰属、锯齿龙属、胡克酒瓶属、褐斑龙舌兰属和龙血树属等，其中龙舌兰属、酒瓶兰属等较为常见，而锯齿龙属、胡克酒瓶属、褐斑龙舌兰属和龙血树属的种类较少。有些属的多肉植物在形态上相像，如金边龙舌兰、银边狭叶龙舌兰、剑麻、黄纹缝线麻、黄边万年兰、凤尾丝兰等。龙舌兰属是龙舌兰科中引种最多的一个属，也最具观赏性。本属植物常见栽培的有金边龙舌兰（*Agave americana* var. *marginata*）、银边龙舌兰（*A. angustifolia* 'Marginata'）、雷神（*A. potatorum* var. *verschaffeltii*）、王妃雷神（*A. potatorum* var. *verschaffeltii* 'Compatta'）、仁王冠（*A. titanota*）、帝积天（*A. purpusorum*）、华严（*A. americana* 'Kegon'）、吹上（*A. stricta*）、姬吹上（*A. stricta*）、翡翠盘（*A. attenuta*）、乱雪（*A. filifera*）、泷之白丝（*A. schidigera*）、白丝之王妃锦（*A. parviflora* 'Aureistriatus'）、笹之雪（*A. victoriae-reginae*）等。

萝藦科植物大多数为多肉植物，有许多种类拥有奇特的花形和美丽多姿的肉质茎叶，观赏价值极高。毬兰属多为多年生常绿蔓性植物，肉质茎叶，叶形奇特，半球形或球形花，常见栽培的有皱叶毬兰、斑叶旋卷毬兰、斑叶毬兰、皇后毬兰、袖珍毬兰等。吊灯花属为多年生爬行或直立的草本，茎肉质且粗细不一，叶线形、披针形、卵圆形或心形，花筒状，像灯笼，常见的观赏种类有吊金钱、吊灯花等。豹皮花属又称国章属或犀角属，为多年生多肉植物，形似仙人掌，常见种类有豹皮花、大豹皮花、大花犀角等。肉珊瑚属灌木状，分枝多、细，有的种类分枝柔软下垂，叶细小且早期脱落，花集生，在国内很少见，主要分布于非洲，主要栽培品种有肉珊瑚、柳叶肉珊瑚等。水牛掌属是多年生肉质草本植物，肉质匍匐茎灰绿色或蓝绿色，茎四棱，棱上生明显的肉刺，叶较小且早期脱落，数朵大小不一的钟状小型花簇生于茎顶部或侧生，常见栽培种类有水牛角、赤水牛角、紫龙角等。剑龙角属为多年生肉质植物，植株精巧玲珑，茎细短棒状，匍匐生长，株高通常在10～15cm或不高于10cm，肉质茎布满小肉刺，颜色以灰绿色为主，主要观赏种类有剑龙角、斑马萝藦、阿修罗等。此外，还有丽杯角属、拟蹄玉属、苦瓜掌属、龟甲萝藦属、牛角章属、丽钟角属、亚罗汉属、玉牛角属、球萝藦属等。

2. 国外多肉植物栽培与生产情况

景天科多肉植物分布广泛，在非洲、亚洲、欧洲、美洲均有分布。种类多样性中心有两个，分别是墨西哥（325种）和南非（250种）。从15世纪开始，多肉植物才被发现并带回欧洲，立即引起了轰动，风靡全欧，经过长期研究、栽培和传播，随后才开始流传到其他国家。1619年，瑞典植物学家Jean Bauhin首次提出了多肉植物（Succulents）一词。

欧美及日本、韩国等国对多肉植物的研究起步较早，多肉植物品种多样，栽培技术已相当完善，从形态分类、观赏、生产应用、环境保护等方面都已有很深入的研究。许多国家的植物园和公园都建立了专门的温室来展览和保存多肉植物。在韩国，路边的花卉大棚中基本都可以看见多肉植物的身影，日本也将多肉植物与“枯山水”艺术完美结合，在美国和瑞典都有专门的多肉植物博物馆。除此之外，国外也非常重视利用多肉植物营造景观以及乡土树种的驯化应用。

3. 我国多肉植物栽培与生产情况

我国是多肉植物原产地之一，但相比欧美及日本、韩国，多肉植物在我国的栽培历史很短。由于起步较晚，研究经费投入较少，资源开发力度不足，没有形成规模化的生产，因此多肉植物的新品种主要靠国外进口。2000年以后，我国多肉植物的研究、引种、栽培、生产应用等方面迅速发展，栽培种类逐渐增加。近年来，多肉植物由于种类繁多、姿态清雅而奇特、花色艳丽而多姿和果实硕大而鲜艳等特点，越来越受到广大消费者的关注和喜爱。人们对多肉植物的需求越来越大，从国外引入的品种不断增加，新一轮的多肉植物研究和开发利用高潮正在兴起。且多肉植物种类繁多、生长地域广阔，从黑龙江省至海南省均在园林中有所应用。

厦门是中国野生多肉植物原产地，栽培生产多肉植物历史悠久，规模庞大，是中国最重要的多肉植物生产基地，也是我国最早实现多肉植物产业化的城市。近年来，多肉植物逐渐成为都市新宠，多肉植物文化悄然盛行，我国的多肉植物事业发展迅速，各大城市的植物园也相继建设了观赏温室、沙生植物馆等专类展区供市民参观学习。目前我国绝大部分景天科多肉植物应用形式仅限于室内盆栽观赏。随着部分引进品种数量的增加以及市场流行趋势的不断变化，引种企业开始开发更具潜力的其他科属的多肉植物来拓展市场，尤其是在国内市场上没有或者不常见的品种，售价很高。随着发展，我国有关企业逐渐开始自己繁育新品种，提高栽培与管理技术，通过引进新品种之间的杂交等方式培育新品种，培育、扩繁自己的新品种。

4. 我国多肉植物引种情况

由于多肉植物造型奇特、观赏期长、易于管理、抗性强等特点而深受市场青睐，具有较大的市场潜力，但我国多肉植物在规模化、专业化、精细化方面与其他国家具有一定差距，加之国内品种相对单一，难以满足国内爱好者需求。在市场刺激下，部分商家和多肉植物爱好者选择从国外引进多肉植物。国内多肉植物绝大部分为进口品种。韩国、德国、美国等国家多肉植物栽培技术已比较成熟，其植株形态好、品种繁多、价格合理，越来越多的人选择"海淘"多肉植物。因多肉植物体积小、耐干旱高温等特点，除了正规渠道进口多肉植物外，电子商务的迅速发展为海淘多肉植物提供了便利条件，通过邮寄和旅客携带途径进境已成为最常见的方式。目前引入观赏用的多肉植物大多株型较小，加上本身生长缓慢、形态奇特的特点，观赏期相较于一般花草要长得多。

5. 主要病虫害

目前国内外对多肉植物携带的有害生物研究较少，相关报道也较少。由于多肉植物涉及的科、属种类繁多、来源国家和地区广，我国目前对多肉植物产地有害生物发生的情况了解较少。

二、引进多肉植物隔离检疫计划

按照《全国农业技术推广服务中心关于组织开展国外引种隔离试种的通知》（农技植保函〔2016〕26号）的要求，中心于2016年度重点对从国外引进的玉米、番茄、甜菜、多肉植物及百合等种苗进行隔离试种。根据《境外引进种苗隔离检疫规程》（NY/T 1217—2006）的要求，特制订境外引进多肉植物隔离检疫计划。

1. 隔离种植对象

中文名称：多肉植物，多个种类。

全国农业技术推广服务中心植物检疫隔离场2016年度共收到国内2家企业送来的需隔离种植的多肉植物25个种类，共计24批次。每品种拟种植数量为5株。每个样品多肉植物种类、品种名称、来源国家或地区、审批单号、引种单位名称等信息详见表6-1。

拟种植时间：2016年4～10月。

种植地点：全国农业技术推广服务中心植物检疫隔离场隔离温室。

表6-1　2016年隔离试种多肉植物种类信息

序号	种子名称	原产地	进口企业	审批单号
1	拟石莲花（属）*Echeveria*（墨西哥巨人）	意大利	浙江虹越花卉股份有限公司	33201600267
2	拟石莲花（属）*Echeveria*（月影）	意大利	浙江虹越花卉股份有限公司	33201600267
3	毛长筒莲 *Cotyledon*	意大利	浙江虹越花卉股份有限公司	33201600268
4	风车草属 *Graptopetalum* spp.	意大利	浙江虹越花卉股份有限公司	33201500839
5	白熊群	韩国	青岛昊兆实业有限公司	37201600138
6	毛长筒莲	韩国	青岛昊兆实业有限公司	37201500617
7	青锁龙属	韩国	青岛昊兆实业有限公司	3720150808
8	普化石莲花	韩国	青岛昊兆实业有限公司	37201600151
9	卡罗拉	韩国	青岛昊兆实业有限公司	37201600163
10	凝脂莲	韩国	青岛昊兆实业有限公司	3720160014
11	长生草属	韩国	青岛昊兆实业有限公司	3720150812
12	紫水晶风车草	韩国	青岛昊兆实业有限公司	37201500618
13	石莲花属	韩国	青岛昊兆实业有限公司	37201600156
14	仙女杯	韩国	青岛昊兆实业有限公司	3720150810

（续）

序号	种子名称	原产地	进口企业	审批单号
15	八宝景天	韩国	青岛昊兆实业有限公司	3720150805
16	风车草属	韩国	青岛昊兆实业有限公司	3720150811
17	4代田本松	韩国	青岛昊兆实业有限公司	3720150807
18	莲花掌属	韩国	青岛昊兆实业有限公司	37201600151
19	优美石莲花	韩国	青岛昊兆实业有限公司	37201600158
20	德氏石莲花	韩国	青岛昊兆实业有限公司	37201500619
21	白菊	韩国	青岛昊兆实业有限公司	37201500615
22	银波锦	韩国	青岛昊兆实业有限公司	3720150813
23	拟石莲花属	韩国	青岛昊兆实业有限公司	37201600154
24	雪莲花	韩国	青岛昊兆实业有限公司	37201500616
25	石莲花属	韩国	青岛昊兆实业有限公司	3720150809

2. 植物特点

多肉植物种类繁多，除作为盆栽盆景外，很多还具有食用、药用、酿酒、建材、纤维、绿篱等用途。种类不同，栽培管理方式不同，如景天科多肉植物对环境条件要求不高，比较容易栽培。

3. 栽培与管理方法

同一批次的隔离种植物按照此计划集中种植，不同批次的隔离种植物必须相互隔离，以防止互相污染。

栽培前，隔离设施、介质、盆钵及专用器械应预先进行灭菌处理。如在室外集中隔离种植，需提前对土壤进行是否有检疫性线虫的检测。且需记录隔离检疫环境的气候条件数据、田间管理情况等，有特殊要求的作物同时记载其他数据。

根据栽培种类的特点以及货主提供的植物栽培管理资料，采用适当的栽培管理措施。

4. 主要监测有害生物及监测方法

（1）生长管理与记录。多肉植物隔离试种生长期间，每周观察生长情况2次，定时记录生长状况，填写《隔离检疫情况记录表》，发现植株异常现象应在24h内报告专职检疫员。

（2）有害生物监测与记录。发现可疑植株应立即挂牌，并进行详细准确的记录和描述，将有害生物发生、发展过程记载于《隔离检疫情况记录表》中；发现可疑的检疫性有害生物，应立即取样送室内检验。

（3）主要监测有害生物。

螺旋粉虱（*Aleurodicus dispersus* Russell）

螺旋粉虱隶属同翅目（Homoptera）粉虱科（Aleyrodidae）粉虱亚科（Aleurodicinae）复孔粉虱属（*Aleurodicus*）。螺旋粉虱体型微小，发生隐蔽，可为害蔬菜、果树等在内的90科295属481种植物，严重时可造成果树减产73%～80%。可直接取食为害，成虫及分泌物随风飘散会影响人类活动。是随花卉、苗木的进口贸易新传入我国的一种外来入侵生物，目前仅在我国局部地区发生，但适生范围广，且进一步扩散蔓延趋势明显。螺旋粉虱的近距离传播方式可通过成虫本身迁移，远距离传播主要借助寄主植株的调运（如受害的种苗、切花、蔬菜、水果等）以及其他动物或交通工具的携带。

蔗扁蛾［*Opogona sacchari*（Bojer）］

蔗扁蛾属鳞翅目（Lepidoptera）辉蛾科（Hieroxestidae）、扁蛾属（*Opogona*）。该虫1856年被首次发现后，在50多年的时间里已经扩散到非洲、欧洲、南美洲、北美洲等近30个国家或地区。现主要分布于热带及亚热带地区（不包括印度和澳大利亚），主要有意大利、葡萄牙、西班牙、比利时、丹麦、芬兰、法国、德国、希腊、荷兰、巴西、美国的佛罗里达、非洲除撒哈拉沙漠以外的广大地区、中美洲和加勒比海地区。

蔗扁蛾的寄主植物达28科87种8变种，主要为害甘蔗、香蕉、玉米、土豆、甘薯及一些观赏植物。在我国主要为害巴西木、发财树等园林植物和经济作物。蔗扁蛾食物广谱，食性复杂，有钻蛀性（钻入植物内或树皮下取食）、杂食性（能在植物根周围的沙土中生活）、腐食性（能在成虫尸体内取食）等食性。蔗扁蛾以幼虫蛀食巴西铁的表皮，为害状轻者不易察觉，幼虫在茎表皮上取食寄主韧皮组织，形成排粪通气孔，排出粪屑，最后使枝叶逐渐萎蔫、枯黄，严重阻碍植物正常生长发育，甚至导致木段干枯，不发新芽，致全株死亡，完全失去观赏价值。随着为害加重，逐步使输导组织全部被破坏，受害部位只剩下薄层外表皮和木质部，树皮与木质部极易分开，只剩薄薄一层外表皮，皮下充满粪屑。

蔗扁蛾近距离传播依靠成虫飞翔，但成虫飞行能力较弱，一般一次只能飞行 10m 左右。远距离主要靠幼虫、蛹随寄主植物传播。

灰白片盾蚧（*Parlatoria crypta* McKenzie）

灰白片盾蚧属同翅目（Homoptera）盾蚧科（Diaspididae）片盾蚧属（*Parlatoria*）。主要分布于科摩罗、苏丹、阿富汗、阿曼、巴基斯坦、沙特阿拉伯、伊朗、伊拉克、印度等国家。寄主植物包括木橘、龙舌兰、天门冬属、柑橘属、柿属、卫矛属、油橄榄、夹竹桃、蔷薇属等植物，主要为害部位为茎和叶。

营固定生活，除雄成虫外，均终生不可动。雌虫和若虫腹部的末几节不分节，愈合成一块完整的骨片。无肛环和肛环刺，但腹末具许多叶状突起，称臀叶。雄虫无复眼。雌成虫多被盾状介壳覆盖，介壳与虫体分离。腹端具臀板。肢体极退化。

新菠萝灰粉蚧（*Dysmicoccus neobrevipes* Beardsley）

新菠萝灰粉蚧属于同翅目（Homopten）粉蚧科（Pseudoccidae）洁粉蚧属（*Dysmicoccus*），主要分布于印度、马来西亚、巴基斯坦、菲律宾、新加坡、泰国、越南、斐济、意大利、美国、库克岛、基里巴斯、马绍尔群岛、萨摩亚、墨西哥、安提瓜和巴布达岛、巴哈马群岛、巴西、哥伦比亚、哥斯达黎加、多米尼加共和国、厄瓜多尔、危地马拉、洪都拉斯、海地、牙买加、巴拿马、秘鲁、波多黎各、萨尔瓦多、苏里南、特立尼达和多巴哥和中国。可为害剑麻、菠萝、南瓜、番茄、可可等30 多种重要农林经济作物。

新菠萝灰粉蚧目前仅在我国海南省和广东省的局部地区发生为害，但该粉蚧繁殖速度快，在剑麻上每头雌成虫平均产 400 多头若虫，多者可产上千头若虫，除为害剑麻外，室内接种表明该粉蚧能够在菠萝上建立种群，并在田间菠萝上发现零星为害，一旦该粉蚧传播蔓延为害其他寄主，将对多种农林重要经济作物构成严重威胁。新菠萝灰粉蚧有聚集为害习性，主要为害剑麻叶片，常在叶基部和心叶内隐蔽为害，为害严重时，一片麻叶上的粉蚧可达数万头；也为害根部。新菠萝灰粉蚧除成、若虫群集直接刺吸植物汁液而影响植物的生长外，还可分泌蜜露诱发煤烟病。更为严重的是剑麻暴发新菠萝灰粉蚧后，翌年往往会伴随着紫色卷叶病暴发，严重时麻株枯死。因新菠萝灰粉蚧的为害可造成麻区产量损失达 30%以上。

新菠萝灰粉蚧一年可以繁殖 8～10 代，世代重叠，由于该粉蚧能藏在根部和心叶的叶片内为害，药剂很难喷杀到粉蚧，导致喷药防治难度大，防治不彻底。该粉蚧生命力强，可随多肉植物远距离运输并存活。

油棕猝倒病菌（*Pythium splendens* H. Braun）

该病菌寄主范围很广，除侵染油棕以外，还能侵染玉米、向日葵、大麦、黄瓜、番薯、小麦、蚕豆、豇豆、辣椒属、烟草、天竺葵属、秋海棠属、草胡椒属、红掌等 250 余种植物。主要分布在比利时、法国、德国、意大利、荷兰、日本、坦桑尼亚、刚果和美国的夏威夷、佛罗里达、宾夕法尼亚。

该菌为害花卉的根和茎。引起植株地上部分黄化，矮化，萎蔫，根部腐烂。引起寄主苗期猝倒，幼苗整株失水萎蔫及根部、茎基部、切口变褐腐烂与皮层脱落等症状。侵染红掌引起红掌根腐病，主要症状是根尖皮层先变褐色坏死，随后逐渐向基部扩展，以致全根皮层变褐腐烂，植株叶片变黄、枯萎。该菌生长适温为 30℃，孢子囊直径为 35μm，光滑且壁薄；卵孢子直径 25μm，壁厚。该菌主要以孢子囊形式在土壤中生存。一旦传入极易通过土壤传播，远距离则可通过繁殖材料的调运传播。

大丽轮枝菌（棉花黄萎病菌）（*Verticillium Dahliae* Kleb）

大丽轮枝菌属于半知菌亚门（*Deutermycotina*）淡色菌科（*Mmonilaceae*）轮枝菌属

(*Verticillium*)，是棉花黄萎病的主要致病菌。该病菌寄主范围很广，包括大田作物和田间杂草，主要为害棉花、向日葵、茄子、辣椒、番茄、烟草、马铃薯、甜瓜、西瓜、黄瓜、花生、菜豆、绿豆、大豆、芝麻、甜菜等农作物。

该菌菌丝体白色，分生孢子梗直立，长 110～130μm，呈轮状分枝，每轮 3～4 个分枝，分枝大小（13.7～21.4）μm×（2.3～9.1）μm，轮枝顶端或顶枝着生分生孢子，分生孢子长卵圆形，单胞，无色，大小（2.3～9.1）μm×（1.5～3.0）μm。孢壁增厚形成黑褐色的厚垣孢子，许多厚壁细胞结合成近球形微菌核，大小（30～50）μm。该菌在不同地区、不同品种上致病力有差异。美国分化有 T 型和 SS-4 型（非落叶型）两个生理小种。T 型引起的症状是顶叶向下卷曲褪绿，迅速脱落，后顶端枯死。SS-4 型引致叶片主脉间呈黄色斑驳，向上稍卷，病叶脱落略缓，植株矮化。T 型比 SS-4 型致病力高 10 倍。苏联分为 0 号小种、1 号小种、2 号小种，其中 2 号小种致病力强。我国分为 3 个生理型，生理型 1 号致病力最强，以陕西泾阳菌系为代表；生理型 2 号致病力弱，以新疆和田菌系为代表；生理型 3 号在江苏发现，与美国 T 型菌系相似。

大丽轮枝菌可为害景天科石莲花属多肉植物，可随多肉植物远距离运输传播。在我国入境的多肉植物中，景天科石莲花属多肉植物占据较大的比例。病株各部位的组织均可带菌，病叶作为病残体存在于土壤中是该菌传播重要途径。病菌在土壤中直接侵染根系，穿过皮层细胞进入导管并在其中繁殖，产生的分生孢子及菌丝体堵塞导管。我国各邮检口岸截获的多肉植物多为带根整株植物，且部分非法邮寄进境多肉植物带有土壤，该病菌随多肉植物入境可能性高。

该病菌主要随种子带菌进行远距离传播，通过病残体和土壤带菌近距离传播，带菌种子是发病的主要条件。土壤带菌、连茬种植、施肥不合理、偏施氮肥发病较重。

来檬丛枝植原体［*Candidatus* Phytoplasma aurantifolia（lime witches' broom phytoplasma）］

来檬丛枝病于 20 世纪 80 年代在阿曼苏丹国首次发现，随后在阿联酋、印度、伊朗发现。2009 年，该病扩大到其他寄主植物上，如柚子，在伊朗和世界各地，都严重威胁到其他园艺产品。该植原体所引起的来檬丛枝病是在阿曼苏丹国、阿拉伯联合酋长国和伊朗南部的一种破坏性疾病。

该病主要影响酸橙和来檬（*Citrus aurantifolia*），第一次发现症状 5～10 年后，植株就会死亡。在阿曼曾导致 98%的墨西哥酸橙树被破坏。2000 年至今，伊朗墨西哥酸橙树的 30%（超过 50 万棵，面积 7 000hm^2）由于来檬丛枝病被销毁。该病的典型症状包括芽增殖，一般萎黄，以及发育迟缓。该植原体也可侵染其他园艺植物，在印度德里北部地区的公园中，发现苏铁目（Cycadales）下的两种观赏植物：苏铁（*Cycas revoluta*）与鳞秕泽米（*Zamia furfuracea*）表现异常的黄化症状。苏铁的成熟叶片全部表现黄化，包括轮生叶序、叶轴以及叶片；发病鳞秕泽米在叶片上表现浅黄色并伴有小叶症；黄花假杜鹃表现叶片黄化、小叶早衰，上部幼嫩叶片表现嫩黄色，叶片干枯、腋芽丛生、叶片变小、脉间褪绿；番木瓜顶梢坏死病及腋芽丛生病。2011 年 3 月，在缅甸发现该植原体引起沙漠玫瑰丛枝病，表现为出现大量小芽，节间缩短，叶片黄绿色，丛枝部分不再开花或者花的数量减少，并且很快枯萎，花完全干枯后也依旧不落。

来檬丛枝植原体可通过嫁接传播，在田间还能通过端刺菱纹叶蝉（*Hishimonus phycitis*）传播，在伊朗该植原体已通过嫁接和菟丝子扩散到几个柑橘品种中。在贸易中可通过昆虫介体传播，远距离传播可通过苗木调运、旅客携带繁殖材料和介体传播。

菊花滑刃线虫［*Aphelenchoides ritzemabosi*（Schwartz）Steiner & Buhrer］

菊花滑刃线虫属滑刃科（Aphelenchoididae）滑刃线虫属（*Aphelenchoides*），通常又被称为菊花叶枯线虫或腋芽滑刃线虫。其寄主范围非常广，包括菊属、草莓属、大丽花属、牡丹、罂粟属、草胡椒属、杜鹃、堇菜属、紫罗兰、羽扇豆属、西瓜、紫菀属、翠雀属、天蓝绣球属、烟草、欧洲千里光、秋海棠、接骨木属、向日葵、苜蓿属、瓜叶菊属、马鞭草属、百日菊属、花贝母、秋水仙、灌木金盏花、疣果匙荠、岩荠、高山铁线莲、黄花烟草、大荨麻等。

菊花滑刃线虫是一种植物寄生线虫，主要在植物叶片、叶芽、花芽和生长点等组织营外寄生生活。菊花滑刃线虫不是孤雌生殖，是通过雌雄交配生殖的；已受精的雌虫，不用再次受精，可以一直繁殖 6 个月。在菊花叶片上，一头雌虫产一个卵块，含 25～30 个卵；卵孵化需要 3～4d，幼虫到成虫需要 9～10d；完成一个生活史需要 10～13d。在千里光植物上这种线虫完成其生活史需要 14～15d。此线虫不进入枝干组织内，而是通过植物表面的水膜进入叶片和芽内。叶片表面有水滴有利于线虫的再侵染和传播。它通过气孔侵入叶片，取食寄主组织并且破坏植物细胞。

菊花滑刃线虫侵染寄主导致整个植株矮化、叶皱缩、叶斑、芽腐烂、坏死、枝干粗缩。菊花上的典型症状包括褐色斑点和整个叶片的黄化。侵染紫罗兰表现明显的矮小，使枝叶向下卷曲、枯萎和死亡；在叶片背面明显表现出典型的水渍状大斑点。侵染仙人掌科植物表现出矮化和发芽迟缓。为害草莓造成减产，严重时损失可达 65%，在法国曾严重为害烟草，造成烟叶产量及品质严重下降等。

菊花滑刃线虫可通过自身的调节在不利的环境中生存，对温度要求不严格，在 20℃时，该线虫繁殖迅速，数量增加数倍。多肉植物存储和运输期间采用常温邮寄或集装箱形式，有利于该线虫生存繁殖。

独脚金（*Striga gesnerioide*）

独脚金主要分布在美国、澳大利亚、日本、沙特阿拉伯、斯里兰卡、柬埔寨、尼泊尔、阿曼、非洲的大部分国家。为半寄生性杂草，为害甘蔗、水稻、高粱和玉米等作物，多肉植物中仅有个别属是其寄主。为一年生草本，半寄生，高 6～25cm，全株粗糙，且被硬毛；茎多呈四方形，有 2 条纵沟，不分枝或在基部略有分枝。叶生于下部的对生，上部的互生，无柄，叶片线形或狭卵形，长 5～12mm，宽 1～2mm，但最下部的叶常退化成鳞片状。茎单一或间有下部分枝，纤细，长 3～15cm，灰褐色，被粗糙短毛，茎部生稀疏微细须根，质稍柔韧。叶小，互生，线形或披针形，上部叶较大，长 4～10mm，常贴生于茎上，下部叶小，鳞片状。花黄色或紫色，腋生或排成稀疏穗状花序；苞片明显，长于萼；萼筒有 12 脉。花有白色花、粉色花、黄色花和红色花，4～10 月开花，花单生于上部的叶腋；小苞片 2 枚，线形或披针形，长 2～4mm；萼筒状，肉质，长 6～7mm，萼齿线状披针形，长 2～2.5mm，花冠黄色或有时带粉红色，长约 1.3cm，花冠管狭窄，被短腺毛，上部突然向下弯；冠檐二唇形，上唇较短，顶端微缺或 2 裂，下唇 3 裂，上唇长约为下唇之半；雄蕊 4 枚，内藏，花药 1 室；花柱顶端棒状。蒴果长卵形，长约 3mm。种子细小，黄色。

种子可通过风、排水、灌溉水、土壤、植株残体、人和牲畜进行传播。随着苗木间的调运和农事操作，极易远距离进行传播，其扩散可能性高。

非洲大蜗牛（*Achatina fulica* Bowdich）

非洲大蜗牛属软体动物门（Mollusca）腹足纲（Gastropoda）柄眼目（Stylommatophora）玛瑙螺科（Achatinidae）玛瑙螺属（*Achatina*），为陆栖贝类。非洲大蜗牛原产于东非，主要分布在除澳大利亚、新西兰、所罗门群岛、斐济岛等印度洋和太平洋岛屿以外的世界各地。非洲大蜗牛可传播肝吸虫、结核病、嗜酸性脑膜炎和人畜共患的广眼线虫，其繁殖力、抗逆性很强，可通过各种途径迅速扩散。异体交配繁殖后代一般生活于热带和亚热带地区，喜欢栖息于阴暗潮湿的杂草丛、农田等隐蔽处以及腐殖质多而疏松的土坡表层枯草堆中、乱石穴下。具群居习性，昼伏夜出。雌雄同体，异体交配，繁殖力强，每年可产卵 4 次，每次产卵 150～300 粒。卵孵化后，经 5 个月性发育成熟。成螺寿命为 5～6 年，最长达 9 年。

该虫寄主广泛，喜食肉质的叶片、水果和幼嫩植物的皮，可供取食的寄主很多，有木瓜、面包果、木薯、花生、香蕉、红薯、各种瓜果、蔬菜、油料作物和豆科、葫芦科的大部分种类，橡胶幼苗、可可幼苗、椰子苗、菠萝苗、剑麻苗、茶树等，柑橘、橡胶、巴婆、可可树的树皮，凤仙花等各种花卉，橡胶乳汁等。多肉植物是其寄主之一。卵能在介质中存活，随介质及包装物进入的可能性大。我国近年来先后从进境原木、苗木中截获该蜗牛。

5. 实验室鉴定

对监测中发现的可疑样本进行害虫形态观察、病原菌分离培养等，根据相应方法做出鉴定；如检疫机构所属实验室无法检测确定，应立即送相应专家进行鉴定。

6. 记录与档案管理

详细记录种植时间、栽培管理及有害生物监测数据，各项原始记录连同其他材料妥善保存于植物检疫机构。采集到的样品经鉴定有疫情的并有保存价值的，可制作成标本，保存于植物检疫机构。

三、多肉植物隔离检疫情况记录表

植物中文名称：多肉植物	来源国：韩国	种植数量：各5株	
隔离种植物类别：□苗木 ☑种子 □试管苗 □其他（明确类别）：			
检疫审批单号：37201500616、37201600138、3720150810、37201600151			
种植地点：普通隔离温室	种植时间：2016年4月29日至2016年10月8日		
种植基础条件： 种植方法：花盘基质种植，花盆种植 温湿度：25～30℃，湿度50%～80%			
时间（月/日）	生育期	栽培管理要点或有害生物发生情况记录	记录人
4/29		种植雪莲、熊掌、仙女杯普化石莲等多肉植物	
5/3		环境条件正常	
5/12		植株长势正常	
5/19		浇水，植株长势正常	
5/24		由于隔离温室透气性相对较差。雪莲死亡一株，37201500616死亡一株，熊掌死亡一株。其他正常	
5/29		植株长势正常	
6/4		植株长势正常	
6/11		植株长势正常	
6/15		植株长势正常	
6/22		植株长势正常	
6/27		植株长势正常	
7/3		植株长势正常	
7/10		植株长势正常	
7/7		植株长势正常	
7/14		植株长势正常	
7/21		植株长势正常	
7/26		植株长势正常	
8/3		植株有分生小苗的情况，其他正常	
8/10		植株长势正常	
8/17		植株长势正常	
8/24		植株长势正常	
9/28		植株长势正常	
10/8		植株长势正常	
每周浇水一次，由于隔离环境有一定局限性，前期有一部分植株死亡，整个检疫周期内未发现检疫性病虫害			

下篇

地方植物检疫隔离场隔离种植情况

>>> 第七章　北京市植物保护站顺义基地种植情况

一、引进甜菜种子隔离检疫情况

根据《境外引进种苗隔离检疫规程》（NY/T 1217—2006）的要求，特制订境外引进百合种球隔离检疫计划。

1. 隔离种植对象

名称（学名）：甜菜（*Beta vulgaris*）。

品种名称：PT1、IRIS、ACERO、KGAN8062、KUKIN8062。

来源国家：比利时。

审批单号：10201501452。

引种单位名称：赤峰丰田种业有限公司。

拟种植数量：约 200 株。

拟种植时间：2016 年 5～10 月。

种植地点：北京市植物保护站植物检疫隔离试种基地。

2. 植物特点

甜菜（*Beta vulgaris*）为二年生草本植物，原产于欧洲西部和南部沿海，从瑞典移植到西班牙，是甘蔗以外的一个主要制糖来源。1906 年糖用甜菜引进中国。甜菜的栽培种有糖用甜菜、叶用甜菜、根用甜菜、饲用甜菜。主产区在 40°N 以北，包括东北、华北、西北三个产区，其中东北种植最多，约占全国甜菜总面积的 65%。这些地区都是春播甜菜区，无霜期短、积温较少、日照较长、昼夜温差较大，甜菜单产和含糖率高、病害轻。在西南部地区，如贵州省的毕节、威宁，四川省的阿坝高原，湖北省的恩施和云南省的曲靖等地，虽纬度较低，但由于海拔高、气候垂直变化大，也均属春播甜菜区。黄淮流域夏播甜菜区是发展起来的新区，面积仅占全国甜菜总面积的 5.5%。

近年来，随着我国甜菜种植品种的变化，从国外引进种子的数量和批次不断增加，种子带疫风险很高。给国内甜菜产业造成巨大风险。

3. 栽培与管理方法

同一批次的隔离种植物集中种植，不同批次的隔离种植物必须相互隔离，以防止互相污染。

栽培前，隔离设施、介质、盆钵及专用器械应预先进行灭菌处理。且需记录隔离检疫环境的温度、空气湿度数据，有特殊要求的作物同时记载其他数据。

根据栽培种类的特点以及货主提供的植物栽培管理资料，采用适当的栽培管理措施。

4. 主要监测有害生物及监测方法

（1）生长管理与记录。甜菜隔离试种生长期间，不定期观察生长情况，记录生长状况，填写《隔离检疫情况记录表》，发现植株异常现象应在 24h 内报告专职检疫员。

（2）有害生物监测与记录。发现可疑植株应立即挂牌，并进行详细准确的记录和描述，将有害生物发生、发展过程记载于《隔离检疫情况记录表》中；发现可疑的检疫性有害生物，应立即取样送室内检验。

(3) 主要监测有害生物。甜菜生产过程中最重要的有害生物如下：

腐烂茎线虫（*Ditylenchus destructor*）

鳞球茎茎线虫（*Ditylenchus dipsaci*）

甜菜胞囊线虫（*Heterodera schachtii* Schmidt）

香蕉穿孔线虫（*Radopholus similis*）

甜菜叶斑病菌（*Ramularia beticola* Fautr. et Lambotte）

甜菜霜霉病菌（*Peronospora farinose* f. sp. *betae* Byford）

番茄黑环病毒（*Nepovirus tomato black ring virus*，TBRV）

5. 实验室鉴定

对监测中发现的可疑样本进行害虫形态观察、病原菌分离培养等，根据相应方法做出鉴定；如检疫机构所属实验室无法检测确定，应立即送相应专家进行鉴定。

6. 记录与档案管理

详细记录种植时间、栽培管理及有害生物监测数据，各项原始记录连同其他材料妥善保存于植物检疫机构。采集到的样品经鉴定有疫情的并有保存价值的，可制作成标本，保存于植物检疫机构。

甜菜种子隔离检疫情况记录表

<table>
<tr><td colspan="3">植物中文名称：甜菜</td><td>来源国：比利时</td><td>种植数量：5个品种</td></tr>
<tr><td colspan="5">隔离种植物类别：□苗木　☑种子　□试管苗　□其他（明确类别）：</td></tr>
<tr><td colspan="5">检疫审批单号：10201501452</td></tr>
<tr><td colspan="3">种植地点：室外</td><td colspan="2">种植时间：2016年5月20日至2016年10月20日</td></tr>
<tr><td colspan="5">种植基础条件：
种植方法：一畦四行覆膜种植
株行距：株距45cm，行距45cm
小区设计：每个品种一畦，五畦面积约10m²，株数200株</td></tr>
<tr><td>时间（月/日）</td><td>生育期</td><td colspan="2">栽培管理要点或有害生物发生情况记录</td><td>记录人</td></tr>
<tr><td>5/20</td><td>播种</td><td colspan="2">播种一畦一个品种40株，共计五畦</td><td></td></tr>
<tr><td>6/7</td><td>苗期</td><td colspan="2">全部出苗，正常</td><td></td></tr>
<tr><td>6/28</td><td>苗期</td><td colspan="2">正常</td><td></td></tr>
<tr><td>7/11</td><td>叶丛繁茂期</td><td colspan="2">未见异常</td><td></td></tr>
<tr><td>7/22</td><td>块根糖分增长期</td><td colspan="2">正常</td><td></td></tr>
<tr><td>8/3</td><td>糖分积累期</td><td colspan="2">未见异常</td><td></td></tr>
<tr><td>8/29</td><td>糖分积累期</td><td colspan="2">正常</td><td></td></tr>
<tr><td>9/19</td><td>糖分积累期</td><td colspan="2">未见异常</td><td></td></tr>
<tr><td>10/20</td><td>后期</td><td colspan="2">结束</td><td></td></tr>
</table>

二、引进百合种球隔离检疫情况

根据《境外引进种苗隔离检疫规程》（NY/T 1217—2006）的要求，特制订境外引进百合种球隔离检疫计划。

1. 隔离种植对象

名称（学名）：百合（*Lilium brownii* var. *viridulum*）。

品种名称：木门、索邦、西伯利亚。

来源国家：荷兰。

审批单号：10201600320。

引种单位名称：凌源市进出口有限责任公司。

拟种植数量：15 株。

拟种植时间：2016 年 5～10 月。

种植地点：北京市植物保护站植物检疫隔离试种基地。

2. 植物特点

百合为百合科百合属植物，属多年生草本，是世界第五大切花，在世界花卉市场中占据非常重要的地位。百合的繁殖材料有珠芽、小鳞茎、鳞片及种子，生产上以鳞片繁殖较为普遍。百合地上部茎叶不耐霜冻，秋季早霜来临前枯死，地下鳞茎则能在－5.5℃的土层中安全越冬。

我国自 20 世纪 80 年代开展引进百合种球，近年来，随着我国观赏百合种植面积的迅速增加，从国外引进种球的数量和批次迅速增加。目前，我国的切花百合种植区域主要分布在上海、北京、甘肃、陕西、辽宁、云南等地区，而国内百合切花生产将近 90％以上的种球依赖进口，给国内百合产业带来巨大风险。

3. 栽培与管理方法

同一批次的隔离种植物按照此计划集中种植，不同批次的隔离种植物必须相互隔离，以防止互相污染。

栽培前，隔离设施、介质、盆钵及专用器械应预先进行灭菌处理。且需记录隔离检疫环境的温度、空气湿度等数据，有特殊要求的作物同时记载其他数据。

根据栽培种类的特点以及货主提供的植物栽培管理资料，采用适当的栽培管理措施。

4. 主要监测有害生物及监测方法

（1）生长管理与记录。百合隔离试种生长期间，不定期观察生长情况，记录生长状况，填写《隔离检疫情况记录表》，发现植株异常现象应在 24h 内报告专职检疫员。

（2）有害生物监测与记录。发现可疑植株应立即挂牌，并进行详细准确的描述和记录，将有害生物发生、发展过程记载于《隔离检疫情况记录表》中；发现可疑的检疫性有害生物，应立即取样送室内检验。

（3）主要监测有害生物。百合生产过程中最重要的有害生物是病毒类和线虫类，其次是真菌类。

①病毒类：

南芥菜花叶病毒（*Arabis mosaic virus*，ArMV）

番茄环斑病毒（*Tomato ring spot virus*，ToRSV）

烟草环斑病毒（*Tobacco ring spot virus*，TRSV）

草莓潜隐环斑病毒（*Strawberry latent ring spot virus*，SLRV）

百合无症病毒（*Lily symptomless virus*，LSV）

百合 X 病毒（*Lily virus X*，LVX）

②线虫类：

菊花滑刃线虫（*Aphelenchoides ritzemabosi*）

腐烂茎线虫（*Ditylenchus destructor*）

鳞球茎茎线虫（*Ditylenchus dipsaci*）

短体线虫属（非中国种）（*Pratylenchus* sp.）

毛刺线虫属（传毒种类）（*Trichodorus* sp.）

③真菌类：

菌核病菌（*Sclerotinia sclerotiorum*）

5. 实验室鉴定

对监测中发现的可疑样本进行害虫形态观察、病原菌分离培养等，根据相应方法做出鉴定；如检疫机构所属实验室无法检测确定，应立即送相应专家进行鉴定。

6. 记录与档案管理

详细记录种植时间、栽培管理及有害生物监测数据，各项原始记录连同其他材料妥善保存于植物检疫机构。采集到的样品经鉴定为疫情的并有保存价值的，可制作成标本，保存于植物检疫机构。

百合种球隔离检疫情况记录表

<table>
<tr><td colspan="2">植物中文名称：百合</td><td>来源国：荷兰</td><td>种植数量：3 个品种</td></tr>
<tr><td colspan="4">隔离种植物类别：□苗木　□种子　□试管苗　☑其他（明确类别）：种球</td></tr>
<tr><td colspan="4">检疫审批单号：10201600320</td></tr>
<tr><td colspan="3">种植地点：室外</td><td>种植时间：2016 年 5 月 25 日至 2016 年 10 月 20 日</td></tr>
<tr><td colspan="4">种植基础条件：
种植方法：一畦三行覆膜种植
株行距：株距 50cm，行距 50cm
小区设计：每个品种一行，三行面积约 $4m^2$，株数 15 株</td></tr>
<tr><td>时间（月/日）</td><td>生育期</td><td>栽培管理要点或有害生物发生情况记录</td><td>记录人</td></tr>
<tr><td>5/25</td><td>播种</td><td>播种一畦 3 个品种 15 株</td><td></td></tr>
<tr><td>6/1</td><td>苗期</td><td>全部出苗，正常</td><td></td></tr>
<tr><td>615</td><td>苗期</td><td>正常</td><td></td></tr>
<tr><td>6/22</td><td>苗期</td><td>未见异常</td><td></td></tr>
<tr><td>6/29</td><td>苗期</td><td>正常</td><td></td></tr>
<tr><td>7/6</td><td>花期</td><td>未见异常</td><td></td></tr>
<tr><td>7/25</td><td>花期</td><td>正常</td><td></td></tr>
<tr><td>8/10</td><td>花期</td><td>植株长势正常</td><td></td></tr>
<tr><td>9/19</td><td>后期</td><td>未见异常</td><td></td></tr>
<tr><td>10/9</td><td>后期</td><td>未见异常</td><td></td></tr>
<tr><td>10/20</td><td>后期</td><td>结束</td><td></td></tr>
</table>

>>> 第八章　上海市植物检疫隔离场种植情况

一、引进甜菜种子隔离检疫情况

根据《境外引进种苗隔离检疫规程》(NY/T 1217—2006) 的要求，特制订境外引进红甜菜种子隔离检疫计划。

1. 隔离种植对象

名称（学名）：红甜菜（*Beta vulgaris* L. ）。

品种名称：BOLDOR 宝德、ACTION 艾克先生。

来源国家：法国。

审批单号：31201400397、31201400287。

引种单位名称：上海实满丰种业有限公司。

拟种植数量：每品种 $10m^2$，共计 $20m^2$。

拟种植时间：2016 年 1 月 4 日。

种植地点：上海市植物检疫隔离场室外隔离试种基地。

2. 栽培与管理方法

同一批次的隔离种植物按照此计划集中种植，不同批次的隔离种植物必须相互隔离，以防止相互污染。

栽培前，隔离设施、介质、盆钵及专用器械应预先进行灭菌消毒处理，且需记录隔离检疫环境的温度、空气湿度等数据，有特殊需求的作物同时记载其他数据。

根据栽培种类的特点以及货主提供的植物栽培管理资料，采用适当的栽培管理措施。具体栽培管理措施如下：

甜菜在深而富含有机质的松软土壤中生长良好。一般要求耕地深度为 25～30cm，每个品种种植面积 $10m^2$，拉大品种间的距离，不同品种间隔种植，同时挖隔离沟，以达到隔离效果。

3. 主要监测有害生物

(1) 生长管理与记录。玉米隔离试种生长期间，每天观察 1 次生长情况，定时记录生长状况，填写《隔离检疫情况记录表》，发现植物异常现象应在 24h 内报告专职检疫员。

(2) 有害生物监测与记录。发现可疑植株应立即挂牌，并进行详细准确的描述和记录，将有害生物发生、发展过程记载于《隔离检疫情况记录表》中；发现可疑的检疫性有害生物，应立即取样送室内检验。

(3) 主要监测有害生物。

小条实蝇属（*Ceratitis* spp.）

三叶斑潜蝇［*Liriomyza trifolii*（Burgess）］

海灰翅夜蛾［*Spodoptera littoralis*（Boisduval）］

甜菜霜霉病菌（*Peronospora farinosa* f. sp. *betae* Byford）

甜菜叶斑病菌（*Ramularia beticola* Fautr. et Lambotte）

豌豆脚腐病菌［*Phoma pinodella*（L. K. Jones）Morgan-Jones et K. B. Burch］

腐烂茎线虫（*Ditylenchus destructor* Thorne）

鳞球茎茎线虫［*Ditylenchus dipsaci*（Kühn，1857）Filipjev］

甜菜胞囊线虫（*Heterodera schachtii* Schmidt）

长针线虫属（传毒种类）［*Longidorus*（Filipjev）Micoletzky］

根结线虫属（非中国种）（*Meloidogyne* Goeldi）

拟毛刺线虫属（传毒种类）（*Paratrichodorus* Siddiqi）

短体线虫属（非中国种）（*Pratylenchus* Filipjev）

香蕉穿孔线虫［*Radopholus* imiles（Cobb）Thorne］

毛刺线虫属（传毒种类）（*Trichodorus* Cobb）

蒺藜草（属）（非中国种）（*Cenchrus* spp.）

匍匐矢车菊（*Centaurea repens* L.）

菟丝子属（*Cuscuta* spp.）

假高粱（及其杂交种）［*Sorghum halepense*（L.）Pers.］

异株苋亚属（Subegen *Acnida* L.）

南芥菜花叶病毒（*Arabis mosaic virus*，ArMV）

藜草花叶病毒（*Sowbane mosaic virus*，SoMV）

番茄黑环病毒（*Tomato black ring virus*，TBRV）

4. 实验室鉴定

对监测中发现的可疑样本进行害虫形态观察、病原菌分离培养等，根据相应方法做出鉴定，经实验室鉴定未发现检疫性有害生物。

5. 记录与档案管理

2016 年 1 月 4 日，试种上海实满丰种业有限公司从法国进口的红甜菜种子 2 个品种。此次试种为室外种植，每个品种种植面积 $10m^2$，拉大品种间的距离，不同品种间隔种植，同时挖隔离沟，以达到隔离效果。试种的 2 个品种长势良好，经监测未发现检疫性有害生物，监测记录情况见表 8-1。

表 8-1　红甜菜监测记录情况

<table>
<tr><td>植物中文名称</td><td>红甜菜</td><td>品种名</td><td colspan="4">BOLDOR 宝德、ACTION 艾克先生</td></tr>
<tr><td>种植数量</td><td></td><td>种植面积</td><td colspan="2">每品种 $10m^2$，共计 $20m^2$</td><td>种植地点</td><td>上海市植物检疫隔离场</td></tr>
<tr><td colspan="7">隔离种植物类别：□苗木　☑种子　□试管苗　□其他（明确类别）：</td></tr>
<tr><td colspan="4">种植时间：2016 年 1 月 4 日</td><td colspan="3">收获时间：2016 年 6 月 21 日</td></tr>
<tr><td>时间</td><td>生育期</td><td colspan="3">栽培管理要点</td><td colspan="2">记录人</td></tr>
<tr><td>2016 年 1 月 2 日</td><td></td><td colspan="3">田块翻耕，挖沟，划分小区</td><td colspan="2"></td></tr>
<tr><td>2016 年 1 月 4 日</td><td></td><td colspan="3">种植，每小区种植两行种球，拉大间距，分散种植</td><td colspan="2"></td></tr>
<tr><td>2016 年 3 月 15 日</td><td>苗期</td><td colspan="3">出苗，长势良好，观察</td><td colspan="2"></td></tr>
<tr><td>2016 年 4 月 22 日</td><td>生长期</td><td colspan="3">除草，长势良好，观察</td><td colspan="2"></td></tr>
<tr><td>2016 年 6 月 21 日</td><td>生长后期</td><td colspan="3">长势良好，结果，销毁</td><td colspan="2"></td></tr>
<tr><td rowspan="2">时间</td><td rowspan="2">生育期</td><td colspan="2">病虫草害发生情况</td><td rowspan="2">防治措施</td><td rowspan="2">农药名称和浓度</td><td rowspan="2">记录人</td></tr>
<tr><td>发生种类</td><td>发病率（%）</td></tr>
<tr><td>2016 年 4 月 22 日</td><td>生长期</td><td>常规杂草</td><td></td><td>人工拔除</td><td></td><td></td></tr>
</table>

红甜菜（BOLDOR 宝德）长势

红甜菜（ACTION 艾克生）长势

二、引进玉米种子隔离检疫情况

（一）产地智利（美果一号）

根据《境外引进种苗隔离检疫规程》（NY/T 1217—2006）的要求，特制订境外引进玉米种子隔离检疫计划。

1. 隔离种植对象

名称（学名）：玉米（*Zea mays* L.）。

品种名称：美果一号。

来源国家：智利。

审批单号：31201500074。

引种单位名称：上海惠和种业有限公司。

拟种植数量：40 盆。

拟种植时间：2016 年 4 月 15 日。

种植地点：上海市植物检疫隔离场低风险隔离温室。

2. 栽培与管理方法

同一批次的隔离种植物按照此计划集中种植，不同批次的隔离种植物必须相互隔离，以防止相互污染。

栽培前，隔离设施、介质、盆钵及专用器械应预先进行灭菌消毒处理，且需记录隔离检疫环境的温度、空气湿度等数据，有特殊需求的作物同时记载其他数据。

根据栽培种类的特点以及货主提供的植物栽培管理资料，采用适当的栽培管理措施。

3. 主要监测有害生物

（1）生长管理与记录。玉米隔离试种生长期间，每天观察 1 次生长情况，定时记录生长状况，填写《隔离检疫情况记录表》，发现植物异常现象应在 24h 内报告专职检疫员。

（2）有害生物监测与记录。发现可疑植株应立即挂牌，并进行详细准确的描述和记录，将有害生物发生、发展过程记载于《隔离检疫情况记录表》中；发现可疑的检疫性有害生物，应立即取样送室内检验。

（3）主要监测有害生物。

谷实夜蛾［*Helicoverpa zea*（Boddie）］

阿根廷茎象甲［*Listronotus bonariensis*（Kuschel）］

白缘象甲［*Naupactus leucoloma*（Boheman）］

油棕猝倒病菌（*Pythium splendens* Braun）

腐烂茎线虫（*Ditylenchus destructor* Thorne）

鳞球茎茎线虫［*Ditylenchus dipsaci*（Kühn）Filipjcv］

长针线虫属（传毒种类）［*Longidorus*（Filipjev）Micoletzky］

根结线虫属（非中国种）（*Meloidogyne* Goeldi）

短体线虫属（非中国种）（*Pratylenchus* Filipjev）

剑线虫属（传毒种类）（*Xiphinema* Cobb）

拟毛刺线虫（*Paratrichodorus* siddiqi）

毛刺线虫属（传毒种类）（*Trichodorus* Cobb）

豚草（属）（*Ambrosia* spp.）

蒺藜草（属）（非中国种）（*Cenchrus* spp.）

假高粱（及其杂交种）［*Sorghum halepense*（L.）Pers.］

异株苋亚属（Subegen *Acnida* L.）

苍耳（属）（非中国种）（*Xanthium* spp.）

玉米褪绿斑驳病毒（*Maize chlorotic mottle virus*，MCMV）

4. 实验室鉴定

对监测中发现的可疑样本进行害虫形态观察、病原菌分离培养等，根据相应方法做出鉴定，经实验室鉴定未发现检疫性有害生物。

5. 记录与档案管理

2016 年 4 月 15 日，试种上海惠和种业有限公司引进的美果一号玉米种子。试种于隔离场内的低风险玻璃温室，单独种植一间房间，播种 40 盆，玉米长势良好，经监测未发现检疫性有害生物，监测记录情况见表 8-2。

表 8-2　玉米监测记录情况

<table>
<tr><td>植物中文名称</td><td>玉米</td><td>品种名</td><td colspan="4">美果一号</td></tr>
<tr><td>种植数量</td><td>40 盆</td><td>种植面积</td><td colspan="2"></td><td>种植地点</td><td>上海市植物检疫隔离场低风险隔离温室</td></tr>
<tr><td colspan="7">隔离种植物类别：□苗木　☑种子　□试管苗　□其他（明确类别）：</td></tr>
<tr><td colspan="3">种植时间：2016 年 4 月 15 日</td><td colspan="4">收获时间：2016 年 6 月 13 日</td></tr>
<tr><td>时间</td><td>生育期</td><td colspan="4">栽培管理要点</td><td>记录人</td></tr>
<tr><td>2016 年 4 月 14 日</td><td></td><td colspan="4">泥土装盆，摆盆，浇水</td><td></td></tr>
<tr><td>2016 年 4 月 15 日</td><td></td><td colspan="4">播种</td><td></td></tr>
<tr><td>2016 年 4 月 22 日</td><td>苗期</td><td colspan="4">出苗，长势良好，观察</td><td></td></tr>
<tr><td>2016 年 5 月 4 日</td><td>生长期</td><td colspan="4">除草，长势良好，观察</td><td></td></tr>
<tr><td>2016 年 6 月 13 日</td><td>花期</td><td colspan="4">长势良好，销毁</td><td></td></tr>
<tr><td rowspan="2">时间</td><td rowspan="2">生育期</td><td colspan="2">病虫草害发生情况</td><td rowspan="2">防治措施</td><td rowspan="2">农药名称和浓度</td><td rowspan="2">记录人</td></tr>
<tr><td>发生种类</td><td>发病率（%）</td></tr>
<tr><td></td><td></td><td></td><td></td><td></td><td></td><td></td></tr>
</table>

美果一号长势

（二）产地智利（金银 208）

根据《境外引进种苗隔离检疫规程》（NY/T 1217—2006）的要求，特制订境外引进玉米种子隔离检疫计划。

1. 隔离种植对象

名称（学名）：玉米（*Zea mays* L.）。

品种名称：金银 208。

来源国家：智利。

审批单号：31201600253。

引种单位名称：上海种业（集团）有限公司。

拟种植数量：15m^2。

拟种植时间：2016 年 6 月 21 日，2016 年 9 月 13 日。

种植地点：上海市植物检疫隔离场室外隔离试种基地。

2. 栽培与管理方法

同一批次的隔离种植物按照此计划集中种植，不同批次的隔离种植物必须相互隔离，以防止相互污染。

栽培前，隔离设施、介质、盆钵及专用器械应预先进行灭菌消毒处理，且需记录隔离检疫环境的温度、空气湿度等数据，有特殊需求的作物同时记载其他数据。

根据栽培种类的特点以及货主提供的植物栽培管理资料，采用适当的栽培管理措施。

3. 主要监测有害生物

（1）生长管理与记录。玉米隔离试种生长期间，每天观察 1 次生长情况，定时记录生长状况，填写《隔离检疫情况记录表》，发现植物异常现象应在 24h 内报告专职检疫员。

（2）有害生物监测与记录。发现可疑植株应立即挂牌，并进行详细准确的描述和记录，将有害生物发生、发展过程记载于《隔离检疫情况记录表》中；发现可疑的检疫性有害生物，应立即取样送室内检验。

（3）主要监测有害生物。

谷实夜蛾［*Helicoverpa zea*（Boddie）］

阿根廷茎象甲［*Listronotus bonariensis*（Kuschel）］

白缘象甲［*Naupactus leucoloma*（Boheman）］

油棕猝倒病菌（*Pythium splendens* Braun）

腐烂茎线虫（*Ditylenchus destructor* Thorne）

鳞球茎茎线虫［*Ditylenchus dipsaci*（Kühn）Filipjev］

长针线虫属（传毒种类）［*Longidorus*（Filipjev）Micoletzky］

根结线虫属（非中国种）（*Meloidogyne* Goeldi）

短体线虫属（非中国种）（*Pratylenchus* Filipjev）

剑线虫属（传毒种类）（*Xiphinema* Cobb）

拟毛刺线虫属（传毒种类）（*Paratrichodorus* Siddiqi）

毛刺线虫属（传毒种类）（*Trichodorus* Cobb）

豚草（属）（*Ambrosia* spp.）

蒺藜草（属）（非中国种）（*Cenchrus* spp.）

假高粱（及其杂交种）［*Sorghum halepense*（L.）Pers.］

异株苋亚属（Subegen *Acnida* L.）

苍耳（属）（非中国种）（*Xanthium* spp.）

玉米褪绿斑驳病毒（*Maize chlorotic mottle virus*，MCMV）

4. 实验室鉴定

对监测中发现的可疑样本进行害虫形态观察、病原菌分离培养等，根据相应方法做出鉴定，经实验室鉴定未发现检疫性有害生物。

5. 记录与档案管理

2016 年 6 月 21 日，试种上海种业（集团）有限公司从智利进口的金银 28 玉米种子。玉米植株较大，故采取室外大田种植，种植面积 15m^2。由于播种后连续阴雨天气，加上排水不畅，玉米种子多数死亡，试种失败。

2016 年 9 月 13 日，重新试种上海种业（集团）有限公司从智利进口的金银 28 玉米种子。本次试种采取室内种植，种在低风险玻璃温室棚内，播种 30 盆。结果金银 208 品种玉米因霉变而没有出苗，试种失败。

（三）产地阿根廷

根据《境外引进种苗隔离检疫规程》（NY/T 1217—2006）的要求，特制订境外引进玉米种子隔离检疫计划。

1. 隔离种植对象

名称（学名）：玉米（*Zea mays* L.）。

品种名称：205、205B、205C、205D、205E、205F、205G、205H、205I、205J、205K、205L、205M 和 205N。

来源国家：阿根廷。

审批单号：31201600110、31201600111、31201600112、31201600113、31201600114、31201600115、31201600116、31201600117、31201600118、31201600119、31201600120、31201600121、31201600122 和 31201600123。

引种单位名称：上海种业（集团）有限公司。

拟种植数量：每品种 15m^2，共计 210m^2。

拟种植时间：2016 年 6 月 21 日。

种植地点：上海市植物检疫隔离场室外隔离试种基地。

2. 栽培与管理方法

同一批次的隔离种植物按照此计划集中种植，不同批次的隔离种植物必须相互隔离，以防止相互污染。

栽培前，隔离设施、介质及专用器械应预先进行灭菌消毒处理，且需记录隔离检疫环境的温度、空气湿度等数据，有特殊需求的作物同时记载其他数据。

根据栽培种类的特点以及货主提供的植物栽培管理资料，采用适当的栽培管理措施。

3. 主要监测有害生物

（1）生长管理与记录。玉米隔离试种生长期间，每天观察 1 次生长情况，定时记录生长状况，填写《隔离检疫情况记录表》，发现植物异常现象应在 24h 内报告专职检疫员。

（2）有害生物监测与记录。发现可疑植株应立即挂牌，并进行详细准确的描述和记录，将有害生物发生、发展过程记载于《隔离检疫情况记录表》中；发现可疑的检疫性有害生物，应立即取样送室内检验。

（3）主要监测有害生物。

小蔗螟［*Diatraea saccharalis*（Fabricius）］

谷实夜蛾［*Helicoverpa zea*（Boddie）］

稻水象甲（*Lissorhoptrus oryzophilus* Kuschel）

阿根廷茎象甲［*Listronotus bonariensis*（Kuschel）］

白缘象甲［*Naupactus leucoloma*（Boheman）］

红火蚁（*Solenopsis invicta* Buren）

甘蔗凋萎病菌（*Cephalosporium sacchari* E. J. Butler et Hafiz Khan）

洋葱粉色根腐病菌［*Pyrenochaeta terrestris*（Hansen）Gorenz，Walker et Larson］

油棕猝倒病菌（*Pythium splendens* Braun）
鳞球茎茎线虫［*Ditylenchus dipsaci*（Kühn）Filipjev］
长针线虫属（传毒种类）［*Longidorus*（Filipjev）Micoletzky］
根结线虫属（非中国种）（*Meloidogyne* Goeldi）
拟毛刺线虫属（传毒种类）（*Paratrichodorus* Siddiqi）
短体线虫属（非中国种）（*Pratylenchus* Filipjev）
香蕉穿孔线虫［*Radopholus imiles*（Cobb）Thorne］
毛刺线虫属（传毒种类）（*Trichodorus* Cobb）
豚草（属）（*Ambrosia* spp.）
不实野燕麦（*Avena sterilis* L.）
蒺藜草（属）（非中国种）（*Cenchrus* spp.）
匍匐矢车菊（*Centaurea repens* L.）
飞机草（*Eupatorium odoratum* L.）
黑高粱（*Sorghum almum* Parodi）
假高粱（及其杂交种）［*Sorghum halepense*（L.）Pers］
异株苋亚属（Subegen *Acnida* L.）
苍耳（属）（非中国种）（*Xanthium* spp.）
玉米褪绿斑驳病毒（*Maize chlorotic mottle virus*，MCMV）

4. 实验室鉴定

对监测中发现的可疑样本进行害虫形态观察、病原菌分离培养等，根据相应方法做出鉴定，经实验室鉴定未发现检疫性有害生物。

5. 记录与档案管理

2016 年 6 月 21 日，试种上海种业（集团）有限公司从阿根廷进口的玉米种子，共 14 个品种。玉米植株较大，故采取室外大田种植，每个品种种 15m^2，品种间间隔保持 2m 以上。由于播种后遇连续阴雨天气，加上排水不畅，玉米种子多数死亡，试种失败。

2016 年 9 月 13 日，重新试种上海种业（集团）有限公司从阿根廷进口的玉米种子，共 14 个品种。本次试种采取室内种植，种在低风险玻璃温室棚内，每个品种播种 30 盆。14 个品种生长良好，生长期间备有详细种植记录。长势良好，经监测未发现检疫性有害生物，监测记录情况见表 8-3。

表 8-3 玉米监测记录情况

<table>
<tr><td>植物中文名称</td><td>玉米</td><td>品种名称</td><td colspan="4">205、205B、205C、205D、205E、205F、205G、205H、205I、205J、205K、205L、205M、205N</td></tr>
<tr><td>种植数量</td><td></td><td>种植面积</td><td>30 盆/品种，
共计 420 盆</td><td>种植地点</td><td colspan="2">上海市植物检疫隔离场
低风险隔离温室</td></tr>
<tr><td colspan="7">隔离种植物类别：□苗木 ☑种子 □试管苗 □其他（明确类别）：</td></tr>
<tr><td colspan="3">种植时间：2016 年 9 月 13 日</td><td colspan="4">收获时间：2016 年 6 月 12 日</td></tr>
<tr><td>时间</td><td>生育期</td><td colspan="4">栽培管理要点</td><td>记录人</td></tr>
<tr><td>2016 年 9 月 12 日</td><td></td><td colspan="4">泥土装盆，浇水</td><td></td></tr>
<tr><td>2016 年 9 月 13 日</td><td></td><td colspan="4">播种</td><td></td></tr>
<tr><td>2016 年 9 月 21 日</td><td>苗期</td><td colspan="4">出苗，长势良好，观察</td><td></td></tr>
<tr><td>2016 年 10 月 9 日</td><td>拔节期</td><td colspan="4">长势良好，观察</td><td></td></tr>
<tr><td>2016 年 11 月 21 日</td><td>抽雄</td><td colspan="4">进入花期</td><td></td></tr>
<tr><td>2016 年 11 月 25 日</td><td>开花</td><td colspan="4">长势良好，销毁</td><td></td></tr>
<tr><td rowspan="2">时间</td><td rowspan="2">生育期</td><td colspan="2">病虫草害发生情况</td><td rowspan="2">防治措施</td><td rowspan="2">农药名称和浓度</td><td rowspan="2">记录人</td></tr>
<tr><td>发生种类</td><td>发病率（%）</td></tr>
<tr><td></td><td></td><td></td><td></td><td></td><td></td><td></td></tr>
</table>

玉米（205）长势

玉米（205B）长势

玉米（205C）长势

玉米（205D）长势

玉米（205E）长势

玉米（205F）长势

玉米（205G）长势

三、引进番茄种子隔离检疫情况

（一）产地印度

根据《境外引进种苗隔离检疫规程》（NY/T 1217—2006）的要求，特制订境外引进番茄种子隔

玉米（205H）长势

玉米（205I）长势

玉米（205J）长势

玉米（205K）长势

玉米（205L）长势

玉米（205M）长势

玉米（205N）长势

离检疫计划。

1. 隔离种植对象

名称（学名）：番茄（*Lycopersicon esculentum* Mill.）。

品种名称：Daihonmei（好美）、Akaoni（奥尼）。

来源国家：印度。

审批单号：31201500967、31201500968。

引种单位名称：上海惠和种业有限公司。

拟种植数量：40 盆/品种，共计 80 盆。

拟种植时间：2016 年 4 月 15 日。

种植地点：上海市植物检疫隔离场低风险隔离温室。

2. 栽培与管理方法

同一批次的隔离种植物按照此计划集中种植，不同批次的隔离种植物必须相互隔离，以防止相互污染。

栽培前，隔离设施、介质、盆钵及专用器械应预先进行灭菌消毒处理，且需记录隔离检疫环境的温度、空气湿度等数据，有特殊需求的作物同时记载其他数据。

根据栽培种类的特点以及货主提供的植物栽培管理资料，采用适当的栽培管理措施。具体栽培管理措施如下：

番茄对土壤条件要求不太严格，是短日照植物，在营养生长转向生殖生长过程中基本要求短日照。苗期以营养生长为主，土壤水分状况对番茄株高的影响比较明显。种植于低风险隔离温室，不同品种单独种植，一个品种一个房间以达到隔离效果。

3. 主要监测有害生物

（1）生长管理与记录。番茄隔离试种生长期间，每天观察1次生长情况，定时记录生长状况，填写《隔离检疫情况记录表》，发现植物异常现象应在24h内报告专职检疫员。

（2）有害生物监测与记录。发现可疑植株应立即挂牌，并进行详细准确的描述和记录，将有害生物发生、发展过程记载于《隔离检疫情况记录表》中；发现可疑的检疫性有害生物，应立即取样送室内检验。

（3）主要监测有害生物

果实蝇属（*Bactrocera* spp. Macquart）

小条实蝇属（*Ceratitis* spp.）

寡鬃实蝇（非中国种）（*Dacus* spp.）

三叶斑潜蝇［*Liriomyza trifolii*（Burgess）］

扶桑绵粉蚧（*Phenacoccus solenopsis* Tinsley）

番茄亚隔孢壳茎腐病菌（*Didymella lycopersici* Klebahn）

菊基腐病菌（*Erwinia chrysanthemi* Burkhodler et al.）

苜蓿黄萎病菌（*Verticillium albo-atrum* Reinke et Berthold）

棉花黄萎病菌（*Verticillium dahliae* Kleb.）

马铃薯癌肿病菌［*Synchytrium endobioticum*（Schilb.）Percival］

马铃薯疫霉绯腐病菌（*Phytophthora erythroseptica* Pethybridge）

番茄溃疡病菌［*Clavibacter michiganensis* subsp. *michiganensis*（Smith）Davis et al.］

番茄细菌性叶斑病菌［*Pseudomonas syringae* pv. *tomato*（Okabe）Young et al.］

马铃薯金线虫［*Globodera rostochiensis*（Wollenweber）Behrens］

马铃薯白线虫［*Globodera pallida*（Stone）Behrens］

长针线虫属（传毒种类）［*Longidorus*（Filipjev）Micoletzky］

根结线虫属（非中国种）（*Meloidogyne* Goeldi）

短体线虫属（非中国种）（*Pratylenchus* Filipjev）

香蕉穿孔线虫［*Radopholus imiles*（Cobb）Thorne］

毛刺线虫属（传毒种类）（*Trichodorus* Cobb）

异常珍珠线虫［*Nacobbus abberrans*（Thorne）Thorne & Allen］

毒麦（*Lolium temulentum* L.）

马铃薯纺锤块茎类病毒（*Potato spindle tuber viroid*，PSTVd）

马铃薯黄矮病毒（*Potato yellow dwarf virus*，PYDV）

烟草环斑病毒（*Tobacco ringspot virus*，TRSV）

番茄黑环病毒（*Tomato black ring virus*，TBRV）

番茄斑萎病毒（*Tomato spotted wilt virus*，TSWV）

马铃薯丛枝植原体（*Potato witches' broom phytoplasma*）

4. 实验室鉴定

对监测中发现的可疑样本进行害虫形态观察、病原菌分离培养等，根据相应方法做出鉴定，经实验室鉴定未发现检疫性有害生物。

5. 记录与档案管理

2016 年 4 月 15 日试种上海惠和种业有限公司引进的 2 个番茄品种种子，试种于隔离场内的低风险玻璃温室，每个品种单独种植，一个品种一间房间，每个品种播种 40 盆。经试种 2 个品种长势良好，经监测未发现检疫性有害生物，监测记录情况见表 8-4。

表 8-4 番茄监测记录情况

<table>
<tr><td>植物中文名称</td><td>番茄</td><td colspan="2">品种名称</td><td colspan="3">Daihonmei（好美）、Akaoni（奥尼）</td></tr>
<tr><td>种植数量</td><td>每盆 10 粒</td><td colspan="2">种植面积</td><td>40 盆/品种，
共计 80 盆</td><td>种植地点</td><td>上海市植物检疫隔离场
低风险隔离温室</td></tr>
<tr><td colspan="7">隔离种植物类别：□苗木 ☑种子 □试管苗 □其他（明确类别）：</td></tr>
<tr><td colspan="3">种植时间：2016 年 4 月 15 日</td><td colspan="4">收获时间：2016 年 6 月 13 日</td></tr>
<tr><td>时间</td><td>生育期</td><td colspan="3">栽培管理要点</td><td colspan="2">记录人</td></tr>
<tr><td>2016 年 4 月 14 日</td><td></td><td colspan="3">泥土装盆，摆盆，浇水</td><td colspan="2"></td></tr>
<tr><td>2016 年 4 月 15 日</td><td></td><td colspan="3">播种</td><td colspan="2"></td></tr>
<tr><td>2016 年 4 月 22 日</td><td>苗期</td><td colspan="3">出苗，长势良好，观察</td><td colspan="2"></td></tr>
<tr><td>2016 年 5 月 4 日</td><td>生长期</td><td colspan="3">除草，长势良好，观察</td><td colspan="2"></td></tr>
<tr><td>2016 年 6 月 13 日</td><td>花期</td><td colspan="3">长势良好，销毁</td><td colspan="2"></td></tr>
<tr><td rowspan="2">时间</td><td rowspan="2">生育期</td><td colspan="2">病虫草害发生情况</td><td rowspan="2">防治措施</td><td rowspan="2">农药名称和浓度</td><td rowspan="2">记录人</td></tr>
<tr><td>发生种类</td><td>发病率（%）</td></tr>
<tr><td></td><td></td><td></td><td></td><td></td><td></td><td></td></tr>
</table>

（二）产地泰国

根据《境外引进种苗隔离检疫规程》（NY/T 1217—2006）的要求，特制订境外引进番茄种子隔离检疫计划。

1. 隔离种植对象

名称（学名）：番茄（*Lycopersicon esculentum* Mill.）。

品种名称：砧木 150。

来源国家：泰国。

审批单号：31201500068。

引种单位名称：上海惠和种业有限公司。

拟种植数量：40 盆。

拟种植时间：2016 年 4 月 15 日。

番茄（好美）长势

番茄砧木（奥尼）长势

种植地点：上海市植物检疫隔离场低风险隔离温室。

2. 栽培与管理方法

同一批次的隔离种植物按照此计划集中种植，不同批次的隔离种植物必须相互隔离，以防止相互污染。

栽培前，隔离设施、介质、盆钵及专用器械应预先进行灭菌消毒处理，且需记录隔离检疫环境的温度、空气湿度等数据，有特殊需求的作物同时记载其他数据。

根据栽培种类的特点以及货主提供的植物栽培管理资料，采用适当的栽培管理措施。具体栽培管理措施如下：

番茄对土壤条件要求不太严格，是短日照植物，在营养生长转向生殖生长过程中基本要求短日照。苗期以营养生长为主，土壤水分状况对番茄株高的影响比较明显。种植于低风险隔离温室，不同品种单独种植，一个品种一个房间以达到隔离效果。

3. 主要监测有害生物

（1）生长管理与记录。番茄隔离试种生长期间，每天观察1次生长情况，定时记录生长状况，填写《隔离检疫情况记录表》，发现植物异常现象应在24h内报告专职检疫员。

（2）有害生物监测与记录。发现可疑植株应立即挂牌，并进行详细准确的描述和记录，将有害生物发生、发展过程记载于《隔离检疫情况记录表》中；发现可疑的检疫性有害生物，应立即取样送室内检验。

（3）主要监测有害生物

果实蝇属（*Bactrocera* spp. Macquart）

小条实蝇属（*Ceratitis* spp.）

番茄溃疡病菌［*Clavibacter michiganensis* subsp. *michiganensis*（Smith）Davis et al.］

寡鬃实蝇（非中国种）（*Dacus* spp.）

三叶斑潜蝇［*Liriomyza trifolii*（Burgess）］

长针线虫属（传毒种类）［*Longidorus*（Filipjev）Micoletzky］

根结线虫属（非中国种）（*Meloidogyne* Goeldi）

扶桑绵粉蚧（*Phenacoccus solenopsis* Tinsley）

短体线虫属（非中国种）（*Pratylenchus* Filipjev）

番茄细菌性叶斑病菌［*Pseudomonas syringae* pv. *tomato*（Okabe）Young et al.］

香蕉穿孔线虫［*Radopholus imiles*（Cobb）Thorne］

烟草环斑病毒（*Tobacco ringspot virus*，TRSV）

番茄黑环病毒（*Tomato black ring virus*，TBRV）

番茄斑萎病毒（*Tomato spotted wilt virus*，TSWV）

毛刺线虫属（传毒种类）（*Trichodorus* Cobb）

苜蓿黄萎病菌（*Verticillium albo-atrum* Reinke et Berthold）

4. 实验室鉴定

对监测中发现的可疑样本进行害虫形态观察、病原菌分离培养等，根据相应方法做出鉴定，经实验室鉴定未发现检疫性有害生物。

5. 记录与档案管理

2016年4月15日试种上海惠和种业有限公司引进的番茄种子，试种于隔离场内的低风险玻璃温室，播种40盆。经试种番茄长势良好，经监测未发现检疫性有害生物，监测记录情况见表8-5。

表8-5　番茄监测记录情况

<table>
<tr><td>植物中文名称</td><td>番茄</td><td>品种名称</td><td colspan="3">砧木150</td></tr>
<tr><td>种植数量</td><td>每盆10粒</td><td>种植面积</td><td>40盆/品种，
共计80盆</td><td>种植地点</td><td>上海市植物检疫隔离场
低风险隔离温室</td></tr>
</table>

（续）

<table>
<tr><td colspan="7">隔离种植物类别：□苗木 ☑种子 □试管苗 □其他（明确类别）：</td></tr>
<tr><td colspan="4">种植时间：2016 年 4 月 15 日</td><td colspan="3">收获时间：2016 年 6 月 13 日</td></tr>
<tr><td>时间</td><td>生育期</td><td colspan="3">栽培管理要点</td><td colspan="2">记录人</td></tr>
<tr><td>2016 年 4 月 14 日</td><td></td><td colspan="3">泥土装盆，摆盆，浇水</td><td colspan="2"></td></tr>
<tr><td>2016 年 4 月 15 日</td><td></td><td colspan="3">播种</td><td colspan="2"></td></tr>
<tr><td>2016 年 4 月 22 日</td><td>苗期</td><td colspan="3">出苗，长势良好，观察</td><td colspan="2"></td></tr>
<tr><td>2016 年 5 月 4 日</td><td>生长期</td><td colspan="3">除草，长势良好，观察</td><td colspan="2"></td></tr>
<tr><td>2016 年 6 月 13 日</td><td>花期</td><td colspan="3">长势良好，销毁</td><td colspan="2"></td></tr>
<tr><td rowspan="2">时间</td><td rowspan="2">生育期</td><td colspan="2">病虫草害发生情况</td><td rowspan="2">防治措施</td><td rowspan="2">农药名称和浓度</td><td rowspan="2">记录人</td></tr>
<tr><td>发生种类</td><td>发病率（%）</td></tr>
<tr><td></td><td></td><td></td><td></td><td></td><td></td><td></td></tr>
</table>

番茄砧木（150）长势

四、引进多肉植物隔离检疫情况

（一）产地西班牙

根据《境外引进种苗隔离检疫规程》（NY/T 1217—2006）的要求，特制订境外引进多肉植物隔离检疫计划。

1. 隔离种植对象

名称（学名）：拟石莲花属（*Echeveria* spp.）、风车草属（*Graptopetalum* spp.）。

品种名称：桃蛋。

来源国家：西班牙。

审批单号：33201600529、33201600581。

引种单位名称：虹越花卉股份有限公司。

拟种植数量：1 盆/株，共计 7 盆。

拟种植时间：2016 年 6 月 30 日。

种植地点：上海市植物检疫隔离室。

2. 栽培与管理方法

同一批次的隔离种植物按照此计划集中种植，不同批次的隔离种植物必须相互隔离，以防止相互污染。

栽培前，隔离设施、介质、盆钵及专用器械应预先进行灭菌消毒处理，且需记录隔离检疫环境的温度、空气湿度等数据，有特殊需求的作物同时记载其他数据。

根据栽培种类的特点以及货主提供的植物栽培管理资料，采用适当的栽培管理措施。

3. 主要监测有害生物

（1）生长管理与记录。多肉植物隔离试种生长期间，每天观察 1 次生长情况，定时记录生长状况，填写《隔离检疫情况记录表》，发现植物异常现象应在 24h 内报告专职检疫员。

（2）有害生物监测与记录。发现可疑植株应立即挂牌，并进行详细准确的描述和记录，将有害生物发生、发展过程记载于《隔离检疫情况记录表》中；发现可疑的检疫性有害生物，应立即取样送室内检验。

（3）主要监测有害生物。

菊花滑刃线虫［*Aphelenchoides ritzemabosi*（Schwartz）Steiner et Buhrer］

腐烂茎线虫（*Ditylenchus destructor* Thorne）

鳞球茎茎线虫［*Ditylenchus dipsaci*（Kühn）Filipjev］

马铃薯白线虫［*Globodera pallida*（Stone）Behrens］

马铃薯金线虫［*Globodera rostochiensis*（Wollenweber）Behrens］

甜菜胞囊线虫（*Heterodera schachtii* Schmidt）

长针线虫属（传毒种类）［*Longidorus*（Filipjev）Micoletzky］

根结线虫属（非中国种）（*Meloidogyne* Goeldi）

拟毛刺线虫属（传毒种类）（*Paratrichodorus* Siddiqi）

短体线虫属（非中国种）（*Pratylenchus* Filipjev）

毛刺线虫属（传毒种类）（*Trichodorus* Cobb）

剑线虫属（传毒种类）（*Xiphinema* Cobb）

4. 实验室鉴定

对监测中发现的可疑样本进行害虫形态观察、病原菌分离培养等，根据相应方法做出鉴定，经实验室鉴定未发现检疫性有害生物。

5. 记录与档案管理

2016 年 6 月 30 日试种浙江省植保检疫局寄送的多肉植物样品，虹越花卉股份有限公司从西班牙引进的拟石莲花属和风车草属多肉植物。接收样品 7 株，分别种植，共种植 7 盆。由于接收到样品时，样品植株状况非常差，所以经过两周后就全部枯萎死亡了，于 7 月 15 日结束试种。经监测未发现检疫性有害生物，监测记录情况见表 8-6。

表 8-6　多肉植物监测记录情况

<table>
<tr><td>植物种类</td><td>多肉植物</td><td>植物中文名称</td><td colspan="5">拟石莲花属、风车草属</td></tr>
<tr><td>种植数量</td><td>7 株</td><td>种植面积</td><td colspan="2">7 盆</td><td>种植地点</td><td colspan="2">上海市植物检疫隔离场
低风险隔离温室</td></tr>
<tr><td colspan="8">隔离种植物类别：☑苗木　□种子　□试管苗　□其他（明确类别）：</td></tr>
<tr><td colspan="4">种植时间：2016 年 6 月 30 日</td><td colspan="4">收获时间：2016 年 7 月 15 日</td></tr>
<tr><td>时间</td><td>生育期</td><td colspan="4">栽培管理要点</td><td colspan="2">记录人</td></tr>
<tr><td>2016 年 6 月 30 日</td><td></td><td colspan="4">泥土装盆种植</td><td colspan="2"></td></tr>
<tr><td>2016 年 7 月 5 日</td><td></td><td colspan="4">浇水</td><td colspan="2"></td></tr>
<tr><td>2016 年 7 月 8 日</td><td></td><td colspan="4">生长较差</td><td colspan="2"></td></tr>
<tr><td>2016 年 7 月 15 日</td><td></td><td colspan="4">死亡，结束种植</td><td colspan="2"></td></tr>
<tr><td rowspan="2">时间</td><td rowspan="2">生育期</td><td colspan="2">病虫草害发生情况</td><td rowspan="2">防治措施</td><td rowspan="2">农药名称和浓度</td><td colspan="2" rowspan="2">记录人</td></tr>
<tr><td>发生种类</td><td>发病率（%）</td></tr>
<tr><td></td><td></td><td></td><td></td><td></td><td></td><td colspan="2"></td></tr>
</table>

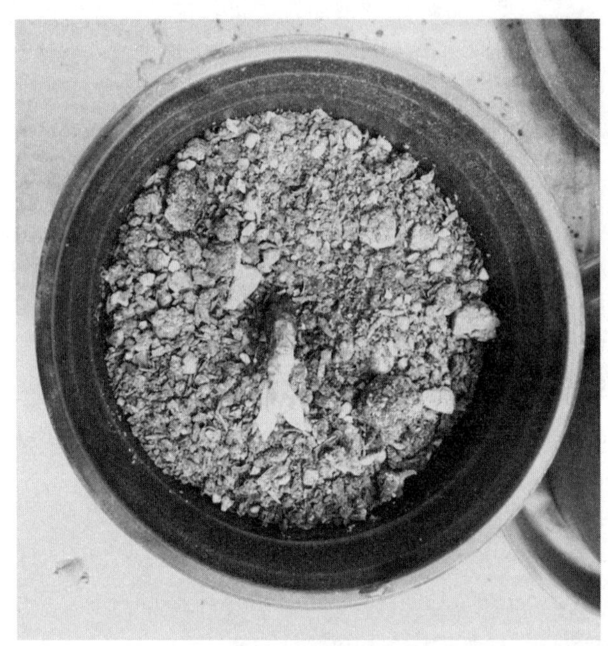

拟石莲花属多肉植物长势

（二）产地美国

根据《境外引进种苗隔离检疫规程》（NY/T 1217—2006）的要求，特制订境外引进多肉植物隔离检疫计划。

1. 隔离种植对象

名称（学名）：蓝剑麻（*Agave amaniensis* Trelease et Nowell）、马盖麻（*Agave cantula* Roxb）、圣烛花（*Yucca whipplei* Tort.）、金琥（*Echinocactus grusonii* Hildm）、华丽丝兰（*Yucca gloriosa* L.）、卷边十二卷（*Haworthia mirabilis* Haw.）、巨人柱［*Carnegiea gigantea*（Engelm.）Britt. & Rose］、秘鲁天轮柱［*Cereus peruvianus*（L.）Mill.］、黑王球［*Copiapoa cinerea*（Phil.）Britt. &Rose］、鹿角柱［*Echinocereus pentalophus*（DC.）Rumpler］、老乐柱

[*Espostoa lanata*（HBK）. Britt &. Rose]、金冠龙［*Ferocactus chrysacanthus*（Orcutt）Britt. & Rose]、日出［*Ferocactus latispinus*（Haw.）Britt. & Rose]、丰明球（*Mammillaria bombycina* Quehl.）、玉翁（*Mammillaria hahniana* Werderm.）、黄翁［*Notocactus leninghausii*（F. A. Haage. Jr.）A. Berger］、锦绣玉（*Parodia aureispina* Backeb.）、大戟阁（*Euphorbia ammak* Schw.）、魁伟玉（*Euphorbia horrida* Boiss）。

来源国家：美国。

审批单号：31201600387、31201600388、31201600389、31201600390、31201600391、31201600392、31201600393、31201600403、31201600400、31201600394、31201600395、31201600401、31201600402、31201600397、31201600398、31201600399、31201600405、31201600404、31201600396。

引种单位名称：上海种业（集团）有限公司。

拟种植数量：1 盆/株，共计 57 盆。

拟种植时间：2016 年 6 月 15 日。

种植地点：上海市植物检疫隔离室。

2. 栽培与管理方法

同一批次的隔离种植物按照此计划集中种植，不同批次的隔离种植物必须相互隔离，以防止相互污染。

栽培前，隔离设施、介质、盆钵及专用器械应预先进行灭菌消毒处理，且需记录隔离检疫环境的温度、空气湿度数据，有特殊需求的作物同时记载其他数据。

根据栽培种类的特点以及货主提供的植物栽培管理资料，采用适当的栽培管理措施。

3. 主要监测有害生物

（1）生长管理与记录。隔离试种生长期间，每天观察 1 次生长情况，定时记录生长状况，填写《隔离检疫情况记录表》，发现植物异常现象应在 24h 内报告专职检疫员。

（2）有害生物监测与记录。发现可疑植株应立即挂牌，并进行详细准确的描述和记录，将有害生物发生、发展过程记载丁《隔离检疫情况记录表》中；发现可疑的检疫性有害生物，应立即取样送室内检验。

（3）主要监测有害生物。

①蓝剑麻、马盖麻：

剑麻象甲（*Scyphophorus acupunctatus* Gyllenhal）

②圣烛花：

短体线虫属（非中国种）（*Pratylenchus* Filipjev）

剑线虫属（传毒种类）（*Xiphinema* Cobb）

③金琥：

小条实蝇属（*Ceratitis* spp.）

红火蚁（*Solenopsis invicta* Buren）

④华丽丝兰 、卷边十二卷 、巨人柱、秘鲁天轮柱、黑王球、鹿角柱 、老乐柱 、金冠龙、日出、丰明球 、玉翁、黄翁、锦绣玉、大戟阁 、魁伟玉：《中华人民共和国进境植物检疫性有害生物名录》中规定的有害生物。

4. 实验室鉴定

对监测中发现的可疑样本进行害虫形态观察、病原菌分离培养等，根据相应方法做出鉴定，经实验室鉴定未发现检疫性有害生物。

5. 记录与档案管理

2016 年 6 月 15 日试种本市松江执法大队寄送的仙人掌类多肉植物 19 个品种，每个品种 3 株，共种植 57 盆，种植期间正逢高温季节，玻璃温室内温度过高，光照过强，不利于多肉植物的生长，虽然没有死亡，但是部分品种生长状况不是很好，后期温度下降后，植株普遍生长良好。经试种 19 种多肉植物长势良好，经监测未发现检疫性有害生物，监测记录情况见表 8-7。

表 8-7　多肉植物监测记录情况

<table>
<tr><td>植物种类</td><td>多肉植物</td><td>植物中文名称</td><td colspan="4">蓝剑麻、马盖麻、圣烛花、金琥、华丽丝兰 、卷边十二卷、巨人柱、秘鲁天轮柱、黑王球、鹿角柱、老乐柱 、金冠龙、日出、丰明球、玉翁、黄翁、锦绣玉、大戟阁 、魁伟玉</td></tr>
<tr><td>种植数量</td><td>每品种 3 株，共 57 株</td><td>种植面积</td><td>57 盆</td><td>种植地点</td><td colspan="2">上海市植物检疫隔离场
低风险隔离温室</td></tr>
<tr><td colspan="7">隔离种植物类别：☑苗木　□种子　□试管苗　□其他（明确类别）：</td></tr>
<tr><td colspan="4">种植时间：2016 年 6 月 15 日</td><td colspan="3">收获时间：2016 年 10 月 15 日</td></tr>
<tr><td>时间</td><td>生育期</td><td colspan="3">栽培管理要点</td><td colspan="2">记录人</td></tr>
<tr><td>2016 年 6 月 15 日</td><td></td><td colspan="3">泥土装盆种植</td><td colspan="2"></td></tr>
<tr><td>2016 年 6 月 20 日</td><td></td><td colspan="3">浇水</td><td colspan="2"></td></tr>
<tr><td>2016 年 7 月 20 日</td><td></td><td colspan="3">生长良好</td><td colspan="2"></td></tr>
<tr><td>2016 年 9 月 21 日</td><td></td><td colspan="3">生长良好</td><td colspan="2"></td></tr>
<tr><td>2016 年 10 月 15 日</td><td></td><td colspan="3">生长良好，结束种植</td><td colspan="2"></td></tr>
<tr><td rowspan="2">时间</td><td rowspan="2">生育期</td><td colspan="2">病虫草害发生情况</td><td rowspan="2">防治措施</td><td rowspan="2">农药名称和浓度</td><td rowspan="2">记录人</td></tr>
<tr><td>发生种类</td><td>发病率（%）</td></tr>
<tr><td></td><td></td><td></td><td></td><td></td><td></td><td></td></tr>
</table>

黄翁长势

金冠龙长势

金琥长势

华丽丝兰长势

圣烛花长势

秘鲁天轮柱长势

魁伟玉长势

蓝剑麻长势

卷边十二卷长势

黑王球长势

玉翁长势

日出长势

马盖麻长势

锦绣玉长势

大戟阁长势

巨人柱长势

鹿角柱长势

丰明球长势

老乐柱长势

上海种业（集团）有限公司试种仙人掌类多肉类植物长势

五、引进莴苣种子隔离检疫情况

根据《境外引进种苗隔离检疫规程》（NY/T 1217—2006）的要求，特制订境外引进莴苣种子隔离检疫计划。

1. 隔离种植对象

名称（学名）：莴苣（*Lactuca sativa* L.）。

品种名称：格林欧凯、色拉菜五号。

来源国家：日本。

审批单号：31201400627、31201400629。

引种单位名称：上海惠和种业有限公司。

拟种植数量：10m^2/品种，共计 20m^2。

拟种植时间：2016 年 1 月 4 日。

种植地点：上海市植物检疫隔离场室外隔离种植基地。

2. 栽培与管理方法

同一批次的隔离种植物按照此计划集中种植，不同批次的隔离种植物必须相互隔离，以防止相互污染。

栽培前，隔离设施、介质、盆钵及专用器械应预先进行灭菌消毒处理，且需记录隔离检疫环境的温度、空气湿度等数据，有特殊需求的作物同时记载其他数据。

根据栽培种类的特点以及货主提供的植物栽培管理资料，采用适当的栽培管理措施。具体栽培管理措施如下：

莴笋以苗越冬，前期生长缓慢，需肥量少，栽后浇一次稀粪水，如实行间套作不能施基肥时，年内应增施 1～2 次粪水，每 667m^2 施1 000～1 500kg，结合中耕疏土，促使根系生长。冬前要控制肥水，避免徒长，增强耐寒力，安全过冬。开春后，茎叶迅速生长，进入莲座期后，及时中耕松土，提高土温，结合追肥一次，每 667m^2 施 30％人粪尿1 000kg。植株封行后茎部肥大加速，需肥量多，重施 2～3 次追肥，合计施人粪尿2 000～3 000kg 或尿素 30～40kg，保证茎部膨大。施肥不能过迟，以免造成茎部开裂。

3. 主要监测有害生物

(1) 生长管理与记录。莴苣隔离试种生长期间，每天观察 1 次生长情况，定时记录生长状况，填写《隔离检疫情况记录表》，发现植物异常现象应在 24h 内报告专职检疫员。

(2) 有害生物监测与记录。发现可疑植株应立即挂牌，并进行详细准确的描述和记录，将有害生物发生、发展过程记载于《隔离检疫情况记录表》中；发现可疑的检疫性有害生物，应立即取样送室内检验。

(3) 主要监测有害生物。

豚草（属）（*Ambrosia* spp.）

南芥菜花叶病毒（*Arabis mosaic virus*，ArMV）

小条实蝇属（*Ceratitis* spp.）

菊基腐病菌（*Erwinia chrysanthemi* Burkhodler et al.）

三叶斑潜蝇［*Liriomyza trifolii*（Burgess）］

长针线虫属（传毒种类）［*Longidorus*（Filipjev）Micoletzky］

根结线虫属（非中国种）（*Meloidogyne* Goeldi）

香菜腐烂病菌［*Mycocentrospora acerina*（Hartig）Deighton］

拟毛刺线虫属（传毒种类）（*Paratrichodorus* Siddiqi）

短体线虫属（非中国种）（*Pratylenchus* Filipjev）

菜豆晕疫病菌［*Pseudomonas savastanoi* pv. *phaseolicola*（Burkholder）Gardan et al.］

番茄细菌性叶斑病菌［*Pseudomonas syringae* pv. *tomato*（Okabe）Young et al.］

香蕉穿孔线虫［*Radopholus imiles*（Cobb）Thorne］

番茄黑环病毒（*Tomato black ring virus*，TBRV）

番茄斑萎病毒（*Tomato spotted wilt virus*，TSWV）

毛刺线虫属（传毒种类）（*Trichodorus* Cobb）

4. 实验室鉴定

对监测中发现的可疑样本进行害虫形态观察、病原菌分离培养等，根据相应方法做出鉴定，经实验室鉴定未发现检疫性有害生物。

5. 记录与档案管理

2016 年 1 月 4 日，试种上海惠和种业有限公司引进的 2 个莴苣品种，此次试种为室外种植，每个品种种植面积 $10m^2$，拉大品种间的距离，不同品种间隔种植，同时挖隔离沟，以达到隔离效果。经试种 2 个品种的莴苣长势良好，经监测未发现检疫性有害生物，监测记录情况见表 8-8。

表 8-8　莴苣监测记录情况

<table>
<tr><td>植物中文名称</td><td>莴苣</td><td colspan="2">品种名称</td><td colspan="4">格林欧凯、色拉菜五号</td></tr>
<tr><td>种植数量</td><td></td><td colspan="2">种植面积</td><td colspan="2">10m²/品种，共计 20m²</td><td>种植地点</td><td>上海市植物检疫隔离场</td></tr>
<tr><td colspan="8">隔离种植物类别：□苗木　☑种子　□试管苗　□其他（明确类别）：</td></tr>
<tr><td colspan="4">种植时间：2016 年 1 月 4 日</td><td colspan="4">收获时间：2016 年 6 月 21 日</td></tr>
<tr><td>时间</td><td>生育期</td><td colspan="4">栽培管理要点</td><td colspan="2">记录人</td></tr>
<tr><td>2016 年 1 月 2 日</td><td></td><td colspan="4">田块翻耕，挖沟，划分小区</td><td colspan="2"></td></tr>
<tr><td>2016 年 1 月 4 日</td><td></td><td colspan="4">种植，每小区种植两行种球，拉大间距，分散种植</td><td colspan="2"></td></tr>
<tr><td>2016 年 3 月 15 日</td><td>苗期</td><td colspan="4">出苗，长势良好，观察</td><td colspan="2"></td></tr>
<tr><td>2016 年 4 月 22 日</td><td>生长期</td><td colspan="4">除草，长势良好，观察</td><td colspan="2"></td></tr>
<tr><td>2016 年 6 月 21 日</td><td>生长后期</td><td colspan="4">长势良好，结果，销毁</td><td colspan="2"></td></tr>
<tr><td rowspan="2">时间</td><td rowspan="2">生育期</td><td colspan="2">病虫草害发生情况</td><td rowspan="2">防治措施</td><td rowspan="2">农药名称和浓度</td><td colspan="2" rowspan="2">记录人</td></tr>
<tr><td>发生种类</td><td>发病率（%）</td></tr>
<tr><td>2016 年 4 月 22 日</td><td>生长期</td><td>常规杂草</td><td></td><td>人工拔除</td><td></td><td colspan="2"></td></tr>
</table>

莴苣（格林欧凯）长势

莴苣（色拉菜五号）长势

六、引进甘蓝种子隔离检疫情况

根据《境外引进种苗隔离检疫规程》（NY/T 1217—2006）的要求，特制订境外引进甘蓝种子隔离检疫计划。

1. 隔离种植对象

名称（学名）：甘蓝（*Brassica oleracea* var. *capitata* L.）。

品种名称：冬旺。

来源国家：日本。

审批单号：31201400577。

引种单位名称：上海惠和种业有限公司。

拟种植数量：$10m^2$。

拟种植时间：2016 年 1 月 4 日。

种植地点：上海市植物检疫隔离场室外隔离种植基地。

2. 栽培与管理方法

同一批次的隔离种植物按照此计划集中种植，不同批次的隔离种植物必须相互隔离，以防止相互污染。

栽培前，隔离设施、介质、盆钵及专用器械应预先进行灭菌消毒处理，且需记录隔离检疫环境的温度、空气湿度等数据，有特殊需求的作物同时记载其他数据。

根据栽培种类的特点以及货主提供的植物栽培管理资料，采用适当的栽培管理措施。

3. 主要监测有害生物

（1）生长管理与记录。甘蓝隔离试种生长期间，每天观察 1 次生产情况，定时记录生长状况，填写《隔离检疫情况记录表》，发现植物异常现象应在 24h 内报告专职检疫员。

（2）有害生物监测与记录

发现可疑植株应立即挂牌，并进行详细准确的描述和记录，将有害生物发生、发展过程记载于《隔离检疫情况记录表》中；发现可疑的检疫性有害生物，应立即取样送室内检验。

（3）主要监测有害生物。

荷兰石竹卷蛾［*Cacoecimorpha pronubana*（Hübner）］

蒺藜草（属）（非中国种）（*Cenchrus* spp.）

小条实蝇属（*Ceratitis* spp.）

十字花科蔬菜黑胫病菌（油菜茎基溃疡病菌）［*Leptosphaeria maculans*（Desm.）Ces. et De Not.］

毒麦（*Lolium temulentum* L.）

长针线虫属（传毒种类）［*Longidorus*（Filipjev）Micoletzky］

根结线虫属（非中国种）（*Meloidogyne* Goeldi）

拟毛刺线虫属（传毒种类）（*Paratrichodorus* Siddiqi）

大豆疫霉病菌（*Phytophthora sojae* Kaufmann et Gerdemann）

短体线虫属（非中国种）（*Pratylenchus* Filipjev）

十字花科黑斑病菌［*Pseudomonas syringae* pv. *maculicola*（McCulloch）Young et al.］

油棕猝倒病菌（*Pythium splendens* Braun）

香蕉穿孔线虫［*Radopholus imiles*（Cobb）Thorne］

异株苋亚属（Subegen *Acnida* L.）

毛刺线虫属（传毒种类）（*Trichodorus* Cobb）

4. 实验室鉴定

对监测中发现的可疑样本进行害虫形态观察、病原菌分离培养等，根据相应方法做出鉴定，经实验室鉴定未发现检疫性有害生物。

5. 记录与档案管理

2016 年 1 月 4 日，试种上海惠和种业有限公司引进的甘蓝，此次试种为室外种植，种植面积 $10m^2$。

由于试种期间有连续阴雨天气，加上田块排水不畅，导致甘蓝未出苗，试种失败。

七、引进蚕豆种子隔离检疫情况

根据《境外引进种苗隔离检疫规程》(NY/T 1217—2006) 的要求，特制订境外引进蚕豆种子隔离检疫计划。

1. 隔离种植对象

名称（学名）：蚕豆（*Brassica oleracea* var. *capitata* L.）。

品种名称：打越绿一寸。

来源国家：日本。

审批单号：31201400443。

引种单位名称：上海实满丰种业有限公司。

拟种植数量：$10m^2$。

拟种植时间：2016 年 1 月 4 日。

种植地点：上海市植物检疫隔离场室外隔离种植基地。

2. 栽培与管理方法

同一批次的隔离种植物按照此计划集中种植，不同批次的隔离种植物必须相互隔离，以防止相互污染。

栽培前，隔离设施、介质、盆钵及专用器械应预先进行灭菌消毒处理，且需记录隔离检疫环境的温度、空气湿度等数据，有特殊需求的作物同时记载其他数据。

根据栽培种类的特点以及货主提供的植物栽培管理资料，采用适当的栽培管理措施。具体栽培管理措施如下：

蚕豆适合于较温暖而略湿润的气候，需水较多，但又不能受渍，耐寒性较差，也不耐高温和干旱。最适宜的生长温度为 20℃左右，适于多种土壤栽培，以耕层有机质含量高，排水良好的黏质壤土或比较肥沃的沙质壤土最好。蚕豆播种可采用条播、点播等方法，一般行距 33cm 左右，株距为 12～18cm。降水量大的地区，最好采用深沟高畦。

3. 主要监测有害生物

(1) 生长管理与记录。蚕豆隔离试种生长期间，每天观察 1 次生长情况，定时记录生长状况，填写《隔离检疫情况记录表》，发现植物异常现象应在 24h 内报告专职检疫员。

(2) 有害生物监测与记录。发现可疑植株应立即挂牌，并进行详细准确的描述和记录，将有害生物发生、发展过程记载于《隔离检疫情况记录表》中；发现可疑的检疫性有害生物，应立即取样送室内检验。

(3) 主要监测有害生物。

豆象（属）(非中国种)（*Bruchus* spp.）

荷兰石竹卷蛾 [*Cacoecimorpha pronubana* (Hübner)]

鳞球茎茎线虫 [*Ditylenchus dipsaci* (Kühn) Filipjev]

三叶斑潜蝇 [*Liriomyza trifolii* (Burgess)]

毒麦（*Lolium temulentum* L.）

根结线虫属（非中国种）(*Meloidogyne* Goeldi)

花生矮化病毒（*Peanut stunt virus*，PSV）

马铃薯疫霉绯腐病菌（*Phytophthora erythroseptica* Pethybridge）

短体线虫属（非中国种）(*Pratylenchus* Filipjev)

豌豆细菌性疫病菌 [*Pseudomonas syringae* pv. *pisi* (Sackett) Young et al.]

油棕猝倒病菌（*Pythium splendens* Braun）

香蕉穿孔线虫 [*Radopholus imiles* (Cobb) Thorne]

番茄黑环病毒（*Tomato black ring virus*，TBRV）

番茄斑萎病毒（*Tomato spotted wilt virus*，TSWV）

苜蓿黄萎病菌（*Verticillium albo-atrum* Reinke et Berthold）

苍耳（属）（非中国种）（*Xanthium* spp.）

4. 实验室鉴定

对监测中发现的可疑样本进行害虫形态观察、病原菌分离培养等，根据相应方法做出鉴定，经实验室鉴定未发现检疫性有害生物。

5. 记录与档案管理

2016 年 1 月 4 日，试种上海实满丰种业有限公司引进的蚕豆，此次试种为室外种植，种植面积 $10m^2$。

由于试种期间有连续阴雨天气，加上田块排水不畅，导致蚕豆未出苗，试种失败。

八、引进茄子种子隔离检疫情况

根据《境外引进种苗隔离检疫规程》（NY/T 1217—2006）的要求，特制订境外引进茄子种子隔离检疫计划。

1. 隔离种植对象

名称（学名）：茄子（*Solanum melongena* L.）。

品种名称：Kuronishiki（黑锦）。

来源国家：日本。

审批单号：31201500847。

引种单位名称：上海惠和种业有限公司。

拟种植数量：40 盆。

拟种植时间：2016 年 4 月 15 日。

种植地点：上海市植物检疫隔离场低风险隔离温室。

2. 栽培与管理方法

同一批次的隔离种植物按照此计划集中种植，不同批次的隔离种植物必须相互隔离，以防止相互污染。

栽培前，隔离设施、介质、盆钵及专用器械应预先进行灭菌消毒处理，且需记录隔离检疫环境的温度、空气湿度等数据，有特殊需求的作物同时记载其他数据。

根据栽培种类的特点以及货主提供的植物栽培管理资料，采用适当的栽培管理措施。具体栽培管理措施如下：

茄子定植后要淋足定根水，经一周缓苗后可开始施少量水肥，同时要注意检查地老虎的为害及立枯病的发生，并及时补苗。

3. 主要监测有害生物

（1）生长管理与记录。茄子隔离试种生长期间，每天观察 1 次生长情况，定时记录生长状况，填写《隔离检疫情况记录表》，发现植物异常现象应在 24h 内报告专职检疫员。

（2）有害生物监测与记录。发现可疑植株应立即挂牌，并进行详细准确的描述和记录，将有害生物发生、发展过程记载于《隔离检疫情况记录表》中；发现可疑的检疫性有害生物，应立即取样送室内检验。

（3）主要监测有害生物。

果实蝇属（*Bactrocera* spp. Macquart）

番茄溃疡病菌［*Clavibacter michiganensis* subsp. *michiganensis*（Smith）Davis et al.］

马铃薯环腐病菌［*Clavibacter michiganensis* subsp. *sepedonicus*（Spieckermann et Kotthoff）Davis et al.］

番茄亚隔孢壳茎腐病菌（*Didymella lycopersici* Klebahn）

腐烂茎线虫（*Ditylenchus destructor* Thorne）
菊基腐病菌（*Erwinia chrysanthemi* Burkhodler et al.）
马铃薯白线虫［*Globodera pallida*（Stone）Behrens］
马铃薯金线虫［*Globodera rostochiensis*（Wollenweber）Behrens］
马铃薯甲虫［*Leptinotarsa decemlineata*（Say）］
三叶斑潜蝇［*Liriomyza trifolii*（Burgess）］
长针线虫属（传毒种类）［*Longidorus*（Filipjev）Micoletzky］
烟草霜霉病菌［*Peronospora hyoscyami* f. sp. *tabacina*（D. B. Adam）Skalicky］
马铃薯纺锤块茎类病毒（*Potato spindle tuber viroid*，PSTVd）
短体线虫属（非中国种）（*Pratylenchus* Filipjev）
油棕猝倒病菌（*Pythium splendens* Braun）
香蕉穿孔线虫［*Radopholus imiles*（Cobb）Thorne］
马铃薯癌肿病菌［*Synchytrium endobioticum*（Schilb.）Percival］
烟草环斑病毒（*Tobacco ringspot virus*，TRSV）
番茄黑环病毒（*Tomato black ring virus*，TBRV）
番茄斑萎病毒（*Tomato spotted wilt virus*，TSWV）
棉花黄萎病菌（*Verticillium dahliae* Kleb.）

4. 实验室鉴定

对监测中发现的可疑样本进行害虫形态观察、病原菌分离培养等，根据相应方法做出鉴定，经实验室鉴定未发现检疫性有害生物。

5. 记录与档案管理

2016 年 4 月 15 日，试种上海惠和种业有限公司引进的茄子。试种于隔离场内的低风险玻璃温室，播种 40 盆。经试种茄子长势良好，经监测未发现检疫性有害生物，监测记录情况见表 8-9。

表 8-9　茄子监测记录情况

<table>
<tr><td>植物中文名称</td><td>茄子</td><td>品种名</td><td colspan="5">Kuronishiki 黑锦</td></tr>
<tr><td>种植数量</td><td>每盆 10～15 粒</td><td>种植面积</td><td>40 盆</td><td>种植地点</td><td colspan="3">上海市植物检疫隔离场
低风险隔离温室</td></tr>
<tr><td colspan="8">隔离种植物类别：□苗木　☑种子　□试管苗　□其他（明确类别）：</td></tr>
<tr><td colspan="4">种植时间：2016 年 4 月 15 日</td><td colspan="4">收获时间：2016 年 6 月 13 日</td></tr>
<tr><td>时间</td><td>生育期</td><td colspan="4">栽培管理要点</td><td colspan="2">记录人</td></tr>
<tr><td>2016 年 4 月 14 日</td><td></td><td colspan="4">泥土装盆，摆盆，浇水</td><td colspan="2"></td></tr>
<tr><td>2016 年 4 月 15 日</td><td></td><td colspan="4">播种</td><td colspan="2"></td></tr>
<tr><td>2016 年 4 月 22 日</td><td>苗期</td><td colspan="4">出苗，长势良好，观察</td><td colspan="2"></td></tr>
<tr><td>2016 年 5 月 4 日</td><td>生长期</td><td colspan="4">除草，长势良好，观察</td><td colspan="2"></td></tr>
<tr><td>2016 年 6 月 13 日</td><td>花期</td><td colspan="4">长势良好，销毁</td><td colspan="2"></td></tr>
<tr><td rowspan="2">时间</td><td rowspan="2">生育期</td><td colspan="2">病虫草害发生情况</td><td rowspan="2">防治措施</td><td rowspan="2" colspan="2">农药名称和浓度</td><td rowspan="2">记录人</td></tr>
<tr><td>发生种类</td><td>发病率（%）</td></tr>
<tr><td></td><td></td><td></td><td></td><td></td><td colspan="2"></td><td></td></tr>
</table>

九、引进哈密瓜种子隔离检疫情况

根据《境外引进种苗隔离检疫规程》（NY/T 1217—2006）的要求，特制订境外引进哈密瓜种子隔离检疫计划。

茄子（黑锦）长势

1. 隔离种植对象

名称（学名）：哈密瓜（*Cucumis melo* L.）。

品种名称：Daburu（布鲁）。

来源国家：印度。

审批单号：31201500969。

引种单位名称：上海惠和种业有限公司。

拟种植数量：40 盆。

拟种植时间：2016 年 4 月 15 日。

种植地点：上海市植物检疫隔离场低风险隔离温室。

2. 栽培与管理方法

同一批次的隔离种植物按照此计划集中种植，不同批次的隔离种植物必须相互隔离，以防止相互污染。

栽培前，隔离设施、介质、盆钵及专用器械应预先进行灭菌消毒处理，且需记录隔离检疫环境的温度、空气湿度等数据，有特殊需求的作物同时记载其他数据。

根据栽培种类的特点以及货主提供的植物栽培管理资料，采用适当的栽培管理措施。具体栽培管理措施如下：

哈密瓜性喜充足的阳光和较大的昼夜温差，播种时，一是钵面要平，苗钵间排列紧密；二是苗床要充分浇水，待水下渗后播种；三是一钵一粒籽，种子平放；四是覆土深浅要一致，厚约 1cm 为宜，播后轻轻压实。

3. 主要监测有害生物

(1) 生长管理与记录。哈密瓜隔离试种生长期间，每天观察 1 次生长情况，定时记录生长状况，填写《隔离检疫情况记录表》，发现植物异常现象应在 24h 内报告专职检疫员。

(2) 有害生物监测与记录。发现可疑植株应立即挂牌，并进行详细准确的描述和记录，将有害生物发生、发展过程记载于《隔离检疫情况记录表》中；发现可疑的检疫性有害生物，应立即取样送室内检验。

(3) 主要监测有害生物。

按实蝇属（*Anastrepha* Schiner）

果实蝇属（*Bactrocera* spp. Macquart）

黄瓜黑星病菌（*Cladosporium cucumerinum* Ellis et Arthur）

黄瓜绿斑驳花叶病毒（*Cucumber green mottle mosaic virus*，CGMMV）

菊基腐病菌（*Erwinia chrysanthemi* Burkhodler et al.）

三叶斑潜蝇［*Liriomyza trifolii*（Burgess）］

长针线虫属（传毒种类）［*Longidorus*（Filipjev）Micoletzky］

甜瓜黑点根腐病菌（*Monosporascus cannonballus* Pollack et Uecker）

甜瓜迷实蝇［*Myiopardalis pardalina*（Bigot）］

油棕猝倒病菌（*Pythium splendens* Braun）

香蕉穿孔线虫［*Radopholus imiles*（Cobb）Thorne］

烟草环斑病毒（*Tobacco ringspot virus*，TRSV）

4. 实验室鉴定

对监测中发现的可疑样本进行害虫形态观察、病原菌分离培养等，根据相应方法做出鉴定，经实验室鉴定未发现检疫性有害生物。

5. 记录与档案管理

2016 年 4 月 15 日试种上海惠和种业有限公司引进的哈密瓜。试种于隔离场内的低风险玻璃温室，播种 40 盆。经试种哈密瓜长势良好，经监测未发现检疫性有害生物，监测记录情况见表 8-10。

表 8-10　哈密瓜监测记录情况

<table>
<tr><td>植物中文名称</td><td>哈密瓜</td><td colspan="2">品种名</td><td colspan="3">Daburu 布鲁</td></tr>
<tr><td>种植数量</td><td>每盆 5 粒</td><td colspan="2">种植面积</td><td>40 盆</td><td>种植地点</td><td>上海市植物检疫隔离场
低风险隔离温室</td></tr>
<tr><td colspan="7">隔离种植物类别：☐苗木　☑种子　☐试管苗　☐其他（明确类别）：</td></tr>
<tr><td colspan="3">种植时间：2016 年 4 月 15 日</td><td colspan="4">收获时间：2016 年 6 月 13 日</td></tr>
<tr><td>时间</td><td>生育期</td><td colspan="4">栽培管理要点</td><td>记录人</td></tr>
<tr><td>2016 年 4 月 14 日</td><td></td><td colspan="4">泥土装盆，摆盆，浇水</td><td></td></tr>
<tr><td>2016 年 4 月 15 日</td><td></td><td colspan="4">播种</td><td></td></tr>
<tr><td>2016 年 4 月 22 日</td><td>苗期</td><td colspan="4">出苗，长势良好，观察</td><td></td></tr>
<tr><td>2016 年 5 月 4 日</td><td>生长期</td><td colspan="4">除草，长势良好，观察</td><td></td></tr>
<tr><td>2016 年 6 月 13 日</td><td>花期</td><td colspan="4">长势良好，销毁</td><td></td></tr>
<tr><td rowspan="2">时间</td><td rowspan="2">生育期</td><td colspan="2">病虫草害发生情况</td><td rowspan="2">防治措施</td><td rowspan="2">农药名称和浓度</td><td rowspan="2">记录人</td></tr>
<tr><td>发生种类</td><td>发病率（%）</td></tr>
<tr><td></td><td></td><td></td><td></td><td></td><td></td><td></td></tr>
</table>

哈密瓜砧木（布鲁）长势

十、引进南瓜种子隔离检疫情况

根据《境外引进种苗隔离检疫规程》（NY/T 1217—2006）的要求，特制订境外引进南瓜种子隔离检疫计划。

1. 隔离种植对象

名称（学名）：南瓜［*Cucurbita moschata*（Duch. ex Lam.）Duch. ex Poiret］。

品种名称：K511（贝贝三号）。

来源国家：中国。

审批单号：31201500643。

引种单位名称：上海惠和种业有限公司。

拟种植数量：40 盆。

拟种植时间：2016 年 4 月 15 日。

种植地点：上海市植物检疫隔离场低风险隔离温室。

2. 栽培与管理方法

同一批次的隔离种植物按照此计划集中种植，不同批次的隔离种植物必须相互隔离，以防止相互污染。

栽培前，隔离设施、介质、盆钵及专用器械应预先进行灭菌消毒处理，且需记录隔离检疫环境的温度、空气湿度等数据，有特殊需求的作物同时记载其他数据。

根据栽培种类的特点以及货主提供的植物栽培管理资料，采用适当的栽培管理措施。具体栽培管理措施如下：

南瓜是喜温的短日照植物，耐旱性强，对土壤要求不严格，但以肥沃、中性或微酸性沙壤土为好。

3. 主要监测有害生物

（1）生长管理与记录。南瓜隔离试种生长期间，每天观察1次生长情况，定时记录生长状况，填写《隔离检疫情况记录表》，发现植物异常现象应在24h内报告专职检疫员。

（2）有害生物监测与记录。发现可疑植株应立即挂牌，并进行详细准确的描述和记录，将有害生物发生、发展过程记载于《隔离检疫情况记录表》中；发现可疑的检疫性有害生物，应立即取样送室内检验。

（3）主要监测有害生物。

果实蝇属（*Bactrocera* spp. Macquart）

黄瓜绿斑驳花叶病毒（*Cucumber green mottle mosaic virus*，CGMMV）

甜瓜黑点根腐病菌（*Monosporascus cannonballus* Pollack et Uecker）

李属坏死环斑病毒（*Prunus necrotic ringspot virus*，PNRSV）

4. 实验室鉴定

对监测中发现的可疑样本进行害虫形态观察、病原菌分离培养等，根据相应方法做出鉴定，经实验室鉴定未发现检疫性有害生物。

5. 记录与档案管理

2016年4月15日试种上海惠和种业有限公司引进的南瓜。试种于隔离场内的低风险玻璃温室，播种40盆。经试种南瓜长势良好，经监测未发现检疫性有害生物，监测记录情况见表8-11。

表8-11　南瓜监测记录情况

<table>
<tr><td>植物中文名称</td><td>南瓜</td><td colspan="2">品种名</td><td colspan="3">K511 贝贝三号</td></tr>
<tr><td>种植数量</td><td>每盆4粒</td><td colspan="2">种植面积</td><td>40盆</td><td>种植地点</td><td>上海市植物检疫隔离场
低风险隔离温室</td></tr>
<tr><td colspan="7">隔离种植物类别：□苗木　☑种子　□试管苗　□其他（明确类别）：</td></tr>
<tr><td colspan="3">种植时间：2016年4月15日</td><td colspan="4">收获时间：2016年6月13日</td></tr>
<tr><td>时间</td><td>生育期</td><td colspan="3">栽培管理要点</td><td colspan="2">记录人</td></tr>
<tr><td>2016年4月14日</td><td></td><td colspan="3">泥土装盆，摆盆，浇水</td><td colspan="2"></td></tr>
<tr><td>2016年4月15日</td><td></td><td colspan="3">播种</td><td colspan="2"></td></tr>
<tr><td>2016年4月22日</td><td>苗期</td><td colspan="3">出苗，长势良好，观察</td><td colspan="2"></td></tr>
<tr><td>2016年5月4日</td><td>生长期</td><td colspan="3">除草，长势良好，观察</td><td colspan="2"></td></tr>
<tr><td>2016年6月13日</td><td>花期</td><td colspan="3">长势良好，销毁</td><td colspan="2"></td></tr>
<tr><td rowspan="2">时间</td><td rowspan="2">生育期</td><td colspan="2">病虫草害发生情况</td><td rowspan="2">防治措施</td><td rowspan="2">农药名称和浓度</td><td rowspan="2">记录人</td></tr>
<tr><td>发生种类</td><td>发病率（%）</td></tr>
<tr><td></td><td></td><td></td><td></td><td></td><td></td><td></td></tr>
</table>

南瓜（贝贝三号）长势

十一、引进酢浆草种球隔离检疫情况

根据《境外引进种苗隔离检疫规程》（NY/T 1217—2006）的要求，特制订境外引进酢浆草种球隔离检疫计划。

1. 隔离种植对象

名称（学名）：酢浆草（*Oxalis deppei*）。

品种名称：Iron Cross、Versicolor、Triangularis、Regnellii、Rubra、Adenophylla、Brasiliensis。

来源国家：荷兰。

审批单号：31201500787、31201500807、31201500792、31201500793、31201500808、31201500788、31201500789。

引种单位名称：上海种业（集团）有限公司。

拟种植数量：15m²/品种，共计105m²。

拟种植时间：2016年1月1日。

种植地点：上海市植物检疫隔离室外。

2. 栽培与管理方法

同一批次的隔离种植物按照此计划集中种植，不同批次的隔离种植物必须相互隔离，以防止相互污染。

栽培前，隔离设施、介质、盆钵及专用器械应预先进行灭菌消毒处理，且需记录隔离检疫环境的温度、空气湿度等数据，有特殊需求的作物同时记载其他数据。

根据栽培种类的特点以及货主提供的植物栽培管理资料，采用适当的栽培管理措施。具体栽培管理措施如下：

酢浆草喜向阳、温暖、湿润的环境，夏季炎热地区宜遮半阴，抗旱能力较强，不耐寒，华北地区冬季需进温室栽培，长江以南可露地越冬，喜阴湿环境，对土壤适应性较强，一般园土均可生长，但以腐殖质丰富的沙质壤土生长旺盛，夏季有短期的休眠。在阳光极其灿烂时开花。

3. 主要监测有害生物

（1）生长管理与记录。酢浆草隔离试种生长期间，每天观察1次生长情况，定时记录生长状况，填写《隔离检疫情况记录表》，发现植物异常现象应在24h内报告专职检疫员。

（2）有害生物监测与记录。发现可疑植株应立即挂牌，并进行详细准确的描述和记录，将有害生物发生、发展过程记载于《隔离检疫情况记录表》中；发现可疑的检疫性有害生物，应立即取样送室内检验。

（3）主要监测有害生物。

剪股颖粒线虫［*Anguina agrostis*（Steinbuch）Filipjev］

草莓滑刃线虫［*Aphelenchoides fragariae*（Ritzema Bos）Christie］

菊花滑刃线虫［*Aphelenchoides ritzemabosi*（Schwartz）Steiner et Buhrer］

腐烂茎线虫（*Ditylenchus destructor* Thorne）

鳞球茎茎线虫［*Ditylenchus dipsaci*（Kühn）Filipjev］

马铃薯白线虫［*Globodera pallida*（Stone）Behrens］

马铃薯金线虫［*Globodera rostochiensis*（Wollenweber）Behrens］

甜菜胞囊线虫（*Heterodera schachtii* Schmidt）

长针线虫属（传毒种类）［*Longidorus*（Filipjev）Micoletzky］

根结线虫属（非中国种）（*Meloidogyne* Goeldi）

异常珍珠线虫［*Nacobbus abberrans*（Thorne）Thorne & Allen］

拟毛刺线虫属（传毒种类）（*Paratrichodorus* Siddiqi）

短体线虫属（非中国种）（*Pratylenchus* Filipjev）

香蕉穿孔线虫［*Radopholus imiles*（Cobb）Thorne］

毛刺线虫属（传毒种类）（*Trichodorus* Cobb）

剑线虫属（传毒种类）（*Xiphinema* Cobb）

4. 实验室鉴定

对监测中发现的可疑样本进行害虫形态观察、病原菌分离培养等，根据相应方法做出鉴定，经实验室鉴定未发现检疫性有害生物。

5. 记录与档案管理

2016年1月1日，试种上海种业（集团）有限公司从荷兰进口的7个球根类酢浆草品种。由于试种的这一类球根花卉需要经历一个低温锻炼催化的过程才能生长和良好开花，所以选择进行室外种植，每个品种种植面积15m^2，拉大品种间的距离，不同品种间隔种植，同时挖隔离沟，以达到隔离效果。

由于试种期间有连续阴雨天气，加上田块排水不畅，导致容易腐烂的酢浆草Iron Cross、Versicolor、Triangularis、Regnellii和Brasiliensis等五个品种球根腐烂死亡，试种失败，而Rubra和Adenophylla等两个品种正常生长，长势良好，经监测未发现检疫性有害生物，监测记录情况见表8-12。

表 8-12　酢浆草监测记录情况

<table>
<tr><td>植物中文名称</td><td>酢浆草</td><td>品种名</td><td colspan="4">Rubra、Adenophylla</td></tr>
<tr><td>种植数量</td><td>20 粒</td><td>种植面积</td><td>15m²</td><td>种植地点</td><td colspan="2">上海市植物检疫隔离场</td></tr>
<tr><td colspan="7">隔离种植物类别：□苗木　□种子　□试管苗　☑其他（明确类别）：种球</td></tr>
<tr><td colspan="3">种植时间：2016 年 1 月 1 日</td><td colspan="4">收获时间：2016 年 6 月 12 日</td></tr>
<tr><td>时间</td><td>生育期</td><td colspan="3">栽培管理要点</td><td colspan="2">记录人</td></tr>
<tr><td>2015 年 12 月 30 日</td><td></td><td colspan="3">田块翻耕，挖沟，划分小区</td><td colspan="2"></td></tr>
<tr><td>2016 年 1 月 1 日</td><td></td><td colspan="3">种植，每小区种植两行种球，拉大间距，分散种植</td><td colspan="2"></td></tr>
<tr><td>2016 年 3 月 7 日</td><td>苗期</td><td colspan="3">出苗，长势良好，观察</td><td colspan="2"></td></tr>
<tr><td>2016 年 4 月 7 日</td><td>初花期</td><td colspan="3">开花</td><td colspan="2"></td></tr>
<tr><td>2016 年 4 月 22 日</td><td>盛花期</td><td colspan="3">进入花期</td><td colspan="2"></td></tr>
<tr><td>2016 年 6 月 12 日</td><td></td><td colspan="3">长势良好，结果，销毁</td><td colspan="2"></td></tr>
<tr><td rowspan="2">时间</td><td rowspan="2">生育期</td><td colspan="2">病虫草害发生情况</td><td rowspan="2">防治措施</td><td rowspan="2">农药名称和浓度</td><td rowspan="2">记录人</td></tr>
<tr><td>发生种类</td><td>发病率（%）</td></tr>
<tr><td>2016 年 4 月 30 日</td><td>花期</td><td>常规杂草</td><td></td><td>人工拔除</td><td></td><td></td></tr>
</table>

酢浆草（Rubra）长势

酢浆草（Adenophylla）长势

十二、引进紫灯花种球隔离检疫情况

根据《境外引进种苗隔离检疫规程》（NY/T 1217—2006）的要求，特制订境外引进紫灯花种球隔离检疫计划。

1. 隔离种植对象

名称（学名）：紫灯花（*Triteleia laxa*）。

品种名称：Koningin Fabiola、Royall Blue、Rudy、Pink Heaven。

来源国家：荷兰。

审批单号：31201500795、31201500810、31201500796、31201500809。

引种单位名称：上海种业（集团）有限公司。

拟种植数量：$15m^2$/品种，共计 $60m^2$。

拟种植时间：2016 年 1 月 1 日。

种植地点：上海市植物检疫隔离场室外。

2. 栽培与管理方法

同一批次的隔离种植物按照此计划集中种植，不同批次的隔离种植物必须相互隔离，以防止相互污染。

栽培前，隔离设施、介质、盆钵及专用器械应预先进行灭菌消毒处理，且需记录隔离检疫环境的温度、空气湿度等数据，有特殊需求的作物同时记载其他数据。

根据栽培种类的特点以及货主提供的植物栽培管理资料，采用适当的栽培管理措施。

3. 主要监测有害生物

（1）生长管理与记录。紫灯花隔离试种生长期间，每天观察 1 次生长情况，定时记录生长状况，填写《隔离检疫情况记录表》，发现植物异常现象应在 24h 内报告专职检疫员。

（2）有害生物监测与记录。发现可疑植株应立即挂牌，并进行详细准确的描述和记录，将有害生物发生、发展过程记载于《隔离检疫情况记录表》中；发现可疑的检疫性有害生物，应立即取样送室内检验。

（3）主要监测有害生物。

剪股颖粒线虫［*Anguina agrostis*（Steinbuch）Filipjev］

草莓滑刃线虫［*Aphelenchoides fragariae*（Ritzema Bos）Christie］

菊花滑刃线虫［*Aphelenchoides ritzemabosi*（Schwartz）Steiner et Buhrer］

腐烂茎线虫（*Ditylenchus destructor* Thorne）

鳞球茎茎线虫［*Ditylenchus dipsaci*（Kühn）Filipjev］

马铃薯白线虫［*Globodera pallida*（Stone）Behrens］

马铃薯金线虫［*Globodera rostochiensis*（Wollenweber）Behrens］

甜菜胞囊线虫（*Heterodera schachtii* Schmidt）

长针线虫属（传毒种类）［*Longidorus*（Filipjev）Micoletzky］

根结线虫属（非中国种）（*Meloidogyne* Goeldi）

异常珍珠线虫［*Nacobbus abberrans*（Thorne）Thorne & Allen］

拟毛刺线虫属（传毒种类）（*Paratrichodorus* Siddiqi）

短体线虫属（非中国种）（*Pratylenchus* Filipjev）

香蕉穿孔线虫［*Radopholus imiles*（Cobb）Thorne］

毛刺线虫属（传毒种类）（*Trichodorus* Cobb）

剑线虫属（传毒种类）（*Xiphinema* Cobb）

4. 实验室鉴定

对监测中发现的可疑样本进行害虫形态观察、病原菌分离培养等，根据相应方法做出鉴定，经实验室鉴定未发现检疫性有害生物。

5. 记录与档案管理

2016 年 1 月 1 日，试种上海种业（集团）有限公司从荷兰进口的 4 个球根类紫灯花品种。由于试种的这一类球根花卉需要经历一个低温锻炼催化的过程才能生长和良好开花，所以选择进行室外种植，每个品种种植面积 $15m^2$，拉大品种间的距离，不同品种间隔种植，同时挖隔离沟，以达到隔离效果。经试种 4 个紫灯花品种长势良好，经监测未发现检疫性有害生物，监测记录情况见表 8-13。

表 8-13　紫灯花监测记录情况

植物中文名称	紫灯花	品种名	Koningin Fabiola、Royall Blue、Rudy、Pink Heaven			
种植数量	19 粒	种植面积	$15m^2$	种植地点	上海市植物检疫隔离场	
隔离种植物类别：□苗木　□种子　□试管苗　☑其他（明确类别）：种球						
种植时间：2016 年 1 月 1 日			收获时间：2016 年 6 月 12 日			
时间	生育期	栽培管理要点			记录人	
2015 年 12 月 30 日		田块翻耕，挖沟，划分小区				
2016 年 1 月 1 日		种植，每小区种植两行种球，拉大间距，分散种植				
2016 年 3 月 7 日	苗期	出苗，长势良好，观察				
2016 年 4 月 7 日	初花期	开花				
2016 年 4 月 22 日	盛花期	进入花期				
2016 年 6 月 12 日		长势良好，结果，销毁				
时间	生育期	病虫草害发生情况		防治措施	农药名称和浓度	记录人
		发生种类	发病率（%）			
2016 年 4 月 30 日	花期	常规杂草		人工拔除		

紫灯花（Pink Heaven）长势

紫灯花（Koningin Fabiola）长势

紫灯花（Rudy）长势

紫灯花（Royal Blue）长势

十三、引进大克美莲种球隔离检疫情况

根据《境外引进种苗隔离检疫规程》（NY/T 1217—2006）的要求，特制订境外引进大克美莲种球隔离检疫计划。

1. 隔离种植对象

名称（学名）：大克美莲（*Camassia quamash*）。

品种名称：Camassia。

来源国家：荷兰。

审批单号：31201500761。

引种单位名称：上海种业（集团）有限公司。

拟种植数量：15m^2。

拟种植时间：2016 年 1 月 1 日。

种植地点：上海市植物检疫隔离室外。

2. 栽培与管理方法

同一批次的隔离种植物按照此计划集中种植，不同批次的隔离种植物必须相互隔离，以防止相互污染。

栽培前，隔离设施、介质、盆钵及专用器械应预先进行灭菌消毒处理，且需记录隔离检疫环境的温度、空气湿度等数据，有特殊需求的作物同时记载其他数据。

根据栽培种类的特点以及货主提供的植物栽培管理资料，采用适当的栽培管理措施。

3. 主要监测有害生物

(1) 生长管理与记录。大克美莲隔离试种生长期间，每天观察 1 次生长情况，定时记录生长状况，填写《隔离检疫情况记录表》，发现植物异常现象应在 24h 内报告专职检疫员。

(2) 有害生物监测与记录。发现可疑植株应立即挂牌，并进行详细准确的描述和记录，将有害生物发生、发展过程记载于《隔离检疫情况记录表》中；发现可疑的检疫性有害生物，应立即取样送室内检验。

(3) 主要监测有害生物。《中华人民共和国进境植物检疫性有害生物名录》中规定的有害生物。

4. 实验室鉴定

对监测中发现的可疑样本进行害虫形态观察、病原菌分离培养等，根据相应方法做出鉴定，经实验室鉴定未发现检疫性有害生物。

5. 记录与档案管理

2016 年 1 月 1 日，试种上海种业（集团）有限公司从荷兰进口的大克美莲。由于试种的这一类球根花卉需要经历一个低温锻炼催化的过程才能生长和良好开花，所以选择进行室外种植。经试种大克美莲长势良好，经监测未发现检疫性有害生物，监测记录情况见表 8-14。

表 8-14 大克美莲监测记录情况

<table>
<tr><td>植物中文名称</td><td>大克美莲</td><td colspan="2">品种名</td><td colspan="3">Camassia</td></tr>
<tr><td>种植数量</td><td>16 粒</td><td colspan="2">种植面积</td><td>15m²</td><td>种植地点</td><td>上海市植物检疫隔离场</td></tr>
<tr><td colspan="7">隔离种植物类别：□苗木 □种子 □试管苗 ☑其他（明确类别）：种球</td></tr>
<tr><td colspan="3">种植时间：2016 年 1 月 1 日</td><td colspan="4">收获时间：2016 年 6 月 12 日</td></tr>
<tr><td>时间</td><td>生育期</td><td colspan="4">栽培管理要点</td><td>记录人</td></tr>
<tr><td>2015 年 12 月 30 日</td><td></td><td colspan="4">田块翻耕，挖沟，划分小区</td><td></td></tr>
<tr><td>2016 年 1 月 1 日</td><td></td><td colspan="4">种植，每小区种植两行种球，拉大间距，分散种植</td><td></td></tr>
<tr><td>2016 年 3 月 7 日</td><td>苗期</td><td colspan="4">出苗，长势良好，观察</td><td></td></tr>
<tr><td>2016 年 4 月 7 日</td><td>初花期</td><td colspan="4">开花</td><td></td></tr>
<tr><td>2016 年 4 月 22 日</td><td>盛花期</td><td colspan="4">进入花期</td><td></td></tr>
<tr><td>2016 年 6 月 12 日</td><td></td><td colspan="4">长势良好，结果，销毁</td><td></td></tr>
<tr><td rowspan="2">时间</td><td rowspan="2">生育期</td><td colspan="2">病虫草害发生情况</td><td rowspan="2">防治措施</td><td rowspan="2">农药名称和浓度</td><td rowspan="2">记录人</td></tr>
<tr><td>发生种类</td><td>发病率（%）</td></tr>
<tr><td>2016 年 4 月 30 日</td><td>花期</td><td>常规杂草</td><td></td><td>人工拔除</td><td></td><td></td></tr>
</table>

大克美莲（Camassia）长势

十四、引进夏雪片莲种球隔离检疫情况

根据《境外引进种苗隔离检疫规程》（NY/T 1217—2006）的要求，特制订境外引进夏雪片莲种球隔离检疫计划。

1. 隔离种植对象

名称（学名）：夏雪片莲（*Leucojum aestivum* L.）。

品种名称：Gravetye Giant。

来源国家：荷兰。

审批单号：31201500786。

引种单位名称：上海种业（集团）有限公司。

拟种植数量：15m^2。

拟种植时间：2016 年 1 月 1 日。

种植地点：上海市植物检疫隔离室外。

2. 栽培与管理方法

同一批次的隔离种植物按照此计划集中种植，不同批次的隔离种植物必须相互隔离，以防止相互污染。

栽培前，隔离设施、介质、盆钵及专用器械应预先进行灭菌消毒处理，且需记录隔离检疫环境的温度、空气湿度等数据，有特殊需求的作物同时记载其他数据。

根据栽培种类的特点以及货主提供的植物栽培管理资料，采用适当的栽培管理措施。夏雪片莲喜欢全日照，是喜欢极湿条件的球根花卉之一。

3. 主要监测有害生物

（1）生长管理与记录。夏雪片莲隔离试种生长期间，每天观察 1 次生长情况，定时记录生长状况，填写《隔离检疫情况记录表》，发现植物异常现象应在 24h 内报告专职检疫员。

（2）有害生物监测与记录。发现可疑植株应立即挂牌，并进行详细准确的描述和记录，将有害生物发生、发展过程记载于《隔离检疫情况记录表》中；发现可疑的检疫性有害生物，应立即取样送室内检验。

（3）主要监测有害生物。《中华人民共和国进境植物检疫性有害生物名录》中规定的有害生物。

4. 实验室鉴定

对监测中发现的可疑样本进行害虫形态观察、病原菌分离培养等，根据相应方法做出鉴定，经实验室鉴定未发现检疫性有害生物。

5. 记录与档案管理

2016 年 1 月 1 日，试种上海种业（集团）有限公司从荷兰进口的夏雪片莲。由于试种的这一类球根花卉需要经历一个低温锻炼催化的过程才能生长和良好开花，所以选择进行室外种植。经试种夏雪片莲长势良好，经监测未发现检疫性有害生物，监测记录情况见表 8-15。

表 8-15　夏雪片莲监测记录情况

<table>
<tr><td>植物中文名称</td><td>夏雪片莲</td><td>品种名</td><td colspan="3">Gravetye Giant</td></tr>
<tr><td>种植数量</td><td>15 粒</td><td>种植面积</td><td>15m²</td><td>种植地点</td><td>上海市植物检疫隔离场</td></tr>
<tr><td colspan="6">隔离种植物类别：□苗木　□种子　□试管苗　☑其他（明确类别）：种球</td></tr>
<tr><td colspan="3">种植时间：2016 年 1 月 1 日</td><td colspan="3">收获时间：2016 年 6 月 12 日</td></tr>
<tr><td>时间</td><td>生育期</td><td colspan="3">栽培管理要点</td><td>记录人</td></tr>
<tr><td>2015 年 12 月 30 日</td><td></td><td colspan="3">田块翻耕，挖沟，划分小区</td><td></td></tr>
<tr><td>2016 年 1 月 1 日</td><td></td><td colspan="3">种植，每小区种植两行种球，拉大间距，分散种植</td><td></td></tr>
</table>

（续）

2016年3月7日	苗期	出苗，长势良好，观察				
2016年4月7日	初花期	开花				
2016年4月22日	盛花期	进入花期				
2016年6月12日		长势良好，结果，销毁				
时间	生育期	病虫草害发生情况		防治措施	农药名称和浓度	记录人
		发生种类	发病率（%）			
2016年4月30日	花期	常规杂草		人工拔除		

夏雪片莲（Gravetye Giant）长势

十五、引进春星花种球隔离检疫情况

根据《境外引进种苗隔离检疫规程》（NY/T 1217—2006）的要求，特制订境外引进春星花种球隔离检疫计划。

1. 隔离种植对象

名称（学名）：春星花（*Ipheion uniflorus*）。

品种名称：Elwesii、Nivalis、Tessa A1、White Star F1、Wisley Blue T1、Tessa A2、Tessa A3、White Star F、Wisley Blue T2、Wisley Blue T3。

来源国家：荷兰。

审批单号：31201500797、31201500798、31201500800、31201500801、31201500802、31201500803、31201500804、31201500805、31201500806、31201500818。

引种单位名称：上海种业（集团）有限公司。

拟种植数量：15m^2/品种，共计150m^2。

拟种植时间：2016年1月1日。

种植地点：上海市植物检疫隔离室外。

2. 栽培与管理方法

同一批次的隔离种植物按照此计划集中种植，不同批次的隔离种植物必须相互隔离，以防止相互污染。

栽培前，隔离设施、介质、盆钵及专用器械应预先进行灭菌消毒处理，且需记录隔离检疫环境的温度、空气湿度等数据，有特殊需求的作物同时记载其他数据。

根据栽培种类的特点以及货主提供的植物栽培管理资料，采用适当的栽培管理措施。

3. 主要监测有害生物

（1）生长管理与记录。春星花隔离试种生长期间，每天观察1次生长情况，定时记录生长状况，填写《隔离检疫情况记录表》，发现植物异常现象应在24h内报告专职检疫员。

（2）有害生物监测与记录。发现可疑植株应立即挂牌，并进行详细准确的描述和记录，将有害生物发生、发展过程记载于《隔离检疫情况记录表》中；发现可疑的检疫性有害生物，应立即取样送室内检验。

（3）主要监测有害生物。《中华人民共和国进境植物检疫性有害生物名录》中规定的有害生物。

4. 实验室鉴定

对监测中发现的可疑样本进行害虫形态观察、病原菌分离培养等，根据相应方法做出鉴定，经实验室鉴定未发现检疫性有害生物。

5. 记录与档案管理

2016年1月1日，试种上海种业（集团）有限公司从荷兰进口的春星花。由于试种的这一类球根花卉需要经历一个低温锻炼催化的过程才能生长和良好开花，所以选择进行室外种植。经试种10个春星花品种长势良好，经监测未发现检疫性有害生物，监测记录情况见表8-16。

表8-16　春星花监测记录情况

<table>
<tr><td>植物中文名称</td><td>春星花</td><td colspan="2">品种名</td><td colspan="3">Elwesii、Nivalis、Tessa A1、White Star F1、Wisley Blue T1、Tessa A2、Tessa A3、White Star F、Wisley Blue T2、Wisley Blue T3</td></tr>
<tr><td>种植数量</td><td>12粒</td><td colspan="2">种植面积</td><td>15m²</td><td>种植地点</td><td>上海市植物检疫隔离场</td></tr>
<tr><td colspan="7">隔离种植物类别：□苗木　□种子　□试管苗　☑其他（明确类别）：种球</td></tr>
<tr><td colspan="3">种植时间：2016年1月1日</td><td colspan="4">收获时间：2016年6月12日</td></tr>
<tr><td>时间</td><td>生育期</td><td colspan="3">栽培管理要点</td><td colspan="2">记录人</td></tr>
<tr><td>2015年12月30日</td><td></td><td colspan="3">田块翻耕，挖沟，划分小区</td><td colspan="2"></td></tr>
<tr><td>2016年1月1日</td><td></td><td colspan="3">种植，每小区种植两行种球，拉大间距，分散种植</td><td colspan="2"></td></tr>
<tr><td>2016年3月7日</td><td>苗期</td><td colspan="3">出苗，长势良好，观察</td><td colspan="2"></td></tr>
<tr><td>2016年4月7日</td><td>初花期</td><td colspan="3">开花</td><td colspan="2"></td></tr>
<tr><td>2016年4月22日</td><td>盛花期</td><td colspan="3">进入花期</td><td colspan="2"></td></tr>
<tr><td>2016年6月12日</td><td></td><td colspan="3">长势良好，结果，销毁</td><td colspan="2"></td></tr>
<tr><td rowspan="2">时间</td><td rowspan="2">生育期</td><td colspan="2">病虫草害发生情况</td><td rowspan="2">防治措施</td><td rowspan="2">农药名称和浓度</td><td rowspan="2">记录人</td></tr>
<tr><td>发生种类</td><td>发病率（%）</td></tr>
<tr><td>2016年4月30日</td><td>花期</td><td>常规杂草</td><td></td><td>人工拔除</td><td></td><td></td></tr>
</table>

春星花（Tessa A1）长势

春星花（Tessa A2）长势

春星花（Tessa A3）长势

春星花（Wisley Blue T3）长势

春星花（Wisley Blue T2）长势

春星花（Wiseley Blue T1）长势

春星花（White Star F1）长势

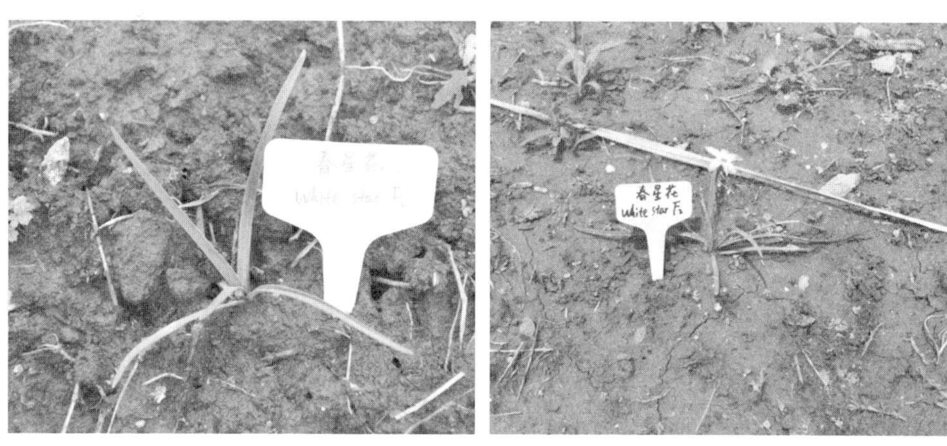

春星花（White Star F2）长势

十六、引进其他作物种子隔离检疫情况

（一）日本胡萝卜

根据《境外引进种苗隔离检疫规程》（NY/T 1217—2006）的要求，特制订境外引进胡萝卜种子隔离检疫计划。

1. 隔离种植对象

名称（学名）：胡萝卜（*Daucus carota* L.）。

品种名称：红天柱 1 号。

来源国家：日本。

审批单号：31201400499。

引种单位名称：上海惠和种业有限公司。

拟种植数量：10m²。

拟种植时间：2016年1月4日。

种植地点：上海市植物检疫隔离场室外隔离种植基地。

2. 栽培与管理方法

同一批次的隔离种植物按照此计划集中种植，不同批次的隔离种植物必须相互隔离，以防止相互污染。

栽培前，隔离设施、介质、盆钵及专用器械应预先进行灭菌消毒处理，且需记录隔离检疫环境的温度、空气湿度等数据，有特殊需求的作物同时记载其他数据。

根据栽培种类的特点以及货主提供的植物栽培管理资料，采用适当的栽培管理措施。具体栽培管理措施如下：

胡萝卜喜土层深厚、土质疏松、排水良好、孔隙度高的沙壤土和壤土。胡萝卜为喜光、长日照植物，特别是营养生长期，需要中等强度以上的光照。胡萝卜为半耐寒性蔬菜，营养生长期和生殖生长期对温度的要求不同。

3. 主要监测有害生物

(1) 生长管理与记录。胡萝卜隔离试种生长期间，每天观察1次生长情况，定时记录生长状况，填写《隔离检疫情况记录表》，发现植物异常现象应在24h内报告专职检疫员。

(2) 有害生物监测与记录。发现可疑植株应立即挂牌，并进行详细准确的描述和记录，将有害生物发生、发展过程记载于《隔离检疫情况记录表》中；发现可疑的检疫性有害生物，应立即取样送室内检验。

(3) 主要监测有害生物。

南芥菜花叶病毒（*Arabis mosaic virus*，ArMV）

洋葱腐烂病菌［*Burkholderia gladioli* pv. *alliicola*（Burkholder）Urakami et al.］

荷兰石竹卷蛾［*Cacoecimorpha pronubana*（Hübner）］

匍匐矢车菊（*Centaurea repens* L.）

小条实蝇属（*Ceratitis* spp.）

菟丝子属（*Cuscuta* spp.）

腐烂茎线虫（*Ditylenchus destructor* Thorne）

菊基腐病菌（*Erwinia chrysanthemi* Burkhodler et al.）

十字花科蔬菜黑胫病菌（油菜茎基溃疡病菌）［*Leptosphaeria maculans*（Desm.）Ces. et De Not.］

三叶斑潜蝇［*Liriomyza trifolii*（Burgess）］

毒麦（*Lolium temulentum* L.）

长针线虫属（传毒种类）［*Longidorus*（Filipjev）Micoletzky］

根结线虫属（非中国种）（*Meloidogyne* Goeldi）

香菜腐烂病菌［*Mycocentrospora acerina*（Hartig）Deighton］

拟毛刺线虫属（传毒种类）（*Paratrichodorus* Siddiqi）

短体线虫属（非中国种）（*Pratylenchus* Filipjev）

十字花科黑斑病菌［*Pseudomonas syringae* pv. *maculicola*（McCulloch）Young et al.］

香蕉穿孔线虫［Radopholus imiles（Cobb）Thorne］

欧芹壳针孢叶斑病菌［*Septoria petroselini*（Lib.）Desm.］

异株苋亚属（Subegen spp. *Acnida* L.）

毛刺线虫属（传毒种类）（*Trichodorus* Cobb）

剑线虫属（传毒种类）（*Xiphinema* Cobb）

4. 实验室鉴定

对监测中发现的可疑样本进行害虫形态观察、病原菌分离培养等，根据相应方法做出鉴定，经实验室鉴定未发现检疫性有害生物。

5. 记录与档案管理

2016 年 1 月 4 日，试种上海惠和种业有限公司引进的胡萝卜品种。此次试种为室外种植，种植面积 10m^2。经试种胡萝卜长势良好，经监测未发现检疫性有害生物，监测记录情况见表 8-17。

表 8-17　胡萝卜监测记录情况

<table>
<tr><td>植物中文名称</td><td>胡萝卜</td><td colspan="2">品种名</td><td colspan="3">红天柱 1 号</td></tr>
<tr><td>种植数量</td><td></td><td colspan="2">种植面积</td><td>10m^2</td><td>种植地点</td><td>上海市植物检疫隔离场</td></tr>
<tr><td colspan="7">隔离种植物类别：□苗木　☑种子　□试管苗　□其他（明确类别）：</td></tr>
<tr><td colspan="3">种植时间：2016 年 1 月 4 日</td><td colspan="4">收获时间：2016 年 6 月 21 日</td></tr>
<tr><td>时间</td><td>生育期</td><td colspan="3">栽培管理要点</td><td colspan="2">记录人</td></tr>
<tr><td>2016 年 1 月 2 日</td><td></td><td colspan="3">田块翻耕，挖沟，划分小区</td><td colspan="2"></td></tr>
<tr><td>2016 年 1 月 4 日</td><td></td><td colspan="3">种植，每小区种植两行种球，拉大间距，分散种植</td><td colspan="2"></td></tr>
<tr><td>2016 年 3 月 15 日</td><td>苗期</td><td colspan="3">出苗，长势良好，观察</td><td colspan="2"></td></tr>
<tr><td>2016 年 4 月 22 日</td><td>生长期</td><td colspan="3">除草，长势良好，观察</td><td colspan="2"></td></tr>
<tr><td>2016 年 6 月 21 日</td><td>生长后期</td><td colspan="3">长势良好，结果，销毁</td><td colspan="2"></td></tr>
<tr><td rowspan="2">时间</td><td rowspan="2">生育期</td><td colspan="2">病虫草害发生情况</td><td rowspan="2">防治措施</td><td rowspan="2">农药名称和浓度</td><td rowspan="2">记录人</td></tr>
<tr><td>发生种类</td><td>发病率（%）</td></tr>
<tr><td>2016 年 4 月 22 日</td><td>生长期</td><td>常规杂草</td><td></td><td>人工拔除</td><td></td><td></td></tr>
</table>

胡萝卜（红天柱 1 号）长势

（二）韩国胡萝卜

根据《境外引进种苗隔离检疫规程》（NY/T 1217—2006）的要求，特制订境外引进胡萝卜种子隔离检疫计划。

1. 隔离种植对象

名称（学名）：胡萝卜（*Daucus carota* L.）。

品种名称：红天柱 1 号改良一代、红天柱 1 号改良二代、红天柱 7 号、红天柱 103、红天柱 243。

来源国家：韩国。

审批单号：31201400508、31201400509、31201400506、31201400507、31201400510。

引种单位名称：上海惠和种业有限公司。

拟种植数量：$10m^2$/品种，共计 50 m^2。

拟种植时间：2016 年 1 月 4 日。

种植地点：上海市植物检疫隔离场室外隔离种植基地。

2. 栽培与管理方法

同一批次的隔离种植物按照此计划集中种植，不同批次的隔离种植物必须相互隔离，以防止相互污染。

栽培前，隔离设施、介质、盆钵及专用器械应预先进行灭菌消毒处理，且需记录隔离检疫环境的温度、空气湿度等数据，有特殊需求的作物同时记载其他数据。

根据栽培种类的特点以及货主提供的植物栽培管理资料，采用适当的栽培管理措施。具体栽培管理措施如下：

胡萝卜喜土层深厚、土质疏松、排水良好、孔隙度高的沙壤土和壤土。胡萝卜为喜光、长日照植物，特别是营养生长期，需要中等强度以上的光照。胡萝卜为半耐寒性蔬菜，营养生长期和生殖生长期对温度的要求不同。

3. 主要监测有害生物

(1) 生长管理与记录。胡萝卜隔离试种生长期间，每天观察 1 次生长情况，定时记录生长状况，填写《隔离检疫情况记录表》，发现植物异常现象应在 24h 内报告专职检疫员。

(2) 有害生物监测与记录。发现可疑植株应立即挂牌，并进行详细准确的描述和记录，将有害生物发生、发展过程记载于《隔离检疫情况记录表》中；发现可疑的检疫性有害生物，应立即取样送室内检验。

(3) 主要监测有害生物。

小条实蝇属（*Ceratitis* spp.）

菟丝子属（*Cuscuta* spp.）

菊基腐病菌（*Erwinia chrysanthemi* Burkhodler et al.）

十字花科蔬菜黑胫病菌（油菜茎基溃疡病菌）［*Leptosphaeria maculans*（Desm.）Ces. et De Not.］

三叶斑潜蝇［*Liriomyza trifolii*（Burgess）］

毒麦（*Lolium temulentum* L.）

长针线虫属（传毒种类）［*Longidorus*（Filipjev）Micoletzky］

根结线虫属（非中国种）（*Meloidogyne* Goeldi）

拟毛刺线虫属（传毒种类）（*Paratrichodorus* Siddiqi）

短体线虫属（非中国种）（*Pratylenchus* Filipjev）

十字花科黑斑病菌［*Pseudomonas syringae* pv. *maculicola*（McCulloch）Young et al.］

香蕉穿孔线虫［*Radopholus imiles*（Cobb）Thorne］

欧芹壳针孢叶斑病菌［*Septoria petroselini*（Lib.）Desm.］

异株苋亚属（Subegen spp. *Acnida* L.）

毛刺线虫属（传毒种类）（*Trichodorus* Cobb）

剑线虫属（传毒种类）（*Xiphinema* Cobb）

4. 实验室鉴定

对监测中发现的可疑样本进行害虫形态观察、病原菌分离培养等，根据相应方法做出鉴定，经实验室鉴定未发现检疫性有害生物。

5. 记录与档案管理

2016 年 1 月 4 日，试种上海惠和种业有限公司引进的胡萝卜品种。此次试种为室外种植，每个品种种植面积 $10m^2$，拉大品种间的距离，不同品种间隔种植，同时挖隔离沟，以达到隔离效果。经试种 5 个胡萝卜品种长势良好，经监测未发现检疫性有害生物，监测记录情况见表 8-18。

表 8-18　胡萝卜监测记录情况

<table>
<tr><td>植物中文名称</td><td>胡萝卜</td><td colspan="2">品种名</td><td colspan="3">红天柱 1 号改良一代、红天柱 1 号改良二代、红天柱 7 号、红天柱 103、红天柱 243</td></tr>
<tr><td>种植数量</td><td></td><td colspan="2">种植面积</td><td>10m²/品种，共计 50m²</td><td>种植地点</td><td>上海市植物检疫隔离场</td></tr>
<tr><td colspan="7">隔离种植物类别：□苗木　☑种子　□试管苗　□其他（明确类别）：</td></tr>
<tr><td colspan="3">种植时间：2016 年 1 月 4 日</td><td colspan="4">收获时间：2016 年 6 月 21 日</td></tr>
<tr><td>时间</td><td>生育期</td><td colspan="4">栽培管理要点</td><td>记录人</td></tr>
<tr><td>2016 年 1 月 2 日</td><td></td><td colspan="4">田块翻耕，挖沟，划分小区</td><td></td></tr>
<tr><td>2016 年 1 月 4 日</td><td></td><td colspan="4">种植，每小区种植两行种球，拉大间距，分散种植</td><td></td></tr>
<tr><td>2016 年 3 月 15 日</td><td>苗期</td><td colspan="4">出苗，长势良好，观察</td><td></td></tr>
<tr><td>2016 年 4 月 22 日</td><td>生长期</td><td colspan="4">除草，长势良好，观察</td><td></td></tr>
<tr><td>2016 年 6 月 21 日</td><td>生长后期</td><td colspan="4">长势良好，结果，销毁</td><td></td></tr>
<tr><td rowspan="2">时间</td><td rowspan="2">生育期</td><td colspan="2">病虫草害发生情况</td><td rowspan="2">防治措施</td><td rowspan="2">农药名称和浓度</td><td rowspan="2">记录人</td></tr>
<tr><td>发生种类</td><td>发病率（%）</td></tr>
<tr><td>2016 年 4 月 22 日</td><td>生长期</td><td>常规杂草</td><td></td><td>人工拔除</td><td></td><td></td></tr>
</table>

胡萝卜（红天柱 1 号改良一代）长势

胡萝卜（红天柱 1 号改良二代）长势

（三）泰国胡萝卜

根据《境外引进种苗隔离检疫规程》（NY/T 1217—2006）的要求，特制订境外引进胡萝卜种子隔离检疫计划。

1. 隔离种植对象

名称（学名）：胡萝卜（*Daucus carota* L.）。

胡萝卜（红天柱 7 号）长势

胡萝卜（红天柱 103）长势

胡萝卜（红天柱 243）长势

品种名称：喜丰 2 号和喜丰 3 号。

来源国家：泰国。

审批单号：31201400419 和 31201400420。

引种单位名称：上海惠和种业有限公司。

拟种植数量：$10m^2$/品种，共计 $20m^2$。

拟种植时间：2016 年 1 月 4 日。

种植地点：上海市植物检疫隔离场室外隔离种植基地。

2. 栽培与管理方法

同一批次的隔离种植物按照此计划集中种植，不同批次的隔离种植物必须相互隔离，以防止相互污染。

栽培前，隔离设施、介质、盆钵及专用器械应预先进行灭菌消毒处理，且需记录隔离检疫环境的温度、空气湿度等数据，有特殊需求的作物同时记载其他数据。

根据栽培种类的特点以及货主提供的植物栽培管理资料，采用适当的栽培管理措施。具体栽培管理措施如下：

胡萝卜喜土层深厚、土质疏松、排水良好、孔隙度高的沙壤土和壤土。胡萝卜为喜光、长日照植物，特别是营养生长期，需要中等强度以上的光照。胡萝卜为半耐寒性蔬菜，营养生长期和生殖生长期对温度的要求不同。

3. 主要监测有害生物

(1) 生长管理与记录。胡萝卜隔离试种生长期间，每天观察 1 次生长情况，定时记录生长状况，填写《隔离检疫情况记录表》，发现植物异常现象应在 24h 内报告专职检疫员。

(2) 有害生物监测与记录。发现可疑植株应立即挂牌，并进行详细准确的描述和记录，将有害生物发生、发展过程记载于《隔离检疫情况记录表》中；发现可疑的检疫性有害生物，应立即取样送室内检验。

(3) 主要监测有害生物。

洋葱腐烂病菌［*Burkholderia gladioli* pv. *alliicola* (Burkholder) Urakami et al.］

小条实蝇属（*Ceratitis* spp.）

菟丝子属（*Cuscuta* spp.）

十字花科蔬菜黑胫病菌（油菜茎基溃疡病菌）［*Leptosphaeria maculans* (Desm.) Ces. et De Not.］

三叶斑潜蝇［*Liriomyza trifolii* (Burgess)］

长针线虫属（传毒种类）［*Longidorus* (Filipjev) Micoletzky］

根结线虫属（非中国种）（*Meloidogyne* Goeldi）

短体线虫属（非中国种）（*Pratylenchus* Filipjev）

十字花科黑斑病菌［*Pseudomonas syringae* pv. *maculicola* (McCulloch) Young et al.］

香蕉穿孔线虫［*Radopholus imiles* (Cobb) Thorne］

欧芹壳针孢叶斑病菌［*Septoria petroselini* (Lib.) Desm.］

异株苋亚属（Subegen *Acnida* L.）

毛刺线虫属（传毒种类）（*Trichodorus* Cobb）

剑线虫属（传毒种类）（*Xiphinema* Cobb）

4. 实验室鉴定

对监测中发现的可疑样本进行害虫形态观察、病原菌分离培养等，根据相应方法做出鉴定，经实验室鉴定未发现检疫性有害生物。

5. 记录与档案管理

2016 年 1 月 4 日，试种上海惠和种业有限公司引进的胡萝卜。此次试种为室外种植，每个品种种植面积 $10m^2$，拉大品种间的距离，不同品种间隔种植，同时挖隔离沟，以达到隔离效果。经试种 2 个胡萝卜品种长势良好，经监测未发现检疫性有害生物，监测记录情况见表 8-19。

表 8-19 胡萝卜监测记录情况

<table>
<tr><td>植物中文名称</td><td>胡萝卜</td><td>品种名</td><td colspan="3">喜丰 2 号和喜丰 3 号</td></tr>
<tr><td>种植数量</td><td></td><td>种植面积</td><td>$10m^2$/品种，共计 $20m^2$</td><td>种植地点</td><td>上海市植物检疫隔离场</td></tr>
<tr><td colspan="6">隔离种植物类别：□苗木 ☑种子 □试管苗 □其他（明确类别）：</td></tr>
<tr><td colspan="3">种植时间：2016 年 1 月 4 日</td><td colspan="3">收获时间：2016 年 6 月 21 日</td></tr>
<tr><td>时间</td><td>生育期</td><td colspan="3">栽培管理要点</td><td>记录人</td></tr>
<tr><td>2016 年 1 月 2 日</td><td></td><td colspan="3">田块翻耕，挖沟，划分小区</td><td></td></tr>
</table>

（续）

2016年1月4日		种植，每小区种植两行种球，拉大间距，分散种植				
2016年3月15日	苗期	出苗，长势良好，观察				
2016年4月22日	生长期	除草，长势良好，观察				
2016年6月21日	生长后期	长势良好，结果，销毁				
时间	生育期	病虫草害发生情况		防治措施	农药名称和浓度	记录人
		发生种类	发病率（%）			
2016年4月22日	生长期	常规杂草		人工拔除		

胡萝卜（喜丰2号）长势

胡萝卜（喜丰3号）长势

（四）美国胡萝卜

根据《境外引进种苗隔离检疫规程》（NY/T 1217—2006）的要求，特制订境外引进胡萝卜种子隔离检疫计划。

1. 隔离种植对象

名称（学名）：胡萝卜（*Daucus carota* L.）。

品种名称：红天柱3号。

来源国家：美国。

审批单号：31201400505。

引种单位名称：上海惠和种业有限公司。

拟种植数量：10m^2。

拟种植时间：2016年1月4日。

种植地点：上海市植物检疫隔离场室外隔离种植基地。

2. 栽培与管理方法

同一批次的隔离种植物按照此计划集中种植，不同批次的隔离种植物必须相互隔离，以防止相互污染。

栽培前，隔离设施、介质、盆钵及专用器械应预先进行灭菌消毒处理，且需记录隔离检疫环境的温度、空气湿度等数据，有特殊需求的作物同时记载其他数据。

根据栽培种类的特点以及货主提供的植物栽培管理资料，采用适当的栽培管理措施。具体栽培管理措施如下：

胡萝卜喜土层深厚、土质疏松、排水良好、孔隙度高的沙壤土和壤土。胡萝卜为喜光、长日照植物，特别是营养生长期，需要中等强度以上的光照。胡萝卜为半耐寒性蔬菜，营养生长期和生殖生长期对温度的要求不同。

3. 主要监测有害生物

（1）生长管理与记录。胡萝卜隔离试种生长期间，每天观察1次生长情况，定时记录生长状况，填写《隔离检疫情况记录表》，发现植物异常现象应在24h内报告专职检疫员。

（2）有害生物监测与记录。发现可疑植株应立即挂牌，并进行详细准确的描述和记录，将有害生物发生、发展过程记载于《隔离检疫情况记录表》中；发现可疑的检疫性有害生物，应立即取样送室内检验。

（3）主要监测有害生物。

南芥菜花叶病毒（*Arabis mosaic virus*，ArMV）

洋葱腐烂病菌［*Burkholderia gladioli* pv. *alliicola*（Burkholder）Urakami et al.］

荷兰石竹卷蛾［*Cacoecimorpha pronubana*（Hübner）］

匍匐矢车菊（*Centaurea repens* L.）

小条实蝇属（*Ceratitis* spp.）

菟丝子属（*Cuscuta* spp.）

腐烂茎线虫（*Ditylenchus destructor* Thorne）

菊基腐病菌（*Erwinia chrysanthemi* Burkhodler et al.）

十字花科蔬菜黑胫病菌（油菜茎基溃疡病菌）［*Leptosphaeria maculans*（Desm.）Ces. et De Not.］

三叶斑潜蝇［*Liriomyza trifolii*（Burgess）］

毒麦（*Lolium temulentum* L.）

长针线虫属（传毒种类）［*Longidorus*（Filipjev）Micoletzky］

根结线虫属（非中国种）（*Meloidogyne* Goeldi）

香菜腐烂病菌［*Mycocentrospora acerina*（Hartig）Deighton］

异常珍珠线虫［*Nacobbus abberrans*（Thorne）Thorne & Allen］

拟毛刺线虫属（传毒种类）（*Paratrichodorus* Siddiqi）

短体线虫属（非中国种）（*Pratylenchus* Filipjev）

香菜茎瘿病菌（*Protomyces macrosporus* Ung.）

十字花科黑斑病菌［*Pseudomonas syringae* pv. *maculicola*（McCulloch）Young et al.］

香蕉穿孔线虫［*Radopholus imiles*（Cobb）Thorne］

欧芹壳针孢叶斑病菌［*Septoria petroselini*（Lib.）Desm.］

异株苋亚属（Subegen *Acnida* L.）

毛刺线虫属（传毒种类）（*Trichodorus* Cobb）

剑线虫属（传毒种类）（*Xiphinema* Cobb）

4. 实验室鉴定

对监测中发现的可疑样本进行害虫形态观察、病原菌分离培养等，根据相应方法做出鉴定，经实验室鉴定未发现检疫性有害生物。

5. 记录与档案管理

2016 年 1 月 4 日，试种上海惠和种业有限公司引进的胡萝卜。此次试种为室外种植，种植面积 10m^2。经试种胡萝卜长势良好，经监测未发现检疫性有害生物，监测记录情况见表 8-20。

表 8-20 胡萝卜监测记录情况

<table>
<tr><td>植物中文名称</td><td>胡萝卜</td><td colspan="2">品种名</td><td colspan="3">红天柱 3 号</td></tr>
<tr><td>种植数量</td><td></td><td colspan="2">种植面积</td><td>10m^2</td><td>种植地点</td><td>上海市植物检疫隔离场</td></tr>
<tr><td colspan="7">隔离种植物类别：□苗木 ☑种子 □试管苗 □其他（明确类别）：</td></tr>
<tr><td colspan="3">种植时间：2016 年 1 月 4 日</td><td colspan="4">收获时间：2016 年 6 月 21 日</td></tr>
<tr><td>时间</td><td>生育期</td><td colspan="3">栽培管理要点</td><td colspan="2">记录人</td></tr>
<tr><td>2016 年 1 月 2 日</td><td></td><td colspan="3">田块翻耕，挖沟，划分小区</td><td colspan="2"></td></tr>
<tr><td>2016 年 1 月 4 日</td><td></td><td colspan="3">种植，每小区种植两行种球，拉大间距，分散种植</td><td colspan="2"></td></tr>
<tr><td>2016 年 3 月 15 日</td><td>苗期</td><td colspan="3">出苗，长势良好，观察</td><td colspan="2"></td></tr>
<tr><td>2016 年 4 月 22 日</td><td>生长期</td><td colspan="3">除草，长势良好，观察</td><td colspan="2"></td></tr>
<tr><td>2016 年 6 月 21 日</td><td>生长后期</td><td colspan="3">长势良好，结果，销毁</td><td colspan="2"></td></tr>
<tr><td rowspan="2">时间</td><td rowspan="2">生育期</td><td colspan="2">病虫草害发生情况</td><td rowspan="2">防治措施</td><td rowspan="2">农药名称和浓度</td><td rowspan="2">记录人</td></tr>
<tr><td>发生种类</td><td>发病率（%）</td></tr>
<tr><td>2016 年 4 月 22 日</td><td>生长期</td><td>常规杂草</td><td></td><td>人工拔除</td><td></td><td></td></tr>
</table>

胡萝卜（红天柱 3 号）长势

（五）日本白菜

根据《境外引进种苗隔离检疫规程》（NY/T 1217—2006）的要求，特制订境外引进白菜种子隔离检疫计划。

1. 隔离种植对象

名称（学名）：白菜［*Brassica pekinensis*（Lour.）Rupr.］。

品种名称：CR 千锅、CR 上汤。

来源国家：日本。

审批单号：31201400501、31201400500。

引种单位名称：上海惠和种业有限公司。

拟种植数量：10m^2/品种，共计 20m^2。

拟种植时间：2016 年 1 月 4 日。

种植地点：上海市植物检疫隔离场室外隔离种植基地。

2. 栽培与管理方法

同一批次的隔离种植物按照此计划集中种植，不同批次的隔离种植物必须相互隔离，以防止相互污染。

栽培前，隔离设施、介质、盆钵及专用器械应预先进行灭菌消毒处理，且需记录隔离检疫环境的温度、空气湿度等数据，有特殊需求的作物同时记载其他数据。

根据栽培种类的特点以及货主提供的植物栽培管理资料，采用适当的栽培管理措施。具体栽培管理措施如下：

白菜一般采用直播，也可育苗移栽。直播以条播为主，点播为辅。育苗移栽的最好选择阴天或晴天傍晚进行。为了提高成活率，最好采用小苗带土移栽，栽后浇上定根水。

3. 主要监测有害生物

（1）生长管理与记录。白菜隔离试种生长期间，每天观察 1 次生长情况，定时记录生长状况，填写《隔离检疫情况记录表》，发现植物异常现象应在 24h 内报告专职检疫员。

（2）有害生物监测与记录。发现可疑植株应立即挂牌，并进行详细准确的描述和记录，将有害生物发生、发展过程记载于《隔离检疫情况记录表》中；发现可疑的检疫性有害生物，应立即取样送室内检验。

（3）主要监测有害生物。

荷兰石竹卷蛾［*Cacoecimorpha pronubana*（Hübner）］

蒺藜草（属）（非中国种）（*Cenchrus* spp.）

小条实蝇属（*Ceratitis* spp.）

甜菜胞囊线虫（*Heterodera schachtii* Schmidt）

十字花科蔬菜黑胫病菌（油菜茎基溃疡病菌）［*Leptosphaeria maculans*（Desm.）Ces. et De Not.］

毒麦（*Lolium temulentum* L.）

长针线虫属（传毒种类）［*Longidorus*（Filipjcv）Micoletzky］

拟毛刺线虫属（传毒种类）（*Paratrichodorus* Siddiqi）

短体线虫属（非中国种）（*Pratylenchus* Filipjev）

菜豆晕疫病菌［*Pseudomonas savastanoi* pv. *phaseolicola*（Burkholder）Gardan et al.］

十字花科黑斑病菌［*Pseudomonas syringae* pv. *maculicola*（McCulloch）Young et al.］

油棕猝倒病菌（*Pythium splendens* Braun）

毛刺线虫属（传毒种类）（*Trichodorus* Cobb）

4. 实验室鉴定

对监测中发现的可疑样本进行害虫形态观察、病原菌分离培养等，根据相应方法做出鉴定，经实验室鉴定未发现检疫性有害生物。

5. 记录与档案管理

2016 年 1 月 4 日，试种上海惠和种业有限公司引进的 2 个白菜品种。此次试种为室外种植，每个品种种植面积 $10m^2$，拉大品种间的距离，不同品种间隔种植，同时挖隔离沟，以达到隔离效果。

由于试种期间有连续阴雨天气，加上田块排水不畅，导致白菜未出苗，本次试种失败。

（六）澳大利亚白菜

根据《境外引进种苗隔离检疫规程》（NY/T 1217—2006）的要求，特制订境外引进白菜种子隔离检疫计划。

1. 隔离种植对象

名称（学名）：白菜［*Brassica pekinensis*（Lour.）Rupr.］。

品种名称：CR 韩春。

来源国家：澳大利亚。

审批单号：31201400503。

引种单位名称：上海惠和种业有限公司。

拟种植数量：$10m^2$。

拟种植时间：2016 年 1 月 4 日。

种植地点：上海市植物检疫隔离场室外隔离种植基地。

2. 栽培与管理方法

同一批次的隔离种植物按照此计划集中种植，不同批次的隔离种植物必须相互隔离，以防止相互污染。

栽培前，隔离设施、介质、盆钵及专用器械应预先进行灭菌消毒处理，且需记录隔离检疫环境的温度、空气湿度等数据，有特殊需求的作物同时记载其他数据。

根据栽培种类的特点以及货主提供的植物栽培管理资料，采用适当的栽培管理措施。具体栽培管理措施如下：

白菜一般采用直播，也可育苗移栽。直播以条播为主，点播为辅。育苗移栽的最好选择阴天或晴天傍晚进行。为了提高成活率，最好采用小苗带土移栽，栽后浇上定根水。

3. 主要监测有害生物

（1）生长管理与记录。白菜隔离试种生长期间，每天观察 1 次生长情况，定时记录生长状况，填写《隔离检疫情况记录表》，发现植物异常现象应在 24h 内报告专职检疫员。

（2）有害生物监测与记录。发现可疑植株应立即挂牌，并进行详细准确的描述和记录，将有害生物发生、发展过程记载于《隔离检疫情况记录表》中；发现可疑的检疫性有害生物，应立即取样送室内检验。

（3）主要监测有害生物。

蒺藜草（属）（非中国种）（*Cenchrus* spp.）

小条实蝇属（*Ceratitis* spp.）

甜菜胞囊线虫（*Heterodera schachtii* Schmidt）

十字花科蔬菜黑胫病菌（油菜茎基溃疡病菌）［*Leptosphaeria maculans*（Desm.）Ces. et De Not.］

毒麦（*Lolium temulentum* L.）

长针线虫属（传毒种类）［*Longidorus*（Filipjev）Micoletzky］

拟毛刺线虫属（传毒种类）（*Paratrichodorus* Siddiqi）

短体线虫属（非中国种）（*Pratylenchus* Filipjev）

菜豆晕疫病菌［*Pseudomonas savastanoi* pv. *phaseolicola*（Burkholder）Gardan et al.］

十字花科黑斑病菌［*Pseudomonas syringae* pv. *maculicola*（McCulloch）Young et al.］

油棕猝倒病菌（*Pythium splendens* Braun）

比萨茶蜗牛（*Theba pisana* Müller）

毛刺线虫属（传毒种类）（*Trichodorus* Cobb）

4. 实验室鉴定

对监测中发现的可疑样本进行害虫形态观察、病原菌分离培养等，根据相应方法做出鉴定，经实验室鉴定未发现检疫性有害生物。

5. 记录与档案管理

2016 年 1 月 4 日，试种上海惠和种业有限公司引进的白菜品种。此次试种为室外种植，种植面积 $10m^2$。

由于试种期间有连续阴雨天气，加上田块排水不畅，导致白菜未出苗，本次试种失败。

（七）中国白菜

根据《境外引进种苗隔离检疫规程》（NY/T 1217—2006）的要求，特制订境外引进白菜种子隔离检疫计划。

1. 隔离种植对象

名称（学名）：白菜［*Brassica pekinensis*（Lour.）Rupr.］。

品种名称：CR 春峰。

来源国家：中国。

审批单号：31201400502。

引种单位名称：上海惠和种业有限公司。

拟种植数量：10m^2。

拟种植时间：2016 年 1 月 4 日。

种植地点：上海市植物检疫隔离场室外隔离种植基地。

2. 栽培与管理方法

同一批次的隔离种植物按照此计划集中种植，不同批次的隔离种植物必须相互隔离，以防止相互污染。

栽培前，隔离设施、介质、盆钵及专用器械应预先进行灭菌消毒处理，且需记录隔离检疫环境的温度、空气湿度等数据，有特殊需求的作物同时记载其他数据。

根据栽培种类的特点以及货主提供的植物栽培管理资料，采用适当的栽培管理措施。具体栽培管理措施如下：

白菜一般采用直播，也可育苗移栽。直播以条播为主，点播为辅。育苗移栽的最好选择阴天或晴天傍晚进行。为了提高成活率，最好采用小苗带土移栽，栽后浇上定根水。

3. 主要监测有害生物

（1）生长管理与记录。白菜隔离试种生长期间，每天观察 1 次生长情况，定时记录生长状况，填写《隔离检疫情况记录表》，发现植物异常现象应在 24h 内报告专职检疫员。

（2）有害生物监测与记录。发现可疑植株应立即挂牌，并进行详细准确的描述和记录，将有害生物发生、发展过程记载于《隔离检疫情况记录表》中；发现可疑的检疫性有害生物，应立即取样送室内检验。

（3）主要监测有害生物。

长针线虫属（传毒种类）［*Longidorus*（Filipjev）Micoletzky］

短体线虫属（非中国种）（*Pratylenchus* Filipjev）

油棕猝倒病菌（*Pythium splendens* Braun）

毛刺线虫属（传毒种类）（*Trichodorus* Cobb）

4. 实验室鉴定

对监测中发现的可疑样本进行害虫形态观察、病原菌分离培养等，根据相应方法做出鉴定，经实验室鉴定未发现检疫性有害生物。

5. 记录与档案管理

2016 年 1 月 4 日，试种上海惠和种业有限公司引进的白菜。此次试种为室外种植，种植面积 10m^2。

由于试种期间有连续阴雨天气，加上田块排水不畅，导致白菜未出苗，本次试种失败。

（八）意大利白菜

根据《境外引进种苗隔离检疫规程》（NY/T 1217—2006）的要求，特制订境外引进白菜种子隔离检疫计划。

1. 隔离种植对象

名称（学名）：白菜［*Brassica pekinensis*（Lour.）Rupr.］。

品种名称：BEJO2949。

来源国家：意大利。

审批单号：31201400400。

引种单位名称：上海实满丰种业有限公司。

拟种植数量：10m²。

拟种植时间：2016 年 1 月 4 日。

种植地点：上海市植物检疫隔离场室外隔离种植基地。

2. 栽培与管理方法

同一批次的隔离种植物按照此计划集中种植，不同批次的隔离种植物必须相互隔离，以防止相互污染。

栽培前，隔离设施、介质、盆钵及专用器械应预先进行灭菌消毒处理，且需记录隔离检疫环境的温度、空气湿度等数据，有特殊需求的作物同时记载其他数据。

根据栽培种类的特点以及货主提供的植物栽培管理资料，采用适当的栽培管理措施。具体栽培管理措施如下：

白菜一般采用直播，也可育苗移栽。直播以条播为主，点播为辅。育苗移栽的最好选择阴天或晴天傍晚进行。为了提高成活率，最好采用小苗带土移栽，栽后浇上定根水。

3. 主要监测有害生物

（1）生长管理与记录。白菜隔离试种生长期间，每天观察 1 次生长情况，定时记录生长状况，填写《隔离检疫情况记录表》，发现植物异常现象应在 24h 内报告专职检疫员。

（2）有害生物监测与记录。发现可疑植株应立即挂牌，并进行详细准确的描述和记录，将有害生物发生、发展过程记载于《隔离检疫情况记录表》中；发现可疑的检疫性有害生物，应立即取样送室内检验。

（3）主要监测有害生物。

荷兰石竹卷蛾［*Cacoecimorpha pronubana*（Hübner）］

蒺藜草（属）（非中国种）（*Cenchrus* spp.）

小条实蝇属（*Ceratitis* spp.）

甜菜胞囊线虫（*Heterodera schachtii* Schmidt）

十字花科蔬菜黑胫病菌（油菜茎基溃疡病菌）［*Leptosphaeria maculans*（Desm.）Ces. et De Not.］

毒麦（*Lolium temulentum* L.）

长针线虫属（传毒种类）［*Longidorus*（Filipjev）Micoletzky］

拟毛刺线虫属（传毒种类）（*Paratrichodorus* Siddiqi）

短体线虫属（非中国种）（*Pratylenchus* Filipjev）

菜豆晕疫病菌［*Pseudomonas savastanoi* pv. *phaseolicola*（Burkholder）Gardan et al.］

十字花科黑斑病菌［*Pseudomonas syringae* pv. *maculicola*（McCulloch）Young et al.］

油棕猝倒病菌（*Pythium splendens* Braun）

比萨茶蜗牛（*Theba pisana* Müller）

毛刺线虫属（传毒种类）（*Trichodorus* Cobb）

4. 实验室鉴定

对监测中发现的可疑样本进行害虫形态观察、病原菌分离培养等，根据相应方法做出鉴定，经实验室鉴定未发现检疫性有害生物。

5. 记录与档案管理

2016 年 1 月 4 日，试种上海惠和种业有限公司引进的白菜。此次试种为室外种植，种植面积 10m²。

由于试种期间有连续阴雨天气，加上田块排水不畅，导致白菜未出苗，本次试种失败。

参 考 文 献

曹丽霞，徐利敏，云晓鹏，等，2009. 内蒙古地区向日葵主要病虫害发生现状及研究建议［J］. 内蒙古农业科技：83-85.

陈连江，陈丽，2010. 我国甜菜产业现状及发展对策［J］. 中国糖料：62-68.

崔良基，王德兴，宋殿秀，2006. 国内外向日葵遗传改良成就与发展趋势［J］. 杂粮作物：402-406.

郭开发，莫善明，曾怡然，等，2014. 阿拉山口口岸从进境红花籽中截获杂草疫情分析［J］. 植物检疫：76-78.

胡长松，季琴琴，陈瑞辉，等，2009—2011 年全国进境货物截获杂草疫情分析［J］. 植物检疫：80-87.

黄江华，陈秀菊，彭仁，等，2008. 烟草环斑病毒研究进展［J］. 现代农业科学：24-27.

江冬，2011. 玉米褪绿斑驳病毒入侵辽宁省风险简析［J］. 植保导刊：43-47.

李彬，于翠，吴翠萍，等，2010. 进境荷兰郁金香种苗中南芥菜花叶病毒的鉴定［J］. 植物保护学报：19-24.

李芳荣，龙海，谢泳桂，等，2015. 38 种我国进境植物检疫性传毒线虫简介［J］. 中国植保导刊：68-71.

刘洪义，刘忠梅，张金兰，等，2011. 进境玉米种子中玉米褪绿斑驳病毒的检测鉴定［J］. 东北农业大学学报，42（10）：36-40.

明艳林，郑国华，李燕，等 . 2005. 百合无症病毒的研究进展［J］. 植物检疫：42-45.

漆永红，李秀花，马娟，等，2008. 马铃薯腐烂茎线虫侵入甘薯部位以及在植株内的种群动态［J］. 华北农学报：234-237.

妥德宝，安昊，张君，等，2010. 国内外向日葵施肥栽培技术发展现状与发展趋势［J］. 内蒙古农业科技：1-2.

王瑞，冼晓青，万方浩，2016. 北美刺龙葵在中国的适生区预测［J］. 生物安全学报：106-113.

王申莹，胡志超，张会娟，等，2013. 国内外甜菜生产与机械化收获分析［J］. 中国农机化学报：20-25.

吴敏南，2011. 内蒙古巴彦淖尔市向日葵产业发展状况调查与思考［J］. 内蒙古农业科技：121-123.

张静秋，陈克，郑明慧，等，2016. 2014—2015 年中国进境植物疫情截获情况［J］. 植物检疫：78-83.

张立华，赵益平，张颖力，等，2007. 内蒙古地区向日葵主要病虫害发生现状及研究建议［J］. 内蒙古农业科技：82-84.

张明，2010. 国内外向日葵育种概况及动向［J］. 黑龙江农业科学：149-151.

图书在版编目（CIP）数据

全国农业植物检疫隔离试种详述．2016/全国农业技术推广服务中心主编．—北京：中国农业出版社，2017.12

ISBN 978-7-109-23125-2

Ⅰ.①全… Ⅱ.①全… Ⅲ.①植物检疫—详述—中国—2016 Ⅳ.①S41

中国版本图书馆 CIP 数据核字（2017）第 159142 号

中国农业出版社出版

（北京市朝阳区麦子店街 18 号楼）

（邮政编码 100125）

责任编辑 阎莎莎 张洪光

中国农业出版社印刷厂印刷 新华书店北京发行所发行

2017 年 12 月第 1 版 2017 年 12 月北京第 1 次印刷

开本：880mm×1230mm 1/16 印张：13.5 插页：2

字数：410 千字

定价：58.00 元

隔离试种百合疫情监测与调查

品种索邦
——叶片扭曲

品种木门
——斑驳

品种木门
——斑驳，叶尖黄萎

品种木门
——斑驳

品种木门
——斑驳

品种木门
——斑驳

品种西伯利亚
——茎叶扭曲

品种索邦
——畸形，不成花

2016年度向日葵隔离试种区

隔离试种向日葵疫情监测调查

隔离试种向日葵田

个别品种出芽率低，生长发育不良

土壤取样检测线虫

邀请引种企业进行疫情监测调查

专家取样

专家调查及取样

向日葵疑似病毒病斑驳症状

向日葵疑似病毒病矮缩症状

向日葵疑似病毒病花叶矮缩症状

2016年度甜菜隔离试种区

甜菜隔离试种情况

甜菜隔离试种疫情监测调查

土壤线虫取样

邀请引种企业进行疫情监测调查

专家调查及取样

隔离试种多肉植物疫情调查

与引种企业就隔离试种工作开展座谈交流

隔离试种多肉植物生长情况

负压隔离温室

隔离场实验楼

北京市种子质量监督检验站

检验报告

NO：WT2016-037　　　　第1页 共2页

产品名称	向日葵种子	品种名称	TP1121
样品状态	包装完好 色泽正常	商标或标识	/
扦样单编号	/	批号	/
产地	/	生产年月	/
生产单位	/	扦(送)样者	刘慧
样品重量（g）	129	扦样基数（kg）	/
扦样单位	/	扦样地点	/
接(送)样日期	2016-11-09	检验完成日期	2016-11-22
受(送)检单位	全国农技中心	包装形式及规格	纸袋
任务来源	/	检验项目	发芽率
检验依据	GB/T3543.4-1995	判定依据	/
主要仪器	GZP-250B 光照培养箱（1-28）	实验环境条件	符合
检验结论	该样品经检验，发芽率为-0-。（盖章）签发日期 2016 年 11 月 25 日		
备注	/		

批准人：　　审核人：　　编制人：

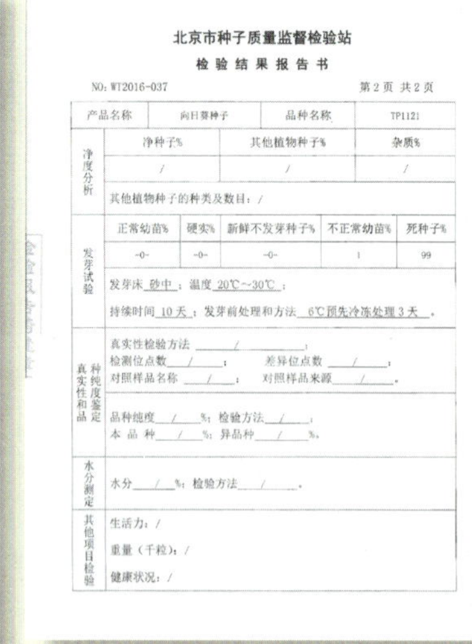

北京市种子质量监督检验站

检验结果报告书

NO：WT2016-037　　　　第2页 共2页

产品名称	向日葵种子		品种名称	TP1121
净度分析	净种子%	其他植物种子%		杂质%
	/	/		/
	其他植物种子的种类及数目：/			
发芽试验	正常幼苗%	硬实%	新鲜不发芽种子%	不正常幼苗%	死种子%
	-0-	-0-	-0-	1	99
	发芽床 砂中 ；温度 20℃~30℃ ；持续时间 10 天 ；发芽前处理和方法 6℃预先冷冻处理 3 天 。				
真实性和品种纯度鉴定	真实性检验方法 / ；检测位点数 / ；差异位点数 / ；对照样品名称 / ；对照样品来源 / 。				
	品种纯度 / %；检验方法 / ；本品种 / %；异品种 / %。				
水分测定	水分 / %；检验方法 / 。				
其他项目检验	生活力：/ 重量（千粒）：/ 健康状况：/				

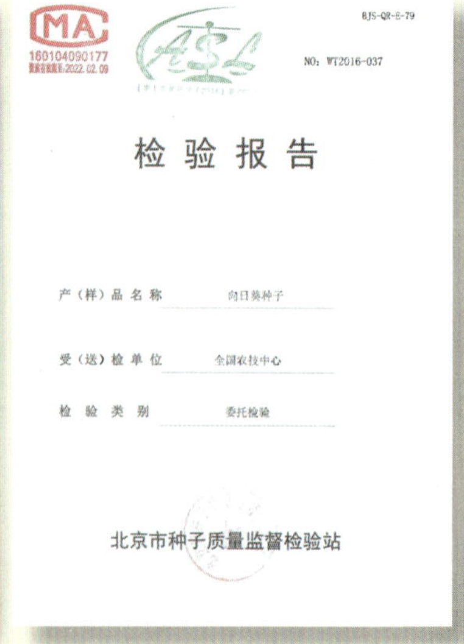

160104090177

BJS-QR-E-79

NO：WT2016-037

检验报告

产（样）品名称　向日葵种子

受（送）检单位　全国农技中心

检验类别　委托检验

北京市种子质量监督检验站

向日葵种子发芽率检测报告